教科書ガイド

大日本図書版

数学の世界

完全準拠

中学数学

1年

編集発行 **文理**

この本の使い方

数学の学習について

　数学の学習は，基礎をしっかりと固めて，一つずつ積み上げていくことが大切です。教科書の内容が十分理解できていない状態で次の段階に進むと，ますます理解が困難になります。

　数学を得意教科にするためには，学校の授業を中心にして，効果的な予習・復習をすることが大切です。

　予習は時間をかける必要はありません。授業を受ける前に，どのような内容の学習をするのか，だいたいのイメージをつかんでおくようにしましょう。

　そして，授業のあとにきちんと復習をしておくことが，とても重要です。教科書の問題にもう一度取り組み，本当にわかっているのかどうかを確認しましょう。つまずきを早めに解消しておくことで，次の授業の内容もスムーズに理解することができます。

　このような日々の予習・復習の積み重ねによって，授業の理解が深まり，自然と数学の力をつけることができます。

この本の特長

◆効率的に学校の授業の予習・復習ができる！

　教科書ガイドは，あなたの教科書に合わせて，教科書の大切な内容と考え方や解き方をまとめてあります。

　予習をするときに教科書の要点を確認し，復習をするときに解けなかった問題のくわしい解説を参考にするなど，効率的に学習を進めることができます。

◆教科書の内容を確実に理解できる！

　教科書のすべての問題について解説してあります。

　学校の授業で十分理解できなかったところなども，くわしい解説により，きちんと理解することができます。

◆テスト勉強に役立つ！

　テスト前に教科書の要点を確認し，問題の解き方やまちがえやすい箇所を復習しておけば，テストで確実に点数をのばすことができます。

この本の構成

　この教科書ガイドは，教科書の単元の展開に合わせて，「教科書の要点→教科書の問題の解答」の順に載っています。

教科書の要点　勉強する重要な事項や用語・公式などがまとめてあります。

　問題を解く前に，よく読んで理解しておきましょう。

　テスト直前のチェック用としても利用することができます。

教科書の問題の解答　教科書のすべての問題をくわしく解説しています。

　ガイド　問題を解くときの考え方や着眼点を示しています。

　解答　式や計算のしかたを示し，解き方から答えまでをまとめています。

効果的な使い方

日々の学習

1　教科書の問題を，自分の力で解きます。

　それから，答えが合っているかをこの『教科書ガイド』で確かめてみましょう。

2　ある程度考えて問題が解けないときは，

　まず，ガイドや解答を読んで納得してから，もう一度問題にチャレンジしてみましょう。

　できるまでくり返し練習することが大切です。

3　問題が解けないときやまちがえたときは，

　答えをそのまま書きうつすのではなく，その解き方を理解することが大切です。

　なぜそのような解き方をするのかなど，自分で説明できるようにしましょう。

テスト前

まず，テスト範囲の教科書の要点を確認し，重要な公式などをチェックしましょう。

また，以前解けなかった問題や理解があいまいな問題の解き方をきちんと確認しましょう。

≡ もくじ

1章 数の世界のひろがり

サッカー部12人で，観戦にきたよ。横に同じ人数ずつ並んで縦何列かに分かれて座ると，どんな座り方があるかな。

解答 縦の人数と横の人数をかけると12になるから次の6通りになる。

(横12人，縦1人)，(横6人，縦2人)，(横4人，縦3人)，
(横3人，縦4人)，(横2人，縦6人)，(横1人，縦12人)

1節 数の見方

① 素因数分解

CHECK!
確認したら
✓を書こう

教科書の要点

□自然数　ものの個数や順番を示すときに使われる数，1，2，3，4，5，…のことを自然数という。0は自然数ではない。

□素数　自然数をいくつかの自然数の積で表すとき，1とその数自身の積の形でしか表せない数を素数という。1は素数にふくめない。

　例 2，3，5などは素数である。

□素因数　自然数をいくつかの自然数の積の形に表すとき，その1つ1つの自然数の中で素数であるものを，もとの自然数の素因数という。

　例 $10 = 2 \times 5$ と表せるので，2と5は10の素因数である。

□素因数分解　自然数を素因数だけの積の形に表すことを，その自然数を素因数分解するという。

　例 15を素因数分解すると，$15 = 3 \times 5$ の形で表せる。

□累乗　同じ数をいくつかかけ合わせたものを，その数の累乗といい，かけ合わせた個数を小さく右肩に書いて表す。

　例 $2 \times 2 \cdots 2^2$ と表して，「2の2乗」または「2の平方」と読む。
　　　　$2 \times 2 \times 2 \cdots 2^3$ と表して，「2の3乗」または「2の立方」と読む。

□指数　かけ合わせた個数を示す右肩の数を，累乗の指数という。

　例 $2 \times 2 \times 2 = 2^3$ ←指数

(?) 同じ大きさの正方形のタイルをすき間なく並べて長方形を作ります。
(1) 12枚のタイルを使うとき，どんな形の長方形ができますか。
(2) 13枚のタイルを使うとき，どんな形の長方形ができますか。

ガイド (1) (縦の枚数)×(横の枚数)＝12 と考えればよい。

解答 (1) **12枚のタイルでは，縦1枚のとき横12枚，縦2枚のとき横6枚，縦3枚のとき横4枚並んだ長方形になる。縦と横の枚数を入れかえると，同じ面積の長方形ができる。**

1章

1節

数の見方

(2) 縦1枚で横13枚の長方形ができる。縦と横の枚数を入れかえると，同じ面積の長方形ができる。

教科書 p.14

活動1 12と13を，いくつかの自然数の積の形に表してみましょう。

(1) 12は，かける順番を考えなければ，どのように表せますか。

$1 \times \square$　$2 \times \square$　$3 \times \square$　$2 \times \square \times \square$

(2) 13はどのように表せますか。

(3) (1)，(2)から，12と13にはどのようなちがいがありますか。

解答 (1) （左から順に）　**12，6，4，2，3**

(2) **1×13**

(3) **12はいくつかの積の形の表し方があるが，13は1と13の積でしか表せない。**

教科書 p.14

たしかめ1 17は素数ですか。

ガイド 17を自然数の積の形に表してみると，$17 = 1 \times 17$ と表すことしかできない。

解答 **素数である。**

教科書 p.14

Q1 20以下の素数をすべてあげなさい。

解答 **2，3，5，7，11，13，17，19**

教科書 p.15

活動2 42をいくつかの自然数の積の形に表してみましょう。

(1) 次の2人の表し方のちがいを説明しなさい。

つばささんの考え

$42 = 6 \times 7$

あおいさんの考え

$42 = 2 \times 3 \times 7$

ガイド (1) つばささんの表した 6×7 の6は 2×3 と表すことができる。

解答 **1×42，2×21，3×14，6×7，$2 \times 3 \times 7$**

(1) **つばささんの考えでは，6×7 の6を 2×3 とさらに分けて表すことができるが，あおいさんの考えでは，さらに分けて表すことはできない。**

教科書 p.15

Q2 次の数を素因数分解しなさい。

(1) 30　　　　　　(2) 70　　　　　　(3) 165

解答 (1) $30 = 2 \times 15 = \mathbf{2 \times 3 \times 5}$

(2) $70 = 2 \times 35 = \mathbf{2 \times 5 \times 7}$

(3) $165 = 3 \times 55 = \mathbf{3 \times 5 \times 11}$

$2 \,)\,30$	$2 \,)\,70$	$3 \,)\,165$
$3 \,)\,15$	$5 \,)\,35$	$5 \,)\,55$
5	7	11

教科書
p.15

Q3 次の数を素因数分解しなさい。
(1) 90　　　　　　　(2) 72　　　　　　　(3) 108

解答 (1)　$90 = 2×45 = 2×3×15 = 2×3×3×5$
　　　　　　$= \boldsymbol{2×3^2×5}$
　　(2)　$72 = 2×36 = 2×2×18 = 2×2×2×9$
　　　　　　$= 2×2×2×3×3 = \boldsymbol{2^3×3^2}$
　　(3)　$108 = 2×54 = 2×2×27 = 2×2×3×9$
　　　　　　$= 2×2×3×3×3 = \boldsymbol{2^2×3^3}$

```
2 )90      2 )72      2 )108
3 )45      2 )36      2 )54
3 )15      2 )18      3 )27
  5        3 )9       3 )9
           3          3
```

② 素因数分解の利用

CHECK!
確認したら
✓を書こう

教科書の要点

□最大公約数の　それぞれの数を素因数分解して，共通な素因数をすべてかける。
　求め方

```
例  12 = [2]× 2 ×[3]        2 )12  18
    18 = [2]    ×[3]× 3     3 ) 6   9
        ————————————           2   3
         2     3  = 6
```

□最小公倍数の　それぞれの数を素因数分解して，共通な素因数とそれぞれの数の共通でない素因
　求め方　　　数をすべてかける。
```
例  12 = [2]× 2 ×[3]        2 )12  18
    18 = [2]    ×[3]× 3     3 ) 6   9
        ————————————           2   3
         2 × 2 × 3 × 3 = 36
```

教科書
p.16

⁇ 小学校では，2つの数の公約数や公倍数を，次(教科書16ページ)のようにそれぞれの
数の約数や倍数を書いて考えました。
(1) 18と30の最大公約数を求めましょう。
(2) 30と42の最小公倍数を求めましょう。

ガイド (1) 最大公約数は，公約数1，2，3，6のなかで一番大きい数である。
　　　(2) 最小公倍数は，公倍数のなかで一番小さい数である。

解答 (1) **6**
　　(2) **210**

教科書
p.16

活動1 素因数分解を利用して，18と30の最大公約数の求め方を考えましょう。
(1) 18と30を素因数分解すると，それぞれ次のようになります。
　　　$18 = 2×3^2$　　　$30 = 2×3×5$
　　上の素因数分解した2つの式で，共通な素因数は何ですか。
(2) (1)から共通な素因数と最大公約数との関係について，どのようなことがいえます
　　か。

解答 (1) **2，3**
　　(2) **共通な素因数は2，3**

最大公約数は 6 なので，2×3＝6 より，共通な素因数をかけ合わせた数が最大公約数になることがわかる。

教科書 p.16

たしかめ **1** 30 と 70 の最大公約数を求めなさい。

ガイド　30 ＝ 2×3×5
　　　　70 ＝ 2×5×7　から考える。

$\begin{array}{r} 2\,\overline{)\,30\quad70} \\ 5\,\overline{)\,15\quad35} \\ 3\quad7 \end{array}$

解答
$$30 = \boxed{2} \times 3 \times \boxed{5}$$
$$70 = \boxed{2} \quad\quad \times \boxed{5} \times 7$$
$$\;2 \quad\times\quad 5 \quad\quad = \mathbf{10}$$

教科書 p.17

活動 **2** 素因数分解を利用して，30 と 42 の最小公倍数の求め方を考えましょう。

(1)　30 と 42 をそれぞれ素因数分解しなさい。

(2)　(?)考えよう　で求めた最小公倍数 210 を素因数分解しなさい。

(3)　(1)と(2)を比べ，素因数分解を利用して 30 と 42 の最小公倍数を求める方法を説明しなさい。

解答 (1)　$30 = \mathbf{2 \times 3 \times 5}$
　　　　$42 = \mathbf{2 \times 3 \times 7}$

$\begin{array}{r} 2\,\overline{)\,30} \\ 3\,\overline{)\,15} \\ 5 \end{array}$　$\begin{array}{r} 2\,\overline{)\,42} \\ 3\,\overline{)\,21} \\ 7 \end{array}$

(2)　$210 = \mathbf{2 \times 3 \times 5 \times 7}$

(3)　**30 と 42 の共通の素因数は，2 と 3 なので，**
それにそれぞれの数の共通でない素因数をかけて，
最小公倍数を求める。

$\begin{array}{r} 2\,\overline{)\,210} \\ 3\,\overline{)\,105} \\ 5\,\overline{)\,35} \\ 7 \end{array}$

教科書 p.17

たしかめ **2** 120 と 140 の最小公倍数を求めなさい。

ガイド　$120 = 2^3 \times 3 \times 5$
　　　　$140 = 2^2 \times 5 \times 7$　から考える。

$\begin{array}{r} 2\,\overline{)\,120\quad140} \\ 2\,\overline{)\,60\quad70} \\ 5\,\overline{)\,30\quad35} \\ 6\quad7 \end{array}$

解答
$$120 = \boxed{2} \times \boxed{2} \times 2 \times 3 \times \boxed{5}$$
$$140 = \boxed{2} \times \boxed{2} \quad\quad\quad\quad \times \boxed{5} \times 7$$
$$\;2 \times 2 \times 2 \times 3 \times 5 \times 7 = \mathbf{840}$$

教科書 p.17

Q **1** 次の 2 つの数の最大公約数と最小公倍数を求めなさい。

(1)　12 と 20　　　(2)　30 と 60　　　(3)　60 と 45

解答 (1)　最大公約数　**4**
　　　　最小公倍数　**60**

(2)　最大公約数　**30**
　　　最小公倍数　**60**

(3)　最大公約数　**15**
　　　最小公倍数　**180**

$\begin{array}{r} 2\,\overline{)\,12\quad20} \\ 2\,\overline{)\,6\quad10} \\ 3\quad5 \end{array}$

$\begin{array}{r} 2\,\overline{)\,30\quad60} \\ 3\,\overline{)\,15\quad30} \\ 5\,\overline{)\,5\quad10} \\ 1\quad2 \end{array}$

$\begin{array}{r} 3\,\overline{)\,60\quad45} \\ 5\,\overline{)\,20\quad15} \\ 4\quad3 \end{array}$

教科書
p.17

Q2 105を素因数分解すると，$3 \times 5 \times 7$ です。
このことから，105は7の倍数であるといえます。それはなぜですか。

解答 $105 = 3 \times 5 \times 7 = 7 \times (3 \times 5) = 7 \times 15$　と表せるので，7の倍数といえる。

教科書
p.17

学びにプラス　3つの数の最大公約数，最小公倍数

12，18，20の最大公約数と最小公倍数を求めてみましょう。

ガイド $12 = 2^2 \times 3$，$18 = 2 \times 3^2$，$20 = 2^2 \times 5$ から考える。3つ以上の数のときは，共通な因数やかけ合わせる数の見落としがないよう注意する。

解答　最大公約数

$$
\begin{array}{l}
12 = \boxed{2} \times 2 \times 3 \\
18 = \boxed{2} \quad\quad \times 3 \times 3 \\
20 = \boxed{2} \times 2 \quad\quad\quad \times 5 \\
\hline
\quad\; 2 \quad\quad\quad\quad\quad\quad = 2
\end{array}
$$

最小公倍数

$$
\begin{array}{l}
12 = \boxed{2} \times \boxed{2} \times \boxed{3} \\
18 = \boxed{2} \quad\quad \times \boxed{3} \times 3 \\
20 = \boxed{2} \times \boxed{2} \quad\quad\quad \times 5 \\
\hline
2 \times 2 \times 3 \times 3 \times 5 = 180
\end{array}
$$

教科書
p.17

**学びの
ふり返り** 素因数分解を学んで，新しくできるようになったことは何ですか。また，数の見方がどのようにひろがりましたか。

解答 （例）　素因数分解を学んで，倍数や約数を書き並べないで，最大公約数や最小公倍数を見つけられるようになった。素因数分解して表すことにより，その数が何の倍数であるか気付くようになった。

2節 正の数，負の数

❶ 反対向きの性質をもった数量

CHECK!
確認したら
✓を書こう

教科書の要点

□プラス，マイナス	0℃より高い温度を記号「＋」，0℃より低い温度を記号「－」を用いて表す。
	例「0℃より6℃高い温度」は，＋6℃
	「0℃より6℃低い温度」は，－6℃
□記号＋，－	記号「＋」をプラス，「－」をマイナスと読む。
	例「＋6℃」は，プラス6℃
	「－6℃」は，マイナス6℃
□基準にする数量	数量を表すとき，基準にする数量はいつも0であるとは限らない。0ではない数量を基準にすることもできる。
□反対向きの性質をもった数量の表し方	反対向きの性質をもった数量は，ある基準を定めてその基準を0とし，一方の数量を「＋」を使って表すと，他方の数量は「－」を使って表せる。
	例 基準より東の地点を＋と決めると，西の地点は－を使って表せる。
	東へ5 kmの地点→＋5 kmの地点，西へ5 kmの地点→－5 kmの地点
	注 基準になる数は0とは限らない。

たす，ひくの記号が，他の意味にも使われているね。

教科書 p.18

(?) 次の図(教科書18ページ)は，ある日の各地の最高気温と最低気温を示しています。各地の気温についてどんなことがいえるか，話し合ってみましょう。

ガイド 各地の最高気温のうち，最も高いところはどこで何度か。
また，最低気温のうち，最も低いところはどこで何度か。
などについて話し合う。

解答 (例)・**最高気温のうち最も高いところは那覇で22℃である。**
最低気温のうち最も低いところは旭川で−7℃である。
・**北や内陸にある場所ほど最高気温，最低気温が両方とも低くなる。**
・**最低気温にマイナスがつくのは，旭川，札幌，山形，盛岡の4都市である。**

教科書 p.19

活動1 (?) **考えよう** の熊本，東京，山形，旭川の最低気温について調べましょう。
(1) それぞれの都市の最低気温を，右(教科書19ページ)の温度計の図に示しなさい。どのようなことがいえますか。

ガイド 0℃を基準にして，0℃より何度高いか，低いかを考えて図にかき入れる。
0℃より高いときは0より上のめもりに，
0℃より低いときは0より下のめもりになる。
たとえば，東京と旭川の最低気温(7℃と−7℃)は，
温度計のめもりでは同じ7℃であるが，
基準となる0のめもりからの高低は正反対である。

解答 (1) **右の図**
(例)・**東京と旭川はどちらも7℃のめもりをさしている。**
・**熊本と東京は0℃より上のめもりで，山形と旭川は0℃より下のめもりである。**

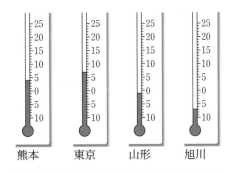

熊本　東京　山形　旭川

教科書 p.19

たしかめ1 次の温度を，＋，−を使って表しなさい。
(1) 0℃より4℃低い温度
(2) 0℃より9℃高い温度

ガイド 0℃より高い温度は「＋」の記号を，0℃より低い温度は「−」の記号を使って表す。
解答 (1) −4℃
(2) ＋9℃

教科書 p.19

たしかめ2 **2** にならって，次の場所の高さを＋，−を使って表しなさい。
(1) 海面より8848m高い山の山頂
(2) 海面より170m低い場所

ガイド 海面より高い場所の高さは記号「＋」を使って表し，海面より低い場所の高さは記号「－」を使って表す。

解答 (1) ＋8848 m

(2) －170 m

教科書 p.20 **活動3** 道路上の地点の表し方を考えましょう。

東西に通じる道路上（教科書20ページ）で，ある地点Aを基準の0 kmとします。

Aから東へ3 kmの地点を＋3 kmと表すと，Aから西へ3 kmの地点は－3 kmと表せます。

(1) ＋2 km，－4 kmは，それぞれどのような地点を表しますか。

(2) Aから東へ4.5kmの地点Bと，Aから西へ2.8kmの地点Cを，それぞれ＋，－を使って表しなさい。

ガイド ここでは，Aから東を＋，西を－で表している。

解答 (1) ＋2 km…**Aから東へ2 kmの地点**

－4 km…Aから西へ4 kmの地点

(2) 地点B…**＋4.5 km**

地点C…**－2.8 km**

教科書 p.20 **活動4** 高さの基準を決めて，高さの表し方を考えましょう。

右（教科書20ページ）の⑦の高さは300 m，⑦の高さは234 m，⑦の高さは634 mです。たとえば，⑦の高さ300 mを基準の0 mとします。このとき，⑦の高さは－66 m，⑦の高さは＋334 mと表せます。

(1) 350 mの高さを飛んでいる飛行船があります。その高さを基準の0 mとすると，⑦〜⑦の高さはどのように表せますか。

ガイド 350 mの高さを基準にすると，350 mより300 mは50 m低い，234 mは116 m低い，634 mは284 m高い，といえる。基準より高いほうを＋，低いほうを－で表す。

解答 (1) ⑦ －50 m

⑦ －116 m

⑦ ＋284 m

教科書 p.20 **Q1** **4** で，⑦の高さ634 mを基準の0 mとします。⑦と⑦の高さは，どのように表せますか。

ガイド 634 mの高さを基準にすると，634 mより，300 mは334 m低い，234 mは400 m低いといえる。

解答 ⑦ －334 m

⑦ －400 m

教科書 p.21

活動5 道路上での動きの表し方を考えましょう。
東西に通じる道路上で，どちらへも進まないことを基準の 0 km と考えます。
東へ 2 km 進むことを +2 km と表すと，西へ 3 km 進むことは −3 km と表せます。
(1) +3 km，−4 km は，それぞれどのようなことを表していますか。

ガイド どの方向へどれだけ進むことを表しているかを考える。東へ進むことを + と決めたので，− は西へ進むことになる。

解答 (1) +3 km…**東へ 3 km 進むこと**
　　　　−4 km…**西へ 4 km 進むこと**

教科書 p.21

Q2 南北に通じる道路上で，どちらへも進まないことを基準の 0 km と考えます。
次の(1)，(2)に答えなさい。
(1) 北へ 5 km 進むことを +5 km と表すとき，南へ 6 km 進むことは，どのように表せますか。
(2) 南へ 2 km 進むことを +2 km と表すとき，北へ 3 km 進むことは，どのように表せますか。

ガイド どちらを +（または −）と決めたかを明確にして考える。この決め方によって表し方は異なる。
(1) 北へ進むことを + で表すと，南へ進むことは − で表せる。
(2) 南へ進むことを + で表すと，北へ進むことは − で表せる。

解答 (1) **−6 km**
(2) **−3 km**

教科書 p.21

Q3 次の数量を，− を使って表しなさい。
(1) 4 cm 短い
(2) 3 L 増える

ガイド 反対の意味のことばを用いて，同じ内容を − を使って表すことを考える。

解答 (1) **−4 cm 長い**
(2) **−3L 減る**

教科書 p.21

Q4 次の数量を，− を使わないで表しなさい。
(1) −5 年後
(2) 階段を −7 段上がる

ガイド 反対の意味のことばを用いて，同じ内容を − を使わないで表すことを考える。

解答 (1) **5 年前**
(2) **階段を 7 段下がる**

❷ 正の数と負の数

教科書の要点

□正の数，負の数	0より大きい数を正の数，0より小さい数を負の数という。 0は，正の数でも負の数でもない数である。
□符号	＋を正の符号，－を負の符号という。 例 0より3大きい数は正の符号＋を使って，＋3と表す。 0より3小さい数は負の符号－を使って，－3と表す。
□原点，正の向き，負の向き	数直線上で，0に対応する点Oを原点，左から右への向きを正の向き，これと反対の向きを負の向きという。

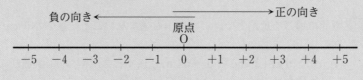

負の向き ←――――――――→ 正の向き
原点
O

−5 −4 −3 −2 −1 0 ＋1 ＋2 ＋3 ＋4 ＋5

※数直線上では，ふつう左から右への向きを正の向きにかく。

教科書
p.22

❓ 5より小さい数をいろいろあげてみましょう。

ガイド 5より小さい数について，数の種類(整数，分数，小数)に気をつけていくつかの例をあげてみる。

解答 整数の例…4，3，2，1，0，−1，−2，−3，−4 など。

分数の例…$\frac{4}{5}$，$\frac{3}{4}$，$\frac{1}{2}$，$-\frac{1}{2}$，$-\frac{3}{4}$，$-\frac{4}{5}$，$-\frac{5}{6}$ など。

小数の例…4.9，3.14，2.5，0.125，−0.125，−2.5，−3.14，−4.9 など。

教科書
p.22

活動1 数の大きさを＋，−で表すことを考えましょう。
(1) 小学校で学んできた「0より5大きい」数5を＋5とすると，−5はどのような数といえますか。

解答 (1) 0より5小さい数

教科書
p.22

0℃より5℃高い温度を「＋5℃」とすると，0℃より5℃低い温度は？

解答 −5℃

教科書
p.22

たしかめ1 ＋3は0よりどれだけ大きい数ですか。
また，−2.5は0よりどれだけ小さい数ですか。

ガイド ＋は0より大きい数を，−は0より小さい数を表す。

解答 ＋3…0より3大きい数
−2.5…0より2.5小さい数

教科書 p.22

Q1 次の数を，正の符号，負の符号を使って表しなさい。
(1) 0 より 2 大きい数
(2) 0 より 2 小さい数
(3) 0 より 1.5 大きい数
(4) 0 より $\dfrac{2}{3}$ 小さい数

ガイド 0 より大きい数は正の符号＋を，0 より小さい数は負の符号－を使って表す。

解答 (1) $+2$　　　　(2) -2　　　　(3) $+1.5$　　　　(4) $-\dfrac{2}{3}$

 教科書 p.23

活動2 数直線上で，＋3 と－3 を表す点のとり方を考えましょう。
(1) 上の数直線(教科書23ページ)上に＋3 を表す点を示しなさい。
(2) －3 を表す点を数直線上にとるにはどのようにすればよいですか。

ガイド 「＋3」は，0 から右の方向へ 3 進んだ点で表せる。
「－3」は，0 から左の方向へ数直線を延ばす必要がある。

解答 (1)

(2) **下の図のように，数直線を左に延ばして，0 から左に 3 進んだ点を，－3 を表す点とすればよい。**

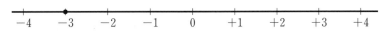

 教科書 p.23

Q2 次の数直線(教科書23ページ)上の点A，B，C，Dが表す数をいいなさい。

解答 A…-5　　　B…$-0.5\left(-\dfrac{1}{2}\right)$　　　C…$+3.5\left(+3\dfrac{1}{2}\right)$　　　D…$+5$

 教科書 p.23

Q3 **Q2** の数直線(教科書23ページ)上に，$+2$，-3，$+\dfrac{1}{2}$，-4.5 を表す点を示しなさい。

ガイド 数直線上では，0 より左のほうが負の数，0 より右のほうが正の数を表す。

解答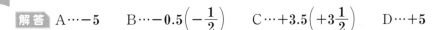

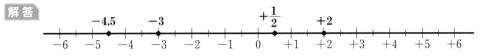

数直線上では，大きい数を表す点のほうが右にあるね。

❸ 数の大小

CHECK!
確認したら
✓を書こう

教科書の要点

□絶対値　ある数を表す点を数直線上にとったとき，原点からその点までの距離を，その数の絶対値という。**0** の絶対値は **0** である。

例　**+2** の絶対値は **2**　　$-\dfrac{1}{2}$ の絶対値は $\dfrac{1}{2}$

□数の大小
1　正の数は **0** より大きく，負の数は **0** より小さい。
　　正の数は負の数より大きい。
2　正の数は，その絶対値が大きい数ほど大きい。
3　負の数は，その絶対値が大きい数ほど小さい。

□不等号　数の大小は，正の数のときと同様に不等号を使って表す。

例　**+5＞−2**　　**−2＜+5**　　**−6＜−4**　　**−4＞−6**
　　−4＜−1＜+1　　**+1＞−1＞−4**

教科書 p.24

❓ 東西に通じる道路上（教科書24ページの図）で，次の地点**ア〜エ**は，地点**O**からそれぞれどれだけの距離にあるでしょうか。

　ア −5 km　　**イ** +5 km　　**ウ** −3 km　　**エ** +3 km

ガイド　数直線上のどの点になるか実際にかき入れてみる。

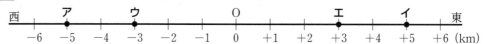

解答　**ア** 5 km　　**イ** 5 km　　**ウ** 3 km　　**エ** 3 km

教科書 p.24

活動1 −5と−3の大小を調べましょう。
　　−5 は 0 より 5 小さい数　　−3 は 0 より 3 小さい数
　だから，□は□より小さい。つまり，□＜□
　(1)　−5 と −3 は数直線上でどちらが右にありますか。

ガイド　(1)　数直線上でどの点になるかかき入れてみる。

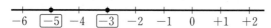

解答　（左から順に）**−5，−3，−5，−3**
　　(1)　**−3**

教科書 p.24

Q1 次の2つの数の大小を調べ，不等号を使って表しなさい。
　(1)　−2と−6　　　　　　　　　　　　　(2)　−6と+2

ガイド　−2 は 0 より 2 小さく，−6 は 0 より 6 小さい。+2 は 0 より 2 大きい。

解答　(1)　**−6＜−2**
　　(2)　**−6＜+2**

たしかめ ❶ $+\dfrac{2}{3}$, $-\dfrac{2}{3}$ の絶対値をいいなさい。また，$+1.6$，-1.6 の絶対値をいいなさい。

ガイド 絶対値は，数直線上で原点からの距離である。

絶対値は符号がついていない数とみることもできるよ。

解答 $+\dfrac{2}{3}\cdots\dfrac{2}{3}$　　$-\dfrac{2}{3}\cdots\dfrac{2}{3}$

　　　$+1.6\cdots\textbf{1.6}$　　　$-1.6\cdots\textbf{1.6}$

 ❷ 次の数をすべていいなさい。

(1)　絶対値が 5 である数　　　　　　(2)　絶対値が 3 より小さい整数

ガイド 原点から同じ距離にある点は，0 を除いて，原点から右と左の 2 点ある。(2)で，
絶対値が 3 より小さい整数は，絶対値が 2，1，0 である数となる。

解答 (1)　$\textbf{+5}$ と $\textbf{-5}$

　　　(2)　$\textbf{-2, -1, 0, +1, +2}$

❸ 次の数を小さい順に並べ，符号と絶対値をいいなさい。

$+2$　　-2　　-5　　-1.5　　$+\dfrac{1}{2}$　　0　　-3　　$-2\dfrac{1}{2}$

ガイド 数直線上に表して考えてもよい。

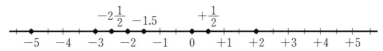

注意 0 は正の数でも負の数でもないので，符号はつけない。

解答

数	-5	-3	$-2\dfrac{1}{2}$	-2	-1.5	0	$+\dfrac{1}{2}$	$+2$
符号	$-$	$-$	$-$	$-$	$-$	なし	$+$	$+$
絶対値	5	3	$2\dfrac{1}{2}$	2	1.5	0	$\dfrac{1}{2}$	2

❹ 次の $\square$ にあてはまる不等号を書きなさい。

(1)　$+3\ \square\ -7$　　　　　　　　　(2)　$-20\ \square\ -40$

(3)　$-2.03\ \square\ -2.3$　　　　　　(4)　$-1\ \square\ -\dfrac{5}{6}$

ガイド 正の数は負の数より大きい。負の数では，絶対値が大きい数ほど小さい。正の数
では，絶対値が大きい数ほど大きい。

解答 (1)　$>$　　　　　(2)　$>$　　　　　(3)　$>$　　　　　(4)　$<$

 プラス・ワン (1)　$-0.5\ \square\ -\dfrac{3}{5}$　　　　　(2)　$-1\dfrac{3}{4}\ \square\ -\dfrac{5}{3}$

ガイド (1)は分数を小数にそろえてから比べると大小関係がわかりやすい。(2)のような分数どうしのときは，通分するか，分数を小数になおしてから，大きさを比べる。

(1) $-\dfrac{3}{5} = -0.6$

(2) $-1\dfrac{3}{4} = -\dfrac{7}{4} = -\dfrac{21}{12}$, $-\dfrac{5}{3} = -\dfrac{20}{12}$

　　または，$-1\dfrac{3}{4} = -\dfrac{7}{4} = -1.75$，$-\dfrac{5}{3} = -1.66\cdots$

解答 (1) ＞　　　　　　(2) ＜

教科書 p.25 **Q5** 次の各組の数の大小を，不等号を使って表しなさい。

(1) $+2$, -9, 0　　　　　　　　(2) -4, $+2$, -7

(3) -1.5, $+1.6$, -1.8　　　　　(4) $-\dfrac{1}{2}$, $+\dfrac{1}{3}$, $-\dfrac{1}{4}$

ガイド 3つ以上の数の大小を表すときは，不等号の向きをそろえる。

(1) $+2 > -9 < 0$ とすると，$+2$ と 0 の大小がわからない。

　　（負の数）$<0<$（正の数）　または，（正の数）$>0>$（負の数）とする。

(4) 正の数は $+\dfrac{1}{3}$ だけなので，$-\dfrac{1}{2}$ と $-\dfrac{1}{4}$ の大きさを比べればよい。

$$-\dfrac{1}{2} = -\dfrac{2}{4}$$

解答 (1) $-9 < 0 < +2$　　　　　　(2) $-7 < -4 < +2$

(3) $-1.8 < -1.5 < +1.6$　　　　(4) $-\dfrac{1}{2} < -\dfrac{1}{4} < +\dfrac{1}{3}$

3節 加法，減法

① 加法

CHECK!
確認したら
✓を書こう

教科書の要点

□加法　たし算を<ruby>加法<rt>かほう</rt></ruby>といい，加法の結果を和という。

加法を数直線で考える。符号は進む方向を表す。数直線上で移動させてみる。

例 $(-4)+(-2)$ は，

数直線上で原点から負の向きに **4** 進み，

そこから負の向きに **2** 進むことを表すので，

結果は原点から負の向きに **6** 進んだことになる。

したがって，$(-4)+(-2) = -6$

例 $(+4)+(-3)$ は，

数直線上で原点から正の向きへ **4** 進み，

そこから負の向きに **3** 進むことを表すので，

結果は，原点より正の向きに **1** 進んだことになる。

したがって，$(+4)+(-3) = +1$

教科書 p.26

? 東西に通じる道路上(教科書26, 27ページの図)で, ある地点Oを出発して, 次の(1)～(4)のように進むと, もとの地点Oからどちらへどれだけ進んだことになるでしょうか。
(1) 地点Oから東へ3m進み, さらに東へ2m進みます。
(2) 地点Oから西へ3m進み, さらに西へ2m進みます。
(3) 地点Oから東へ3m進み, 次に西へ5m進みます。
(4) 地点Oから西へ3m進み, 次に東へ5m進みます。

ガイド 東を右の方向に決めて, 数直線上で実際に進めてみて, 最後にどこの位置にくるかを調べる。

解答 (1) **東へ5m進む。**
(2) **西へ5m進む。**
(3) **西へ2m進む。**
(4) **東へ2m進む。**

教科書 p.26

活動1 同じ符号の2つの数のたし算のしかたを, 数直線を使って考えましょう。
(1) $(+3)+(+2)$は, 次のように考えます。
❶ 原点から正の向きに3進む。
❷ そこから正の向きに2進む。
❸ その結果は, 原点から正の向きに5進んだことになる。
だから, $+3$と$+2$の和は$+5$となり, $(+3)+(+2)=$ ☐
(2) たし算$(-3)+(-2)$を, 右の図(教科書26ページ)を使って行いなさい。

ガイド (1) たし算$(+3)+(+2)$は, はじめに原点から正の向きに3進み, 次にそこから正の向きに2進むことを意味する。その結果は, 原点から正の向きに5進んだことになる。
(2) $(-3)+(-2)$は,
❶ 原点から負の向きに3進む。
❷ そこから負の向きに2進む。
❸ その結果は, 原点から負の向きに5進んだことになる。

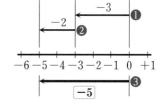

解答 (1) $+5$ (2) -5

教科書 p.26

たしかめ1 次のたし算を数直線を使って行いなさい。
(1) $(+1)+(+4)$ (2) $(-3)+(-5)$

解答 (1)

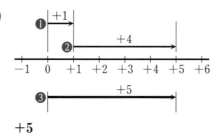

$+5$

(2)

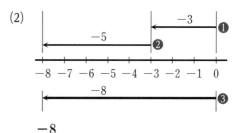

-8

教科書 p.27

活動2 異なる符号の2つの数の加法を，数直線を使って考えましょう。

(1) $(+3)+(-5)$ は，次のように考えます。

❶ 原点から正の向きに3進む。

❷ そこから負の向きに5進む。

❸ その結果は，原点から負の向きに2進んだことになる。

だから，$+3$ と -5 の和は -2 となり，$(+3)+(-5)=$ [   ]

(2) 加法 $(-3)+(+5)$ を，右の図(教科書27ページ)を使って行いなさい。

ガイド (1) 加法 $(+3)+(-5)$ は，原点から正の向きに3進み，そこから負の向きに5進むことを意味する。その結果は，原点から負の向きに2進んだことになる。

(2) $(-3)+(+5)$ は，

❶ 原点から負の向きに3進む。

❷ そこから正の向きに5進む。

❸ その結果は，原点から正の向きに2進んだことになる。

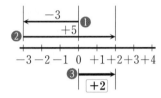

解答 (1) -2 (2) $+2$

 教科書 p.27

たしかめ2 次の加法を数直線を使って行いなさい。

(1) $(+5)+(-2)$ (2) $(-9)+(+8)$

(3) $(+4)+(-4)$

解答 (1) 原点から正の向きに5進み，

そこから負の向きに2進むことを意味するので，

その結果は，原点から正の向きに3進んだことになる。

$+3$

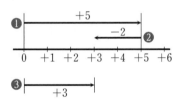

(2) 原点から負の向きに9進み，

そこから正の向きに8進むことを意味するので，

その結果は，原点から負の向きに1進んだことになる。

-1

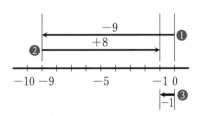

(3) 原点から正の向きに4進み，

そこから負の向きに4進むことを意味するので，

その結果は，原点にいることになる。

0

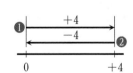

教科書の要点

□**加法の規則**　同じ符号の2つの数の和

⇒ { 符号……2つの数と**同じ符号**
　　絶対値…2つの数の**絶対値の和**

┌─ 絶対値の和 ─┐
例　$(+3)+(+5) = +(3+5) = +8$
　　　　　　　　└─ 同じ符号

$(-3)+(-4) = -(3+4) = -7$

異なる符号の2つの数の和

⇒ { 符号……**絶対値の大きいほうの数と同じ符号**
　　絶対値…**絶対値の大きいほうから小さいほうをひいた差**

┌─ 絶対値の差 ─┐
例　$(+3)+(-7) = -(7-3) = -4$
　　　　　　　　└─ 絶対値の大きいほうの数と同じ符号

$(-3)+(+7) = +(7-3) = +4$

絶対値が等しく符号が異なる2つの数の和は**0**である。

例　$(-2)+(+2) = 0$　　　$(+5)+(-5) = 0$

ある数と**0**との和

⇒**その数自身**である。

例　$(-3)+0 = -3$　　　$0+(+2) = +2$

□**和ともとの数**　ある数に正の数を加えると，和はもとの数より大きくなる。
　との大小　しかし，負の数を加えると，和はもとの数より小さくなる。

例 ある数に正の数を加える　⇨　和はもとの数より大きくなる。
$\boxed{(-2)}+(+5) = \boxed{+3}$　➡　$\boxed{-2} < \boxed{+3}$

例 ある数に負の数を加える　⇨　和はもとの数より小さくなる。
$\boxed{(+5)}+(-2) = \boxed{+3}$　➡　$\boxed{+5} > \boxed{+3}$

教科書
p.28

活動3 同じ符号の2つの数の和について調べましょう。
　2つの正の数の和の符号は＋，絶対値は2つの数の絶対値の和になります。
(1)　2つの負の数の和の符号と絶対値はどうなりますか。

$(+3)+(+2)$ $= +(3+2)$ $= +5$	$(-3)+(-2)$ $= -(3+2)$ $= -5$

ガイド 符号や絶対値がそれぞれどのようになるかを考える。

解答 (1)　符号…**－（マイナス）**
　　　絶対値…**2つの数の絶対値の和**

教科書
p.28

Q1 次の計算をしなさい。
(1)　$(+6)+(+2)$
(2)　$(-6)+(-2)$
(3)　$(-5)+(-9)$
(4)　$(-7)+(-7)$

ガイド 2つの数の符号は同じだから，絶対値の和に2つの数と同じ符号をつける。

解答 (1) $(+6)+(+2)=+(6+2)=$ **+8**

(2) $(-6)+(-2)=-(6+2)=$ **-8**

(3) $(-5)+(-9)=-(5+9)=$ **-14**

(4) $(-7)+(-7)=-(7+7)=$ **-14**

教科書 p.28

活動4 3 と同じようにして，異なる符号の2つの数の加法の規則を見つけましょう。

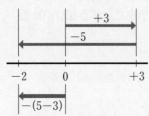

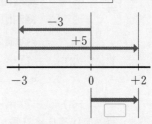

(1) 上の2つの計算から，異なる符号の2つの数の加法の規則を見つけ，ことばで説明しなさい。

ガイド 3 と同じように，2つの数の和の符号と絶対値がどうなっているか考える。

解答 $+(5-3)$

(1) **符号は，絶対値の大きいほうの数と同じ符号で，**

絶対値は，絶対値の大きいほうから小さいほうをひいた差になる。

教科書 p.29

Q2 $(-3)+(+3)$ を計算しなさい。

ガイド 絶対値が等しいので，その差は0になる。0には符号をつけない。

解答 $(-3)+(+3)=$ **0**

教科書 p.29

Q3 次の計算をしなさい。

(1) $(+6)+(-2)$ (2) $(-6)+(+2)$

(3) $(+3)+(-9)$ (4) $(-2)+(+7)$

ガイド 異なる符号の2つの数の加法だから，

・符号は，絶対値の大きいほうの数と同じ符号になる。

・絶対値は，絶対値の大きいほうから小さいほうをひいた差になる。

解答 (1) $(+6)+(-2)=+(6-2)=$ **+4**

(2) $(-6)+(+2)=-(6-2)=$ **-4**

(3) $(+3)+(-9)=-(9-3)=$ **-6**

(4) $(-2)+(+7)=+(7-2)=$ **+5**

教科書
p.29

プラス・ワン① $(+13)+(-7)$

解答　$(+13)+(-7)=+(13-7)=\mathbf{+6}$

教科書
p.29

活動 5　ある数と 0 との和について調べましょう。

$$(+3)+0=+3 \qquad 0+(-2)=\boxed{}$$

(1)　上の2つの計算から，どんなことがいえますか。

解答　$\boxed{\mathbf{-2}}$

(1)　**ある数と 0 との和は，その数自身になる。**

$\square+0=\square$,
$0+\square=\square$
となるね。

教科書
p.29

Q 4　次の計算をしなさい。

(1)　$(+16)+(-38)$　　　　　(2)　$(-19)+(+31)$

(3)　$(-100)+(-13)$　　　　(4)　$(-17)+0$

(5)　$(+6.1)+(-6.1)$　　　　(6)　$\left(-\dfrac{1}{2}\right)+\left(+\dfrac{1}{4}\right)$

ガイド　(6)は通分して，絶対値の大小を考える。

解答　(1)　$(+16)+(-38)=-(38-16)=\mathbf{-22}$

(2)　$(-19)+(+31)=+(31-19)=\mathbf{+12}$

(3)　$(-100)+(-13)=-(100+13)=\mathbf{-113}$

(4)　$(-17)+0=\mathbf{-17}$

(5)　$(+6.1)+(-6.1)=\mathbf{0}$

(6)　$\left(-\dfrac{1}{2}\right)+\left(+\dfrac{1}{4}\right)=\left(-\dfrac{2}{4}\right)+\left(+\dfrac{1}{4}\right)=-\left(\dfrac{2}{4}-\dfrac{1}{4}\right)=\mathbf{-\dfrac{1}{4}}$

教科書
p.29

プラス・ワン②

(1)　$(-0.8)+(-2)$　　　(2)　$\left(-\dfrac{1}{2}\right)+(+0.4)$　　　(3)　$(-3)+\left(+\dfrac{5}{7}\right)$

ガイド　(2)　分数か小数のどちらかにそろえて，絶対値の大小を考える。

(3)　-3 を分母が 7 の分数にして，絶対値の大小を考える。

解答　(1)　$(-0.8)+(-2)=-(0.8+2)=\mathbf{-2.8}$

(2)　$\left(-\dfrac{1}{2}\right)+(+0.4)=\left(-\dfrac{5}{10}\right)+\left(+\dfrac{4}{10}\right)=-\left(\dfrac{5}{10}-\dfrac{4}{10}\right)=\mathbf{-\dfrac{1}{10}}$

または，

$\left(-\dfrac{1}{2}\right)+(+0.4)=(-0.5)+(+0.4)=-(0.5-0.4)=\mathbf{-0.1}$

(3)　$(-3)+\left(+\dfrac{5}{7}\right)=\left(-\dfrac{21}{7}\right)+\left(+\dfrac{5}{7}\right)=-\left(\dfrac{21}{7}-\dfrac{5}{7}\right)=\mathbf{-\dfrac{16}{7}}$

教科書
p.30

Q⑤ Aさんは加法について，次のように考えました。この考えは正しいですか。

Aさんの考え

> ある数にどんな数を加えても，
> 和はもとの数より大きくなる。

ガイド ある数にいろいろな正の数，負の数をたして，計算した結果が，もとの数(たされる数)より大きくなるか，小さくなるかを調べる。

解答 **正しくない。**

ある数に負の数を加えると，和はもとの数より小さくなる。

確認したら
✓を書こう

教科書の要点

□加法の計算法則

正の数，負の数の加法では，次の計算法則が成り立つ。

・加法の交換法則 $a+b=b+a$

例 $(-2)+(+5)=+3,\ (+5)+(-2)=+3$
　　よって，$(-2)+(+5)=(+5)+(-2)$

・加法の結合法則 $(a+b)+c=a+(b+c)$

例 $\{(-2)+(+5)\}+(-4)=(+3)+(-4)=-1$
　　$(-2)+\{(+5)+(-4)\}=(-2)+(+1)=-1$
　　よって，$\{(-2)+(+5)\}+(-4)=(-2)+\{(+5)+(-4)\}$

加法では，交換法則，結合法則が成り立つので，
数をどのように組み合わせても，どのような順序でも行うことができる。

教科書
p.30

活動6 正の数，負の数の加法でも，交換のきまり，結合のきまりが成り立つかどうかを調べましょう。

(1) 次の各組について，計算の結果を比べなさい。

ア $(-7)+(+2),\ (+2)+(-7)$

イ $\{(-3)+(+4)\}+(-2),\ (-3)+\{(+4)+(-2)\}$

(2) 交換のきまり，結合のきまりが成り立つかどうかを，いろいろな数で確かめなさい。

解答 (1) ア $(-7)+(+2)=-5,\ (+2)+(-7)=-5$
　　　　　よって，$(-7)+(+2)=(+2)+(-7)$

　　　イ $\{(-3)+(+4)\}+(-2)=(+1)+(-2)=-1$
　　　　　$(-3)+\{(+4)+(-2)\}=(-3)+(+2)=-1$
　　　　　よって，$\{(-3)+(+4)\}+(-2)=(-3)+\{(+4)+(-2)\}$

　　　ア，イとも，計算の結果は同じになる。

(2) (例) $\bigcirc=+3,\ \triangle=-2,\ \square=-1$ とすると，

　　　$\bigcirc+\triangle \rightarrow (+3)+(-2)=+1$　　　$\triangle+\bigcirc \rightarrow (-2)+(+3)=+1$

　　　$(\bigcirc+\triangle)+\square \rightarrow \{(+3)+(-2)\}+(-1)=(+1)+(-1)=0$

　　　$\bigcirc+(\triangle+\square) \rightarrow (+3)+\{(-2)+(-1)\}=(+3)+(-3)=0$

よって，〇＋△＝△＋〇，（〇＋△）＋□＝〇＋（△＋□）が成り立つので，交換のきまり，結合のきまりが成り立つ。

教科書 p.31

Q6 $(-2)+(+6)+(-3)$ を，加法の計算法則を使って計算しなさい。

解答 $(-2)+(+6)+(-3) = \{(-2)+(+6)\}+(-3) = (+4)+(-3) = +1$

または，$(-2)+(+6)+(-3) = (-2)+\{(+6)+(-3)\}$
$= (-2)+(+3) = +1$

または，$(-2)+(+6)+(-3) = (-2)+(-3)+(+6)$
$= \{(-2)+(-3)\}+(+6)$
$= (-5)+(+6) = +1$

教科書 p.31

活動7 いくつかの数の和の求め方を考えましょう。

(1) $(+3)+(-7)+(-3)$ の計算を，2人は次のようにしました。どのように工夫したのか，説明しなさい。

ゆうとさんの考え

$(+3)+(-7)+(-3)$
$= (+3)+\{(-7)+(-3)\}$
$= (+3)+(-10)$
$= -7$

マイさんの考え

$(+3)+(-7)+(-3)$
$= (+3)+(-3)+(-7)$
$= \{(+3)+(-3)\}+(-7)$
$= 0+(-7)$
$= -7$

解答 (1) ゆうとさん

加法の結合法則を使って，負の数どうしの加法を先に計算した。

マイさん

加法の交換法則，結合法則を使って，和が0になる加法を先に計算した。

教科書 p.31

たしかめ3 $(+6)+(+9)+(-6)$ を計算しなさい。

解答 $(+6)+(+9)+(-6) = \{(+6)+(+9)\}+(-6) = (+15)+(-6) = +9$

または，$(+6)+(+9)+(-6) = (+6)+(-6)+(+9)$
$= \{(+6)+(-6)\}+(+9)$
$= 0+(+9) = +9$

教科書 p.31

Q7 次の式を，工夫して計算しなさい。

(1) $(-18)+(+5)+(-2)$ (2) $(+3)+(-5)+(+7)+(-3)$

(3) $(+108)+(-7)+(-93)+(-8)$

ガイド 加法の交換法則，結合法則により，数の組み合わせ方や順序を変えて計算できるので，正の数や負の数を先に集めて計算したり，和が100など特定の数になるものを先に集めて計算したり，工夫する。

解答 (1) $(-18)+(+5)+(-2)=(+5)+\{(-18)+(-2)\}$
$=(+5)+(-20)=\mathbf{-15}$

(2) $(+3)+(-5)+(+7)+(-3)=\{(+3)+(-3)\}+(-5)+(+7)$
$=0+(-5)+(+7)=\mathbf{+2}$

(3) $(+108)+(-7)+(-93)+(-8)=\{(+108)+(-8)\}+\{(-7)+(-93)\}$
$=(+100)+(-100)=\mathbf{0}$

教科書
p.31

プラス・ワン

(1) $(-0.4)+(+1.7)+(-0.6)+(+0.3)$　　　(2) $\left(-\dfrac{3}{2}\right)+\left(+\dfrac{1}{3}\right)+\left(-\dfrac{1}{2}\right)$

(3) $\left(+\dfrac{1}{3}\right)+\left(-\dfrac{1}{4}\right)+\left(-\dfrac{4}{3}\right)+\left(+\dfrac{3}{4}\right)$

ガイド (1) 和が-1や2などの数になるものを先に集めて計算する。

(2)(3) 分母が同じ分数を先に集めて計算する。

解答 (1) $(-0.4)+(+1.7)+(-0.6)+(+0.3)$
$=\{(-0.4)+(-0.6)\}+\{(+1.7)+(+0.3)\}=(-1)+(+2)=\mathbf{+1}$

(2) $\left(-\dfrac{3}{2}\right)+\left(+\dfrac{1}{3}\right)+\left(-\dfrac{1}{2}\right)=\left\{\left(-\dfrac{3}{2}\right)+\left(-\dfrac{1}{2}\right)\right\}+\left(+\dfrac{1}{3}\right)$

$=(-2)+\left(+\dfrac{1}{3}\right)=\left(-\dfrac{6}{3}\right)+\left(+\dfrac{1}{3}\right)=\mathbf{-\dfrac{5}{3}}$

(3) $\left(+\dfrac{1}{3}\right)+\left(-\dfrac{1}{4}\right)+\left(-\dfrac{4}{3}\right)+\left(+\dfrac{3}{4}\right)$

$=\left\{\left(+\dfrac{1}{3}\right)+\left(-\dfrac{4}{3}\right)\right\}+\left\{\left(-\dfrac{1}{4}\right)+\left(+\dfrac{3}{4}\right)\right\}=\left(-\dfrac{3}{3}\right)+\left(+\dfrac{2}{4}\right)$

$=(-1)+\left(+\dfrac{1}{2}\right)=\left(-\dfrac{2}{2}\right)+\left(+\dfrac{1}{2}\right)=\mathbf{-\dfrac{1}{2}}$

❷ 減法

CHECK! ‥
確認したら
✓を書こう

教科書の要点

□減法　　　　　ひき算を減法といい，減法の結果を差という。
□減法の計算の　減法はひく数の符号を変えて加法になおすことができる。
　しかた　　　　例 $(+8)-(+6)=(+8)+(-6)=+2$
　　　　　　　　※「$+6$をひく」ことは，「-6を加える」ことと同じである。

教科書
p.32

? □$+2=5$の式で，□にあてはまる数を求めるには，
どのようにすればよいでしょうか。

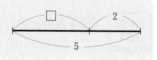

ガイド □$+2=5$の□にあてはまる数は，計算を逆にたどって □$=5-2$ として求められる。

解答 □$=5-2=3$　または，図から，$5-2$の計算で求めればよい。

教科書 p.32

活動1 正の数をひく計算のしかたを，数直線を使って考えましょう。

$$(+5)-(+2)=□ \quad \cdots\cdots①$$

とすると，このひき算は，

$$□+(+2)=+5$$

の□にあてはまる数を求める計算です。

(1) $□+(+2)=+5$ となる□を，右の数直線を使って求めなさい。

(2) 右の図のように，+2の矢印の向きを変えると，どんな式で表せますか。

$$(+5)+(\underline{})=□ \quad \cdots\cdots②$$

(3) 式①と②を比べて，気づいたことをいいなさい。

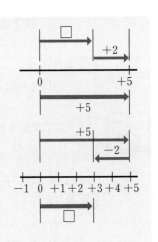

ガイド (1) 数直線上で□がどんな数を表しているかを読み取る。

(2) +2の矢印の向きを変えると−2だから，$(+5)$に(-2)を加える式で表せる。

(3) 式①は，$(+5)-(+2)=+3$，式②は，$(+5)+(-2)=+3$ より，

式① ＝ 式②が成り立っている。

解答 (1) **+3**　　(2) **−2**

(3) **$(+5)-(+2)$ の計算の結果は，$(+5)+(-2)$ の計算の結果と同じである。**

教科書 p.32

Q1 次のひき算を加法になおして計算しなさい。

(1) $(+6)-(+4)$　　　(2) $(+2)-(+5)$　　　(3) $(-3)-(+2)$

ガイド ひく数の符号＋を−に変えて加える。

解答 (1) $(+6)-(+4)=(+6)+(-4)=+(6-4)=$ **+2**

(2) $(+2)-(+5)=(+2)+(-5)=-(5-2)=$ **−3**

(3) $(-3)-(+2)=(-3)+(-2)=-(3+2)=$ **−5**

教科書 p.33

活動2 負の数をひく計算のしかたを，数直線を使って考えましょう。

$$(+3)-(-2)=□ \quad \cdots\cdots①$$

とすると，この減法は，

$$□+(-2)=+3$$

の□にあてはまる数を求める計算です。

(1) $□+(-2)=+3$ となる□を，右の数直線を使って求めなさい。

(2) 右の図のように，−2の矢印の向きを変えると，どんな式で表せますか。

$$(+3)+(\underline{})=□ \quad \cdots\cdots②$$

(3) 式①と②を比べて，気づいたことをいいなさい。

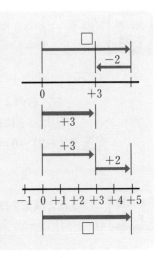

ガイド (1) 数直線上で□がどんな数を表しているかを読み取る。

(2) −2の矢印の向きを変えると+2だから，$(+3)$に$(+2)$を加える式で表せる。

(3)　式①は，$(+3)-(-2)=+5$，式②は，$(+3)+(+2)=+5$ より，
　　式①＝式②が成り立っている。

解答 (1)　$+5$　　(2)　$+2$

(3)　$(+3)-(-2)$ の計算の結果は，$(+3)+(+2)$ の計算の結果と同じである。

教科書 **p.33**

Q2 次の減法を加法になおして計算しなさい。

(1)　$(+3)-(-4)$　　　　(2)　$(-5)-(-3)$　　　　(3)　$(+8)-(-8)$

ガイド ひく数の符号−を＋に変えて加える。

解答 (1)　$(+3)-(-4)=(+3)+(+4)=+7$

(2)　$(-5)-(-3)=(-5)+(+3)=-(5-3)=-2$

(3)　$(+8)-(-8)=(+8)+(+8)=+16$

CHECK!
確認したら
✓ を書こう

教科書の要点

□減法の規則　　ある数から正の数または負の数をひくには，ひく数の符号を変えて加える。

例　$(+4)-(+5)=(+4)+(-5)=-1$
　　$(-5)-(-4)=(-5)+(+4)=-1$

ある数から 0 をひいた差は，その数自身である。

例　$(+5)-0=+5$　　$(-5)-0=-5$

□差ともとの数　　ある数から正の数をひく　⇨　差はもとの数より小さくなる。
　との大小
例　$\boxed{(+4)}-(+3)=(+4)+(-3)=\boxed{+1}$　➡　$\boxed{+4}>\boxed{+1}$
　　$\boxed{(-4)}-(+3)=(-4)+(-3)=\boxed{-7}$　➡　$\boxed{-4}>\boxed{-7}$

ある数から負の数をひく　⇨　差はもとの数より大きくなる。

例　$\boxed{(+4)}-(-3)=(+4)+(+3)=\boxed{+7}$　➡　$\boxed{+4}<\boxed{+7}$
　　$\boxed{(-4)}-(-3)=(-4)+(+3)=\boxed{-1}$　➡　$\boxed{-4}<\boxed{-1}$

0 からある数をひいた差は，その数の符号を変えた数になる。

例　$0-(+5)=-5$　　$0-(-5)=+5$

教科書 **p.33**

Q3 -2 から 0 をひいた差は，どんな数になりますか。

$(-2)-0=\boxed{}$

ガイド $(-2)-(-1)=\square$ を考えると，$\square+(-1)=-2$ だか　　　　　　　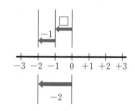
ら，右のような図になる。図で，-1 を 0 に近づけると
$\square$ は -2 に近づいていくことがわかる。

解答 $(-2)-0=\boxed{-2}$ より，その数自身になる。

教科書 **p.33**

Q4 次の減法を加法になおして計算しなさい。

(1)　$0-(+7)$　　　　　　　(2)　$0-(-7)$

ガイド 0 からある数をひいた差は，減法を加法になおして考えると，その数の符号を変
えた数になっていることがわかる。

解答 (1) $0-(+7)=0+(-7)=\boldsymbol{-7}$

(2) $0-(-7)=0+(+7)=\boldsymbol{+7}$

教科書
p.34

Q5 次の計算をしなさい。

(1) $(+9)-(+5)$　　(2) $(+2)-(+8)$　　(3) $(-6)-(+3)$

(4) $(-7)-(+7)$　　(5) $0-(+6)$　　(6) $(+2)-0$

ガイド (1)〜(4)　ひく数の符号＋を−に変えて加える。

(5)　0 からある数をひいた差は，その数の符号を変えた数になる。

(6)　ある数から 0 をひいた差は，その数自身である。

解答 (1) $(+9)-(+5)=(+9)+(-5)=\boldsymbol{+4}$

(2) $(+2)-(+8)=(+2)+(-8)=\boldsymbol{-6}$

(3) $(-6)-(+3)=(-6)+(-3)=\boldsymbol{-9}$

(4) $(-7)-(+7)=(-7)+(-7)=\boldsymbol{-14}$

(5) $0-(+6)=0+(-6)=\boldsymbol{-6}$

(6) $(+2)-0=\boldsymbol{+2}$

教科書
p.34

Q6 次の計算をしなさい。

(1) $(+3)-(-6)$　　(2) $(-3)-(-6)$　　(3) $(-7)-(-1)$

(4) $(-4)-(-4)$　　(5) $0-(-2)$　　(6) $(-3)-0$

ガイド (1)〜(5)　ひく数の符号−を＋に変えて加える。

解答 (1) $(+3)-(-6)=(+3)+(+6)=\boldsymbol{+9}$

(2) $(-3)-(-6)=(-3)+(+6)=\boldsymbol{+3}$

(3) $(-7)-(-1)=(-7)+(+1)=\boldsymbol{-6}$

(4) $(-4)-(-4)=(-4)+(+4)=\boldsymbol{0}$

(5) $0-(-2)=0+(+2)=\boldsymbol{+2}$

(6) $(-3)-0=\boldsymbol{-3}$

教科書
p.35

Q7 次の計算をしなさい。

(1) $(+12)-(-2)$　　(2) $(-13)-(+5)$　　(3) $0-(-12)$

(4) $(-2.5)-(-3.5)$　　(5) $\left(-\dfrac{1}{5}\right)-\left(+\dfrac{3}{5}\right)$　　(6) $\left(+\dfrac{3}{2}\right)-\left(-\dfrac{1}{3}\right)$

ガイド ひく数の符号を変えて加える。

解答 (1) $(+12)-(-2)=(+12)+(+2)=\boldsymbol{+14}$

(2) $(-13)-(+5)=(-13)+(-5)=\boldsymbol{-18}$

(3) $0-(-12)=0+(+12)=\boldsymbol{+12}$

(4) $(-2.5)-(-3.5)=(-2.5)+(+3.5)=\boldsymbol{+1}$

(5) $\left(-\dfrac{1}{5}\right)-\left(+\dfrac{3}{5}\right)=\left(-\dfrac{1}{5}\right)+\left(-\dfrac{3}{5}\right)=\boldsymbol{-\dfrac{4}{5}}$

(6) $\left(+\dfrac{3}{2}\right)-\left(-\dfrac{1}{3}\right)=\left(+\dfrac{3}{2}\right)+\left(+\dfrac{1}{3}\right)=\left(+\dfrac{9}{6}\right)+\left(+\dfrac{2}{6}\right)=\boldsymbol{+\dfrac{11}{6}}$

教科書 p.35

│**プラス・ワン**　(1)　$(-3)-\left(-\dfrac{5}{6}\right)$　　　　(2)　$\left(-\dfrac{1}{4}\right)-(+0.2)$

ガイド (1)　-3 を分母が 6 の分数になおす。

(2)　$-\dfrac{1}{4}$ を小数になおすか，$+0.2$ を分数になおす。

$$-\dfrac{1}{4} \rightarrow -0.25$$

$$+0.2 \rightarrow +\dfrac{2}{10} = +\dfrac{1}{5}$$

解答 (1)　$(-3)-\left(-\dfrac{5}{6}\right)=(-3)+\left(+\dfrac{5}{6}\right)=\left(-\dfrac{18}{6}\right)+\left(+\dfrac{5}{6}\right)=\boldsymbol{-\dfrac{13}{6}}$

(2)　$\left(-\dfrac{1}{4}\right)-(+0.2)=\left(-\dfrac{1}{4}\right)+(-0.2)=(-0.25)+(-0.2)=\boldsymbol{-0.45}$

または，

$$\left(-\dfrac{1}{4}\right)-(+0.2)=\left(-\dfrac{1}{4}\right)+(-0.2)=\left(-\dfrac{1}{4}\right)+\left(-\dfrac{2}{10}\right)$$

$$=\left(-\dfrac{1}{4}\right)+\left(-\dfrac{1}{5}\right)=\left(-\dfrac{5}{20}\right)+\left(-\dfrac{4}{20}\right)=\boldsymbol{-\dfrac{9}{20}}$$

教科書 p.35

Q8 Bさんは減法について，次のように考えました。この考えは正しいですか。

B さんの考え

> ある数からどんな数をひいても，
> 差はもとの数より小さくなる。

ガイド ある数からいろいろな正の数，負の数をひいて，差ともとの数との大小を比べる。
ある数から負の数をひくと，差はもとの数より大きくなる。

解答 **正しくない。**

教科書 p.35

Q9 次の計算をしなさい。
(1)　$(+7)-(+3)-(-4)$　　　　(2)　$(-7)-(-3)-(-4)$
(3)　$(-6)-(-4)-(+8)$　　　　(4)　$(-2)-(+5)-(+3)$

解答 (1)　$(+7)-(+3)-(-4)=(+7)+(-3)+(+4)=(+7)+(+4)+(-3)$
　　$=(+11)+(-3)=\boldsymbol{+8}$
(2)　$(-7)-(-3)-(-4)=(-7)+(+3)+(+4)=(-7)+(+7)=\boldsymbol{0}$
(3)　$(-6)-(-4)-(+8)=(-6)+(+4)+(-8)=(-6)+(-8)+(+4)$
　　$=(-14)+(+4)=\boldsymbol{-10}$
(4)　$(-2)-(+5)-(+3)=(-2)+(-5)+(-3)=\boldsymbol{-10}$

③ 加法と減法の混じった式の計算

CHECK!
確認したら
✓を書こう

教科書の要点

□加法と減法の 混じった式の 計算	加法と減法の混じった式の計算は，加法だけの式になおすと，加法の交換法則や結合法則を使って計算することができる。

例 $(+3)-(+2)+(+4)=(+3)+(-2)+(+4)=(+7)+(-2)=+5$

□項　加法だけの式になおしたとき，＋で結ばれた1つ1つを項という。

例 $(+3)+(-2)+(+4)$ のとき，この式の項は，$+3$，-2，$+4$ である。

□正の項と負の　項のうち，正の数の項を正の項，負の数の項を負の項という。
　項

例 $(+3)+(-2)+(+4)$ のとき，$+3$，$+4$ を正の項，-2 を負の項という。

教科書 p.36

活動1 $(+5)-(+2)+(-9)-(-4)$ を計算しましょう。

$(+5)-(+2)+(-9)-(-4)$
$=(+5)+(-2)+(-9)+(+4)$ ①
$=\{(+5)+(+4)\}+\{(-2)+(-9)\}$

(1) ①では，どのように考えて計算しましたか。

(2) 上の式に続けて計算しなさい。

ガイド 加法だけの式になおしたあと，正の数どうし，負の数どうしを集めて計算する。

解答 (1) **減法は加法になおすことができるので，加法と減法の混じっている式を，加法だけの式になおした。**

(2) $=(+9)+(-11)$
　　$=-2$

教科書 p.36

Q1 次の式を，加法だけの式になおして計算しなさい。

(1) $(+9)+(-3)-(+2)$　　　　　(2) $(-5)-(+4)-(-9)+(-6)$

(3) $(+8)+(-14)-(-6)-(-2)$

ガイド 加法だけの式になおしたあと，加法の交換法則や結合法則を使って計算する。

解答 (1) $(+9)+(-3)-(+2)=(+9)+(-3)+(-2)=(+9)+(-5)=\boldsymbol{+4}$

(2) $(-5)-(+4)-(-9)+(-6)=(-5)+(-4)+(+9)+(-6)$
　$=(+9)+(-5)+(-4)+(-6)=(+9)+(-15)=\boldsymbol{-6}$

(3) $(+8)+(-14)-(-6)-(-2)=(+8)+(-14)+(+6)+(+2)$
　$=(+8)+(+6)+(+2)+(-14)=(+16)+(-14)=\boldsymbol{+2}$

教科書 p.37

Q2 次の式を加法だけの式で表し，正の項，負の項をいいなさい。また，その式を計算しなさい。

(1) $(-1)+(+6)-(-3)$　　　　　(2) $(-5)-(-4)+(-1)$

(3) $(+8)-(-7)-(+2)+(-6)$

ガイド 減法を加法になおすには，ひく数の符号を変えて加える。

解答 (1) $(-1)+(+6)+(+3)$

正の項…$+6$, $+3$ 負の項…-1

$(-1)+(+6)-(-3)=(-1)+(+6)+(+3)=(-1)+(+9)=+8$

(2) $(-5)+(+4)+(-1)$

正の項…$+4$ 負の項…-5, -1

$(-5)-(-4)+(-1)=(-5)+(+4)+(-1)=(+4)+(-5)+(-1)$

$=(+4)+(-6)=-2$

(3) $(+8)+(+7)+(-2)+(-6)$

正の項…$+8$, $+7$ 負の項…-2, -6

$(+8)-(-7)-(+2)+(-6)=(+8)+(+7)+(-2)+(-6)$

$=(+15)+(-8)=+7$

教科書 p.37

Q3 次の計算をしなさい。

(1) $(+5)+(-8)-(-2)$ (2) $(-9)-(-6)+(+3)$

(3) $(-1)+(-10)-(+4)-(-9)$ (4) $(-1.2)+(+3.2)-(-1.8)$

(5) $\left(-\dfrac{1}{4}\right)-\left(-\dfrac{3}{4}\right)+\left(-\dfrac{1}{4}\right)$

ガイド 加法だけの式になおしたあと，正の項どうし，負の項どうしを集めて計算する。

解答 (1) $(+5)+(-8)-(-2)=(+5)+(-8)+(+2)=(+5)+(+2)+(-8)$

$=(+7)+(-8)=-1$

(2) $(-9)-(-6)+(+3)=(-9)+(+6)+(+3)=(-9)+(+9)=0$

(3) $(-1)+(-10)-(+4)-(-9)=(-1)+(-10)+(-4)+(+9)$

$=(-15)+(+9)=-6$

(4) $(-1.2)+(+3.2)-(-1.8)=(-1.2)+(+3.2)+(+1.8)$

$=(-1.2)+(+5)=+3.8$

(5) $\left(-\dfrac{1}{4}\right)-\left(-\dfrac{3}{4}\right)+\left(-\dfrac{1}{4}\right)=\left(-\dfrac{1}{4}\right)+\left(+\dfrac{3}{4}\right)+\left(-\dfrac{1}{4}\right)$

$=\left(-\dfrac{1}{4}\right)+\left(-\dfrac{1}{4}\right)+\left(+\dfrac{3}{4}\right)=\left(-\dfrac{2}{4}\right)+\left(+\dfrac{3}{4}\right)=+\dfrac{1}{4}$

教科書 p.37

｜プラス・ワン

(1) $(+5.7)-(-3.9)-(+2.8)$ (2) $(+2)+\left(-\dfrac{2}{3}\right)-\left(+\dfrac{3}{4}\right)$

解答 (1) $(+5.7)-(-3.9)-(+2.8)=(+5.7)+(+3.9)+(-2.8)$

$=(+9.6)+(-2.8)=+6.8$

(2) $(+2)+\left(-\dfrac{2}{3}\right)-\left(+\dfrac{3}{4}\right)=(+2)+\left(-\dfrac{2}{3}\right)+\left(-\dfrac{3}{4}\right)$

$=\left(+\dfrac{24}{12}\right)+\left(-\dfrac{8}{12}\right)+\left(-\dfrac{9}{12}\right)=\left(+\dfrac{24}{12}\right)+\left(-\dfrac{17}{12}\right)=+\dfrac{7}{12}$

教科書 p.37

学びに プラス　さいころを使って

さいころを投げて，奇数の目が出た場合は，その目の数だけ正の向きに進み，偶数の目が出た場合は，その目の数だけ負の向きに進むことにします。

Aさんが4回続けてさいころを投げたとき，右(教科書37ページ)のような目が出ました。地点Oを出発したAさんは，今どこにいるでしょうか。

ガイド ⚀，⚂，⚄をそれぞれ $(+1)$，$(+3)$，$(+5)$ で，⚃を (-4) で表し，これらの項を加法の記号の＋を用いて，さいころの目の出た順に並べる。

解答 $(+1)+(-4)+(+3)+(+5)=(+1)+(+3)+(+5)+(-4)$

$=\{(+1)+(+3)+(+5)\}+(-4)=(+9)+(-4)=+(9-4)=+5$

よって，**地点Oから正の向きに5動いた +5の地点にいる。**

教科書 p.37

ほかにもいろいろな場合について考えてみましょう。

解答 (例)　さいころを続けて投げて，地点Oに戻る場合を考える。地点Oに戻るときは，正の向きに進んだ数の合計と負の向きに進んだ数の合計が同じになるときである。

つまり，正の項の和の絶対値と負の項の和の絶対値が同じになる場合を考えればよい。

教科書 p.37

4回続けて投げて地点Oに戻る場合はどんなときかな。

ガイド 4回のうち2回が奇数，2回が偶数になればよい。奇数の目，偶数の目のそれぞれの絶対値の和が 4，6，8，10になる場合が考えられる。

絶対値の和	奇数の目の組み合わせ	偶数の目の組み合わせ
4	⚀ ⚂	⚁ ⚁
6	⚀ ⚄ または，⚂ ⚂	⚁ ⚃
8	⚂ ⚄	⚁ ⚅ または，⚃ ⚃
10	⚄ ⚄	⚃ ⚅

注意 絶対値の和が2の場合は，偶数の目の組み合わせはない。

解答 **目の出る順は関係なく，4回のさいころの目の出方が次の6通りの場合がある。**

$\{⚀, ⚂, ⚁, ⚁\}$，$\{⚀, ⚄, ⚁, ⚃\}$，$\{⚂, ⚄, ⚁, ⚁\}$，

$\{⚂, ⚄, ⚁, ⚅\}$，$\{⚂, ⚄, ⚃, ⚃\}$，$\{⚄, ⚄, ⚃, ⚅\}$

教科書 p.37

5回続けて投げた場合にはどうなるのかな。

ガイド 4回続けて投げた場合と同じように考える。5回のうち2回が奇数で3回が偶数または，4回が奇数で1回が偶数になる場合だから，奇数の目，偶数の目のそれぞれの絶対値の和により，次の場合が考えられる。

絶対値の和	奇数の目の組み合わせ	偶数の目の組み合わせ
4	⚀ ⚀ ⚀ ⚀	⚃
6	⚀ ⚄ または，⚂ ⚂	⚁ ⚁ ⚁
	⚀ ⚀ ⚀ ⚂	⚅
8	⚂ ⚄	⚁ ⚁ ⚃
10	⚄ ⚄	⚁ ⚃ ⚃ または，⚁ ⚁ ⚅

解答 目の出る順は関係なく，5回のさいころの目の出方は次の7通りの場合がある。

{⚀, ⚀, ⚀, ⚀, ⚅}， {⚀, ⚅, ⚂, ⚂, ⚂}， {⚃, ⚄, ⚂, ⚂, ⚂}，

{⚀, ⚀, ⚀, ⚂, ⚅}， {⚂, ⚅, ⚂, ⚂, ⚅}， {⚄, ⚅, ⚂, ⚃, ⚅}，

{⚅, ⚅, ⚁, ⚃, ⚅}

確認したら
✓を書こう

教科書の要点

□項だけを並べた式

加法だけの式は，かっこと加法の記号を省いて，項だけを並べた式の形に表すことができる。このとき，最初の項が正の項のときは，その符号＋を省く。また，答えが正の数のときは符号＋を省くことができる。

例 $(+3)+(-5)+(-2)+(+3)=3-5-2+3$

教科書 p.38

Q4 式 $(-1)+(-6)+(+3)+(-2)$ を，項だけを並べた式で表しなさい。

ガイド かっこと加法の記号＋を省いて項だけを並べる。

解答 $(-1)+(-6)+(+3)+(-2)=\mathbf{-1-6+3-2}$

教科書 p.38

Q5 次の項だけを並べた式を，かっこと加法の記号を省かないで表しなさい。

(1) $-3+5-7$ 　　　　(2) $6-9+8-2$

解答 (1) $(-3)+(+5)+(-7)$

(2) $(+6)+(-9)+(+8)+(-2)$

教科書 p.39

Q6 次の計算をしなさい。

(1) $3-5$ 　　　　(2) $-4-3$

(3) $6-9+4$ 　　　　(4) $8-3-6+1$

ガイド 項だけを並べた式では，加法の交換法則や結合法則を使って，正の項どうし，負の項どうしを集めて計算するとよい。

解答 (1) $3-5=\mathbf{-2}$

(2) $-4-3=\mathbf{-7}$

(3) $6-9+4=6+4-9=10-9=\mathbf{1}$

(4) $8-3-6+1=8+1-3-6=9-9=\mathbf{0}$

> 答えが正の数のときは符号＋を省くことができるよ。

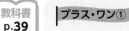

1章

3節 加法、減法

教科書 p.39

プラス・ワン①

(1)　$2.6-7.2+1.4$　　　　　　　　　(2)　$-\dfrac{1}{4}+\dfrac{1}{2}-\dfrac{3}{4}$

解答 (1)　$2.6-7.2+1.4=2.6+1.4-7.2=4-7.2=\boldsymbol{-3.2}$

(2)　$-\dfrac{1}{4}+\dfrac{1}{2}-\dfrac{3}{4}=\dfrac{1}{2}-\dfrac{1}{4}-\dfrac{3}{4}=\dfrac{1}{2}-1=\boldsymbol{-\dfrac{1}{2}}$

教科書 p.39

Q7 **4** で、さくらさんは次のように考えました。どのような工夫をしましたか。

さくらさんの考え

$$
\begin{aligned}
&(-5)-(-10)+(-3)-10\\
=&-5+10-3-10\\
=&-5-3+10-10\\
=&-8
\end{aligned}
$$

ガイド 加法の交換法則，結合法則を使って，結果が 0 になる計算を先にする。

解答 $\boldsymbol{+10-10=0}$ **を先に計算して，** $\boldsymbol{-8+0=-8}$ **と計算が簡単になるよう工夫した。**

教科書 p.39

Q8 次の計算をしなさい。

(1)　$(-2)-(-5)+1+(-3)$　　　　(2)　$5+(-8)-7-(-4)$

(3)　$(-21)-(+36)+43+(-50)$

ガイド 項だけを並べた式になおして計算する。

解答 (1)　$(-2)-(-5)+1+(-3)=-2+5+1-3=5+1-2-3=6-5=\boldsymbol{1}$

(2)　$5+(-8)-7-(-4)=5-8-7+4=5+4-8-7=9-15=\boldsymbol{-6}$

(3)　$(-21)-(+36)+43+(-50)=-21-36+43-50=43-21-36-50$

　　　$=43-107=\boldsymbol{-64}$

教科書 p.39

プラス・ワン②

(1)　$\dfrac{5}{6}+(-3)-\left(-\dfrac{3}{2}\right)$　　　　　　　(2)　$-\dfrac{1}{3}+0.3+\left(-\dfrac{1}{4}\right)-(-0.2)$

解答 (1)　$\dfrac{5}{6}+(-3)-\left(-\dfrac{3}{2}\right)=\dfrac{5}{6}+(-3)+\left(+\dfrac{3}{2}\right)=\dfrac{5}{6}-3+\dfrac{3}{2}=\dfrac{5}{6}+\dfrac{3}{2}-3$

　　　$=\dfrac{5}{6}+\dfrac{9}{6}-\dfrac{18}{6}=\dfrac{14}{6}-\dfrac{18}{6}=-\dfrac{4}{6}=\boldsymbol{-\dfrac{2}{3}}$

(2)　$-\dfrac{1}{3}+0.3+\left(-\dfrac{1}{4}\right)-(-0.2)=-\dfrac{1}{3}+0.3-\dfrac{1}{4}+0.2=0.3+0.2-\dfrac{1}{3}-\dfrac{1}{4}$

　　　$=0.5-\dfrac{4}{12}-\dfrac{3}{12}=\dfrac{1}{2}-\dfrac{7}{12}=\dfrac{6}{12}-\dfrac{7}{12}=\boldsymbol{-\dfrac{1}{12}}$

しかめよう

教科書 p.40

1 次の計算をしなさい。

(1) $(+3)+(+8)$

(2) $(+5)+(-7)$

(3) $(-4)+(+6)$

(4) $(-7)+(-3)$

(5) $0+(-6)$

(6) $(+9)+0$

(7) $(-1.6)+(+2)$

(8) $\left(-\dfrac{2}{3}\right)+\left(+\dfrac{1}{3}\right)$

解答 (1) $(+3)+(+8)=+(3+8)=\mathbf{+11}$

(2) $(+5)+(-7)=-(7-5)=\mathbf{-2}$

(3) $(-4)+(+6)=+(6-4)=\mathbf{+2}$

(4) $(-7)+(-3)=-(7+3)=\mathbf{-10}$

(5) $0+(-6)=\mathbf{-6}$

(6) $(+9)+0=\mathbf{+9}$

(7) $(-1.6)+(+2)=+(2-1.6)=\mathbf{+0.4}$

(8) $\left(-\dfrac{2}{3}\right)+\left(+\dfrac{1}{3}\right)=-\left(\dfrac{2}{3}-\dfrac{1}{3}\right)=\mathbf{-\dfrac{1}{3}}$

教科書 p.40

2 次の計算をしなさい。

(1) $(+4)+(-7)+(+6)$

(2) $(-3)+(+5)+(+3)$

(3) $(-4)+(+2)+(-5)+(+4)$

(4) $(+53)+(-29)+(-21)+(+7)$

ガイド 前から1つずつ計算してもよいが, ここでは加法の交換法則や結合法則を用いて, 工夫して計算してみる。

解答 (1) $(+4)+(-7)+(+6)=\{(+4)+(+6)\}+(-7)=(+10)+(-7)=\mathbf{+3}$

(2) $(-3)+(+5)+(+3)=(-3)+(+3)+(+5)=\{(-3)+(+3)\}+(+5)$
$=0+(+5)=\mathbf{+5}$

別解 $(-3)+(+5)+(+3)=(-3)+\{(+5)+(+3)\}=(-3)+(+8)=\mathbf{+5}$

(3) $(-4)+(+2)+(-5)+(+4)=(-4)+(+4)+(+2)+(-5)$
$=\{(-4)+(+4)\}+\{(+2)+(-5)\}=0+(-3)=\mathbf{-3}$

別解 $(-4)+(+2)+(-5)+(+4)=\{(+2)+(+4)\}+\{(-4)+(-5)\}$
$=(+6)+(-9)=\mathbf{-3}$

(4) $(+53)+(-29)+(-21)+(+7)=\{(+53)+(+7)\}+\{(-29)+(-21)\}$
$=(+60)+(-50)=\mathbf{+10}$

教科書 p.40

3 次の計算をしなさい。

(1) $(+6)-(+8)$

(2) $(-5)-(+3)$

(3) $(-9)-(-9)$

(4) $0-(-15)$

(5) $(-7)-0$

(6) $(-3.4)-(+5)$

(7) $\left(-\dfrac{2}{3}\right)-\left(-\dfrac{1}{3}\right)$

(8) $(-5)-(+2)-(-3)$

1章

解答 (1) $(+6)-(+8)=(+6)+(-8)=\mathbf{-2}$

(2) $(-5)-(+3)=(-5)+(-3)=\mathbf{-8}$

(3) $(-9)-(-9)=(-9)+(+9)=\mathbf{0}$

(4) $0-(-15)=0+(+15)=\mathbf{+15}$

(5) $(-7)-0=\mathbf{-7}$

(6) $(-3.4)-(+5)=(-3.4)+(-5)=\mathbf{-8.4}$

(7) $\left(-\dfrac{2}{3}\right)-\left(-\dfrac{1}{3}\right)=\left(-\dfrac{2}{3}\right)+\left(+\dfrac{1}{3}\right)=\mathbf{-\dfrac{1}{3}}$

(8) $(-5)-(+2)-(-3)=(-5)+(-2)+(+3)=(-7)+(+3)=\mathbf{-4}$

 4 次の計算をしなさい。

(1) $(-3)-(-5)+(+8)$ (2) $(-12)-(-2)+(-8)-(-18)$

(3) $(+10.3)-(-0.8)+(-0.3)$ (4) $\left(-\dfrac{1}{5}\right)-\left(+\dfrac{4}{5}\right)+\left(+\dfrac{1}{5}\right)+\left(-\dfrac{3}{5}\right)$

解答 (1) $(-3)-(-5)+(+8)=(-3)+(+5)+(+8)=(-3)+(+13)=\mathbf{+10}$

(2) $(-12)-(-2)+(-8)-(-18)=(-12)+(+2)+(-8)+(+18)$

$=(-12)+(-8)+(+2)+(+18)=(-20)+(+20)=\mathbf{0}$

(3) $(+10.3)-(-0.8)+(-0.3)=(+10.3)+(+0.8)+(-0.3)$

$=\{(+10.3)+(-0.3)\}+(+0.8)=(+10)+(+0.8)=\mathbf{+10.8}$

(4) $\left(-\dfrac{1}{5}\right)-\left(+\dfrac{4}{5}\right)+\left(+\dfrac{1}{5}\right)+\left(-\dfrac{3}{5}\right)=\left(-\dfrac{1}{5}\right)+\left(-\dfrac{4}{5}\right)+\left(+\dfrac{1}{5}\right)+\left(-\dfrac{3}{5}\right)$

$=\left(-\dfrac{1}{5}\right)+\left(-\dfrac{4}{5}\right)+\left(-\dfrac{3}{5}\right)+\left(+\dfrac{1}{5}\right)=\left(-\dfrac{8}{5}\right)+\left(+\dfrac{1}{5}\right)=\mathbf{-\dfrac{7}{5}}$

 5 次の計算をしなさい。

(1) $7-9$ (2) $-8-12$

(3) $4-6+3$ (4) $-7+5-3-5$

(5) $24-36-64+26$ (6) $26-(-2)-16+38$

(7) $-104-27-(-4)+(+27)$

解答 (1) $7-9=\mathbf{-2}$

(2) $-8-12=\mathbf{-20}$

(3) $4-6+3=4+3-6=7-6=\mathbf{1}$

(4) $-7+5-3-5=5-7-3-5=5-15=\mathbf{-10}$

(5) $24-36-64+26=24+26-36-64=50-100=\mathbf{-50}$

(6) $26-(-2)-16+38=26+2-16+38=26+2+38-16=66-16=\mathbf{50}$

(7) $-104-27-(-4)+(+27)=-104-27+4+27=-131+31=\mathbf{-100}$

別解 計算の順序や組み合わせを変えることによって，計算を簡単にすることができる。

(4) $-7+5-3-5=-7-3+5-5=-10+0=\mathbf{-10}$

(6) $26-(-2)-16+38 = 26+2-16+38 = 26-16+2+38$
$= 10+40 = \mathbf{50}$

(7) $-104-27-(-4)+(+27) = -104-27+4+27$
$= -104+4-27+27 = -100+0 = \mathbf{-100}$

MATHFUL 数と式　魔 方陣

教科書 **p.41**

⭐ 次の魔方陣（教科書41ページ）を完成させましょう。

解答 ①

2	−3	−2
−5	−1	3
0	**1**	−4

②

0	5	−2
−1	1	3
4	−3	2

③

−5	8	−9
−6	−2	2
5	−12	1

教科書 **p.41**

⭐ デューラーの魔方陣には，縦，横，斜めのほかにも和が34になる4つの数の組があります。探してみましょう。

解答 （例） 右の斜線部分
の4つの数

など。

4節 乗法，除法

① 乗法

CHECK!
確認したら
✓を書こう

教科書の要点

□乗法　　　かけ算を乗法といい，乗法の結果を積という。

例 $(+2)\times(+3) = +6$　　積 $+6$

□0と正・負の
　数の積　　0に正の数，負の数をかけても，積は0である。

例 $0\times(+5) = 0$　　$0\times(-5) = 0$

教科書 **p.42**

❓ 東西に通じる道路上（教科書42，43ページの図）を，AさんとBさんが歩いています。

(1) Aさんは時速5kmで東の方向に進み，ある時刻に地点Oを通過しました。その1時間後，2時間後，3時間後には，Aさんはどこにいるでしょうか。

(2) Bさんは，同じ道路上を時速5kmで西の方向に進み，Aさんと同じ時刻に地点Oを通過しました。その1時間後，2時間後，3時間後には，Bさんはどこにいるでしょうか。

ガイド 進んだ道のりは，（速さ）×（時間）で求められる。

(1) 図から，東の方向に $+5\,\mathrm{km}$，$+10\,\mathrm{km}$，……と進んでいることがわかる。

(2) 「西の方向に 5 km，10km，……と進む」ことは，
「東の方向に −5 km，−10km，……と進む」ことと同じである。

解答 (1) **地点Oから東へ＋5 km，＋10km，＋15kmの地点**
(2) **地点Oから東へ−5 km，−10km，−15kmの地点**

教科書 p.42

活動1 正の数にある数をかける計算を考えましょう。
$(+5)×(+3)$ の計算は，$5×3$ と考えると積は 15，つまり ＋15 になります。

(1) かける数を ＋2，＋1，0 と 1 ずつ減らすと，積は 5 ずつ減ることを確かめなさい。

(2) かける数を −1，−2，−3 と 1 ずつ減らすと，積はどうなると考えられますか。

$$\left.\begin{array}{l}(+5)×(+3)=+15\\(+5)×(+2)=+10\\(+5)×(+1)=+5\end{array}\right\}5\,減る$$
$$(+5)×\quad0\quad=0$$
$$(+5)×(-1)=\boxed{}$$
$$(+5)×(-2)=\boxed{}$$
$$(+5)×(-3)=\boxed{}$$

ガイド (1) $(+5)×(+3)=+15$ のかける数を 1 ずつ減らすと，
$(+5)×(+2)=+10$，$(+5)×(+1)=+5$，$(+5)×0=0$ のように，
積は 5 ずつ減っている。

(2) (1)の考え方を続けると，かける数を 0 から−1，−2，−3 と 1 ずつ減らすと，
積は 0 から−5，−10，−15 と 5 ずつ減ると考えられる。

解答 (1) $(+5)×(+3)=+15$，$(+5)×(+2)=+10$，$(+5)×(+1)=+5$，
$(+5)×0=0$ となるように，**積は 5 ずつ減っていることがわかる。**

(2) $(+5)×(-1)=\boxed{\textbf{−5}}$
$(+5)×(-2)=\boxed{\textbf{−10}}$
$(+5)×(-3)=\boxed{\textbf{−15}}$
積は 5 ずつ減ると考えられる。

教科書 p.42

Q1 ❓考えよう の(1)で，3 時間前には，Aさんはどこにいましたか。

ガイド 3 時間前は，すなわち−3 時間後である。(道のり)＝(速さ)×(時間) の関係より，
(東へ時速 5 km)×(−3 時間後)
$=(+5)×(-3)=-15$

解答 **地点Oから東へ−15kmの地点(地点Oから西へ15kmの地点)**

教科書 p.42

Q2 次の計算をしなさい。
(1) $(+5)×(+6)$　　　　　　　　(2) $(+5)×(-4)$
(3) $(+3)×(-2)$

ガイド (1) 1 より，$(+5)×(+6)$ は，$(+5)×(+3)$ よりかける数が 3 大きいので，
積は ＋15 より，$5×3=15$ 増える。よって，$+15+15=+30$

解答 (1) **＋30**
(2) **−20**
(3) **−6**

教科書
p.43

活動2 負の数にある数をかける乗法を考えましょう。

(−5)×(+3)の計算は，(−5)×3と考えると，

(−5)×(+3)

= (−5)+(−5)+(−5)

= −15

だから，積は−15になります。

(−5)×(+3) = −15	
(−5)×(+2) = −10	5増える
(−5)×(+1) = −5	5増える
(−5)× 0 = ☐	
(−5)×(−1) = ☐	
(−5)×(−2) = ☐	
(−5)×(−3) = ☐	

(1) かける数を+2，+1と1ずつ減らすと，積は5ずつ増えることを確かめなさい。

(2) かける数を0，−1，−2，−3と1ずつ減らすと，積はどうなると考えられますか。

ガイド (1) (−5)×(+3) = −15 のかける数を1ずつ減らすと，

(−5)×(+2) = −10，(−5)×(+1) = −5のように，

積は5ずつ増えている。

(2) (1)の考え方を続けると，

かける数を+1から0，−1，−2，−3と1ずつ減らすと，

積は，−5から0，+5，+10，+15と5ずつ増えると考えられる。

解答 (1) ガイド より，**積は5ずつ増えているのがわかる。**

(2) (−5)×0 = **0**

(−5)×(−1) = **+5**

(−5)×(−2) = **+10**

(−5)×(−3) = **+15**

積は5ずつ増えると考えられる。

教科書
p.43

Q3 ? 考えよう の(2)で，3時間前には，Bさんはどこにいましたか。

ガイド Bさんは西の方向に時速5kmで歩いている。

時間をさかのぼる場合は，東の方向に時速5km

で進んでいると考えればよい。

時間をさかのぼる
ときは，逆方向に
進むと考えよう。

解答 **地点Oから東へ15kmの地点**

教科書
p.43

Q4 次の計算をしなさい。

(1) (−5)×(+4)　　　　　　　　(2) (−5)×(−6)

(3) (−7)×0

ガイド (1) 2 より，(−5)×(+4) は，(−5)×(+3) よりかける数が1大きいので，

積は5減る。よって，−15−5 = −20

(2) (−5)×(−6)は，(−5)×(+3)より，かける数が9小さいので，

積は5×9 = 45増える。よって，−15+45 = +30

(3) ある数に0をかけると，その積は0である。

解答 (1) **−20**

(2) **+30**

(3) **0**

教科書の要点

□乗法の規則　・同じ符号の2つの数の積

⇨符号……正の符号　　絶対値……2つの数の絶対値の積

例 $(+3)\times(+4)=+(3\times4)=+12$　　$(-3)\times(-4)=+(3\times4)=+12$

・異なる符号の2つの数の積

⇨符号……負の符号　　絶対値……2つの数の絶対値の積

例 $(+3)\times(-4)=-(3\times4)=-12$　　$(-3)\times(+4)=-(3\times4)=-12$

・ある数と0との積

⇨0である。

例 $(+4)\times0=0$　　$(-4)\times0=0$　　$0\times(+2)=0$　　$0\times(-2)=0$

□積の符号　　0でないある数に $\begin{cases} 正の数をかける \longrightarrow 積の符号は変わらない。\\ 負の数をかける \longrightarrow 積の符号は変わる。\end{cases}$

□−1をかける　ある数に−1をかけると，絶対値は同じで符号だけが変わる。

こと　　　例 $(+5)\times(-1)=-5$　　$(-5)\times(-1)=+5$

教科書 p.44

活動3 同じ符号の2つの数の積（教科書44ページ）について調べましょう。

2つの正の数の積の符号は＋，絶対値は2つの数の絶対値の積になります。

(1) 2つの負の数の積の符号と絶対値はどうなりますか。

ガイド $(-5)\times(-3)=+(5\times3)=+15$ の積の符号や絶対値から考える。

解答 (1) 符号…＋　　絶対値… **2つの数の絶対値の積**

教科書 p.44

Q5 次の計算をしなさい。

(1) $(+7)\times(+4)$　　　　　　　　(2) $(-8)\times(-5)$

(3) $(+12)\times(+6)$　　　　　　　(4) $(-10)\times(-20)$

ガイド 同じ符号の2つの数の積は，2つの数の絶対値の積に正の符号をつける。

解答 (1) $(+7)\times(+4)=+(7\times4)=+28$

(2) $(-8)\times(-5)=+(8\times5)=+40$

(3) $(+12)\times(+6)=+(12\times6)=+72$

(4) $(-10)\times(-20)=+(10\times20)=+200$

教科書 p.44

活動4 3 と同じようにして，異なる符号の2つの数の乗法の規則を見つけましょう。

$\begin{array}{l}(-5)\times(+3)\\=-(5\times3)\\=-15\end{array}$　　$\begin{array}{l}(+5)\times(-3)\\=\boxed{\ }(5\times3)\\=\boxed{\ }\end{array}$

(1) 上の2つの計算から，異なる符号の2つの数の乗法の規則を見つけ，ことばで説明しなさい。

解答 $(+5)\times(-3)=\boxed{-}(5\times3)=\boxed{-15}$

(1) **異なる符号の2つの数の積の符号は−，絶対値は2つの数の絶対値の積になる。**

Q6 次の計算をしなさい。

(1) $(+3) \times (-9)$ (2) $(-6) \times (+7)$

(3) $(-2) \times (+15)$ (4) $(+25) \times (-3)$

ガイド 異なる符号の2つの数の積は，2つの数の絶対値の積に負の符号をつける。

解答 (1) $(+3) \times (-9) = -(3 \times 9) = \boldsymbol{-27}$

(2) $(-6) \times (+7) = -(6 \times 7) = \boldsymbol{-42}$

(3) $(-2) \times (+15) = -(2 \times 15) = \boldsymbol{-30}$

(4) $(+25) \times (-3) = -(25 \times 3) = \boldsymbol{-75}$

Q7 次の計算をしなさい。

(1) $(+5) \times 0$ (2) $0 \times (-10)$

ガイド ある数と0との積は0である。

解答 (1) **0**   (2) **0**

Q8 次の積の符号と絶対値をいいなさい。

(1) $(+6) \times (+2)$ (2) $(-6) \times (+2)$

(3) $(+6) \times (-2)$ (4) $(-6) \times (-2)$

解答 (1) 符号…＋，絶対値…**12**   (2) 符号…－，絶対値…**12**

(3) 符号…－，絶対値…**12**   (4) 符号…＋，絶対値…**12**

Q9 次の数に -1 をかけて，積ともとの数を比べなさい。

(1) $+4$ (2) -4 (3) $+7$ (4) -7

解答 (1) $(+4) \times (-1) = \boldsymbol{-4}$

(2) $(-4) \times (-1) = \boldsymbol{+4}$

(3) $(+7) \times (-1) = \boldsymbol{-7}$

(4) $(-7) \times (-1) = \boldsymbol{+7}$

ある数に -1 をかけると，

符号は変わるが，絶対値は変わらない。

$(+) \times (+) \rightarrow (+)$
$(-) \times (-) \rightarrow (+)$
$(+) \times (-) \rightarrow (-)$
$(-) \times (+) \rightarrow (-)$
だね。

Q10 次の計算をしなさい。

(1) $(-6) \times (+3)$ (2) $(-1) \times (-2)$ (3) $(+8) \times (-1)$

(4) $0 \times (-4)$ (5) $(+20) \times (+32)$ (6) $(-35) \times (+8)$

(7) $(-0.5) \times (+2)$ (8) $\left(+\dfrac{7}{8}\right) \times (-4)$

ガイド 分数や小数でも，乗法の規則は整数の場合と同じである。

解答 (1) $(-6) \times (+3) = -(6 \times 3) = \boldsymbol{-18}$

(2) $(-1) \times (-2) = +(1 \times 2) = \boldsymbol{+2}$

(3) $(+8)\times(-1)=-(8\times1)=\mathbf{-8}$

(4) $0\times(-4)=\mathbf{0}$

(5) $(+20)\times(+32)=+(20\times32)=\mathbf{+640}$

(6) $(-35)\times(+8)=-(35\times8)=\mathbf{-280}$

(7) $(-0.5)\times(+2)=-(0.5\times2)=\mathbf{-1}$

(8) $\left(+\dfrac{7}{8}\right)\times(-4)=-\left(\dfrac{7}{8}\times4\right)=\mathbf{-\dfrac{7}{2}}$

教科書 p.45

| プラス・ワン

(1) $(-0.7)\times(+1.1)$　　　　(2) $(-7.4)\times(-3)$

(3) $\left(-\dfrac{9}{8}\right)\times\left(-\dfrac{4}{15}\right)$　　　　(4) $\left(+\dfrac{1}{2}\right)\times\left(-\dfrac{1}{3}\right)$

解答 (1) $(-0.7)\times(+1.1)=-(0.7\times1.1)=\mathbf{-0.77}$

(2) $(-7.4)\times(-3)=+(7.4\times3)=\mathbf{+22.2}$

(3) $\left(-\dfrac{9}{8}\right)\times\left(-\dfrac{4}{15}\right)=+\left(\dfrac{9}{8}\times\dfrac{4}{15}\right)=\mathbf{+\dfrac{3}{10}}$

(4) $\left(+\dfrac{1}{2}\right)\times\left(-\dfrac{1}{3}\right)=-\left(\dfrac{1}{2}\times\dfrac{1}{3}\right)=\mathbf{-\dfrac{1}{6}}$

CHECK!
確認したら
✓を書こう

教科書の要点

□計算法則　　正の数，負の数の乗法では，次の計算法則が成り立つ。

　　　　　　・乗法の交換法則 $a\times b=b\times a$

　　　　　　例 $(-3)\times(+2)=-6,\ (+2)\times(-3)=-6$

　　　　　　　　よって，$(-3)\times(+2)=(+2)\times(-3)$

　　　　　　・乗法の結合法則 $(a\times b)\times c=a\times(b\times c)$

　　　　　　例 $\{(-3)\times(+2)\}\times(-5)=(-6)\times(-5)=+30$

　　　　　　　　$(-3)\times\{(+2)\times(-5)\}=(-3)\times(-10)=+30$

　　　　　　　　よって，$\{(-3)\times(+2)\}\times(-5)=(-3)\times\{(+2)\times(-5)\}$

□いくつかの数　積の符号
　の積の符号と
　絶対値　　　　⇨負の数が偶数個のとき…＋

　　　　　　　　例 $(-3)\times(-2)\times(-1)\times(-4)=+24$

　　　　　　　⇨負の数が奇数個のとき…－

　　　　　　　　例 $(-3)\times(-2)\times(-1)\times(+4)=-24$

　　　　　　積の絶対値は，かけ合わせる数の絶対値の積である。

　　　　　　　　例 $(-3)\times(-2)\times(-4)=-(3\times2\times4)=-24$

□0と数との積　かけ合わせる数の中に**0**があれば，その積は**0**である。

　　　　　　　　例 $(-3)\times(+2)\times0\times(-5)=0$

□符号＋の省略　式の中で，$\times(+\bullet)$ は，（　）と＋の符号を省いて $\times\bullet$ と書くこともある。

　　　　　　　　例 $(-3)\times(+2)=(-3)\times2=-6$

　　　　　　　注 $\times(-\bullet)$ は，$\times-\bullet$ と書いてはいけない。

負の数の個数で
符号が決まるよ。

教科書 p.46

活動**5** 正の数，負の数の乗法でも，交換のきまり，結合のきまりが成り立つかどうかを調べましょう。

(1) 次の各組について，計算の結果を比べなさい。
　ア　$(-7)\times(+2)$，$(+2)\times(-7)$
　イ　$\{(+3)\times(+4)\}\times(-6)$，$(+3)\times\{(+4)\times(-6)\}$

(2) 交換のきまり，結合のきまりが成り立つかどうかを，いろいろな数で確かめなさい。

解答 (1)　ア　$(-7)\times(+2)=-(7\times2)=-14$
　　　　　　　　$(+2)\times(-7)=-(2\times7)=-14$
　　　　　　　　よって，$(-7)\times(+2)=(+2)\times(-7)$
　　　　　イ　$\{(+3)\times(+4)\}\times(-6)=(+12)\times(-6)=-(12\times6)=-72$
　　　　　　　　$(+3)\times\{(+4)\times(-6)\}=(+3)\times(-24)=-(3\times24)=-72$
　　　　　　　　よって，$\{(+3)\times(+4)\}\times(-6)=(+3)\times\{(+4)\times(-6)\}$
　　　　　ア，イとも，計算の結果は同じになる。

(2)　（例）　$\bigcirc\to+3$，$\triangle\to-2$，$\square\to-1$ のとき，
　　　　　　　$\bigcirc\times\triangle\to(+3)\times(-2)=-6$
　　　　　　　$\triangle\times\bigcirc\to(-2)\times(+3)=-6$
　　　　　　　より，**$\bigcirc\times\triangle=\triangle\times\bigcirc$ が成り立つので，交換のきまりが成り立つ。**
　　　　　　　$(\bigcirc\times\triangle)\times\square\to\{(+3)\times(-2)\}\times(-1)=(-6)\times(-1)=+6$
　　　　　　　$\bigcirc\times(\triangle\times\square)\to(+3)\times\{(-2)\times(-1)\}=(+3)\times(+2)=+6$
　　　　　　　より，**$(\bigcirc\times\triangle)\times\square=\bigcirc\times(\triangle\times\square)$ が成り立つので，結合のきまりが成り立つ。**

教科書 p.47

Q**11** 次の式を，工夫して計算しなさい。
(1)　$(-2)\times(+14)\times(+5)$
(2)　$(-8)\times(+3)\times(+5)\times(-5)$

ガイド 計算が簡単になるように工夫する。

解答 (1)　$(-2)\times(+14)\times(+5)=\{(-2)\times(+5)\}\times(+14)$
　　　　　　　　　　　　　　　　　　$=(-10)\times(+14)$
　　　　　　　　　　　　　　　　　　$=\boldsymbol{-140}$
　　　　(2)　$(-8)\times(+3)\times(+5)\times(-5)=\{(-8)\times(-5)\}\times\{(+3)\times(+5)\}$
　　　　　　　　　　　　　　　　　　　　　　　$=(+40)\times(+15)$
　　　　　　　　　　　　　　　　　　　　　　　$=\boldsymbol{+600}$

教科書 p.47

活動**7** いくつかの数の積について，符号と絶対値に着目して調べましょう。
　ア　$(-2)\times(+3)\times(-5)$
　イ　$(-2)\times(+3)\times(-5)\times(-1)$
　ウ　$(-2)\times(+3)\times(-5)\times(-1)\times(-4)$

(1) ア～ウで，それぞれの積の符号はどうなりますか。

(2) ア～ウで，かけ合わせる負の数の個数と積の符号について，どのようなことがいえますか。

(3) 積の絶対値は，かけ合わせる数の絶対値の積であることを確かめなさい。

ガイド ア，イ，ウそれぞれの計算をして求めた積の符号や絶対値について調べると，

ア　$(-2) \times (+3) \times (-5) = \{(-2) \times (+3)\} \times (-5) = (-6) \times (-5) = \underline{+30}$

イ　$(-2) \times (+3) \times (-5) \times (-1) = (+30) \times (-1) = \underline{\underline{-30}}$

ウ　$(-2) \times (+3) \times (-5) \times (-1) \times (-4) = (-30) \times (-4) = +120$

負の数を1回かけるごとに，積の符号が変わることがわかる。

解答 (1)　ア　＋　　イ　－　　ウ　＋

(2)　ア　負の数2個…積の符号は＋

イ　負の数3個…積の符号は－

ウ　負の数4個…積の符号は＋

（負の数が偶数個…積の符号は＋，負の数が奇数個…積の符号は－）

(3)　アは $2 \times 3 \times 5 = 30$，

イは $2 \times 3 \times 5 \times 1 = 30$，

ウは $2 \times 3 \times 5 \times 1 \times 4 = 120$

となるので，**積の絶対値は，かけ合わせる数の絶対値の積と等しくなる。**

教科書
p.48

Q12 次の計算をしなさい。

(1)　$4 \times (-3) \times (-2)$

(2)　$(-7) \times (-4) \times (-5)$

(3)　$\left(+\dfrac{1}{4}\right) \times (+3) \times (-8) \times 2$

(4)　$\left(-\dfrac{1}{2}\right) \times 3 \times \dfrac{5}{3} \times (-2)$

(5)　$5 \times (-1) \times 0 \times \dfrac{1}{3}$

ガイド (1)〜(4)　まず符号を決め，次に絶対値の積を計算をする。

(5)　かけ合わせる数のなかに1つでも0があると，積は0になる。

解答 (1)　$4 \times (-3) \times (-2) = +(4 \times 3 \times 2) = \mathbf{24}$

(2)　$(-7) \times (-4) \times (-5) = -(7 \times 4 \times 5) = \mathbf{-140}$

(3)　$\left(+\dfrac{1}{4}\right) \times (+3) \times (-8) \times 2 = -\left(\dfrac{1}{4} \times 3 \times 8 \times 2\right) = \mathbf{-12}$

(4)　$\left(-\dfrac{1}{2}\right) \times 3 \times \dfrac{5}{3} \times (-2) = +\left(\dfrac{1}{2} \times 3 \times \dfrac{5}{3} \times 2\right) = \mathbf{5}$

(5)　$5 \times (-1) \times 0 \times \dfrac{1}{3} = \mathbf{0}$

教科書
p.48

プラス・ワン① (1)　$(-1.5) \times (-0.3) \times 30$　　(2)　$\left(-\dfrac{1}{6}\right) \times \left(-\dfrac{4}{3}\right) \times \left(-\dfrac{9}{8}\right)$

解答 (1)　$(-1.5) \times (-0.3) \times 30 = +(1.5 \times 0.3 \times 30) = \mathbf{13.5}$

(2)　$\left(-\dfrac{1}{6}\right) \times \left(-\dfrac{4}{3}\right) \times \left(-\dfrac{9}{8}\right) = -\left(\dfrac{1}{6} \times \dfrac{4}{3} \times \dfrac{9}{8}\right) = \mathbf{-\dfrac{1}{4}}$

教科書
p.48

たしかめ① 次の式を，累乗の指数を使って表しなさい。

(1)　$(-3) \times (-3) \times (-3)$

(2)　$-(4 \times 4)$

解答 (1)　$\mathbf{(-3)^3}$

(2)　$\mathbf{-4^2}$

教科書 p.48

Q13 次の式を，累乗の指数を使って表しなさい。

(1) $2.4\times2.4\times2.4$

(2) $(-1.2)\times(-1.2)$

(3) $-(3\times3\times3\times3)$

(4) $\left(-\dfrac{3}{5}\right)\times\left(-\dfrac{3}{5}\right)\times\left(-\dfrac{3}{5}\right)$

解答 (1) 2.4^3

(2) $(-1.2)^2$

(3) -3^4

(4) $\left(-\dfrac{3}{5}\right)^3$

教科書 p.48

活動10 累乗の指数を使って表された式の計算を比べましょう。

ア $(-3)^2=(-3)\times(-3)=9$

イ $-3^2=-(3\times3)=-9$

(1) アとイの計算は，どこがちがいますか。

解答 (1) アの式は，(-3)を2個かけ合わせている。

イの式は，3を2個かけ合わせたものに−の符号をつけている。

教科書 p.48

たしかめ2 次の計算をしなさい。

(1) $(-4)^2$

(2) -4^2

解答 (1) $(-4)^2=(-4)\times(-4)=\mathbf{16}$

(2) $-4^2=-(4\times4)=\mathbf{-16}$

教科書 p.49

Q14 次の各組について，計算の結果を比べなさい。

(1) $(-2)^3,\ -2^3$

(2) $(-2)^4,\ -2^4$

解答 (1) $(-2)^3=(-2)\times(-2)\times(-2)=-(2\times2\times2)=-8$

$-2^3=-(2\times2\times2)=-8$

計算の結果は同じになる。

(2) $(-2)^4=(-2)\times(-2)\times(-2)\times(-2)=+(2\times2\times2\times2)=16$

$-2^4=-(2\times2\times2\times2)=-16$

計算の結果は，絶対値は同じであるが，符号がちがう。

教科書 p.49

たしかめ3 次の計算をしなさい。

(1) $(-3)\times(-5)^2$

(2) $3\times(-4^2)$

解答 (1) $(-3)\times(-5)^2=(-3)\times(-5)\times(-5)=(-3)\times25=\mathbf{-75}$

(2) $3\times(-4^2)=3\times\{-(4\times4)\}=3\times(-16)=\mathbf{-48}$

教科書 p.49

Q15 次の計算をしなさい。

(1) $2 \times (-3)^3$　　　　　　　　(2) $(-4)^2 \times (-2^2)$

解答 (1) $2 \times (-3)^3 = 2 \times (-3) \times (-3) \times (-3) = 2 \times (-27) = \mathbf{-54}$

(2) $(-4)^2 \times (-2^2) = (-4) \times (-4) \times \{-(2 \times 2)\} = 16 \times (-4) = \mathbf{-64}$

教科書 p.49

プラス・ワン② (1) $(-0.1)^2 \times (-20^2)$　　　　(2) $\left(\dfrac{1}{2}\right)^3 \times (-4)^3$

解答 (1) $(-0.1)^2 \times (-20^2) = (-0.1) \times (-0.1) \times \{-(20 \times 20)\}$

$= 0.01 \times (-400) = \mathbf{-4}$

(2) $\left(\dfrac{1}{2}\right)^3 \times (-4)^3 = \left(\dfrac{1}{2} \times \dfrac{1}{2} \times \dfrac{1}{2}\right) \times (-4) \times (-4) \times (-4)$

$= \dfrac{1}{8} \times (-64) = \mathbf{-8}$

教科書 p.49

WEB

学びにプラス　−10をつくろう

4つの数2，4，1，6と+，−，×やかっこ，累乗を使って，計算の結果が−10になる式をいろいろつくってみましょう。

解答 (例) ・$(2-4) \times (6-1) = (-2) \times 5 = -10$

・$(4+6) \times (-1^2) = 10 \times (-1) = -10$

・$6 - 2^4 \times 1 = 6 - 16 = -10$

・$4 - 2 \times (1+6) = 4 - 14 = -10$

・$-6^2 \div 4 - 1 = -36 \div 4 - 1 = -9 - 1 = -10$

・$6 \div 1 - 4^2 = 6 - 16 = -10$

② 除法

CHECK!
確認したら
✓を書こう

教科書の要点

□除法　　　　わり算を除法といい，除法の結果を商という。

□除法の規則　・同じ符号の2つの数の商

⇨符号……正の符号　　絶対値……2つの数の絶対値の商

例 $(-6) \div (-2) = +(6 \div 2) = +3$

・異なる符号の2つの数の商

⇨符号……負の符号　　絶対値……2つの数の絶対値の商

例 $(+6) \div (-2) = -(6 \div 2) = -3$

□0÷(ある数)　0を0でないどんな数でわっても商は0である。

0でわることは
考えないよ。

教科書 p.50

□×3＝6の式で，□にあてはまる数を求めるには，どのようにすればよいでしょうか。

解答 6÷3の計算をすればよい。

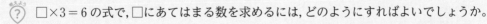

教科書 p.50

活動1 $(-6)÷(+3)$ の計算のしかたを考えましょう。

$(-6)÷(+3)=□$ とすると，このわり算は，

$□×(+3)=-6$

の□にあてはまる数を求める計算です。

(1) □にあてはまる数の符号をいいなさい。

(2) □にあてはまる数の絶対値をいいなさい。

(3) (1)，(2)から，$(-6)÷(+3)=$ □

解答 (1) $(□)×(+) → (-)$ より，**−**　　　　(2) $□×3=6$ より，**2**

(3) **-2**

教科書 p.50

Q1 **1** と同じように考えて，次のわり算の結果を求めなさい。

(1) $□×(+3)=+6$ だから，$(+6)÷(+3)=$ □

(2) $□×(-3)=-6$ だから，$(-6)÷(-3)=$ □

(3) $□×(-3)=+6$ だから，$(+6)÷(-3)=$ □

解答 (1) **$+2$**　　　　(2) **$+2$**　　　　(3) **-2**

教科書 p.50

Q2 次の計算をしなさい。

(1) $(+12)÷(-4)$　　　　(2) $(-12)÷(-4)$

解答 (1) $(-3)×(-4)=+12$ だから，$(+12)÷(-4)=$ **-3**

(2) $(+3)×(-4)=-12$ だから，$(-12)÷(-4)=$ **$+3$**

教科書 p.50

活動2 2つの数の商について調べましょう。

同じ符号の2つの数の商の符号は＋，絶対値は2つの数の絶対値の商になります。

(1) 右の計算から，異なる符号の2つの数の除法の規則を見つけ，ことばで説明しなさい。

$(-15)÷(-5)$
$=+(15÷5)$
$=+3$

$(-15)÷(+5)$
$=□(15÷5)$
$=□$

解答 $(-15)÷(+5)=$ □ $(15÷5)=$ **-3**

(1) **異なる符号の2つの数の商の符号は−，絶対値は2つの数の絶対値の商になる。**

教科書 p.51

Q3 次の計算をしなさい。

(1) $(+20)÷(-5)$　　(2) $(+48)÷(+6)$　　(3) $(-10)÷(-1)$

(4) $0÷(-4)$　　(5) $(+7)÷(-7)$　　(6) $(-3)÷(+6)$

解答 (1) $(+20)÷(-5)=-(20÷5)=$ **-4**

(2) $(+48)÷(+6)=+(48÷6)=$ **$+8$**

1
章

4
節

乗法、除法

(3) $(-10)\div(-1)=+(10\div1)=+10$

(4) $0\div(-4)=0$

(5) $(+7)\div(-7)=-(7\div7)=-1$

(6) $(-3)\div(+6)=-(3\div6)=-\dfrac{1}{2}\,(-0.5)$

 教科書 p.51

プラス・ワン① $(-2.7)\div(+0.9)$

解答 $(-2.7)\div(+0.9)=-(2.7\div0.9)=-3$

 教科書 p.51

たしかめ❶ 3 にならって，次の計算をしなさい。
(1) $(-36)\div(+9)$ 　　　　　 (2) $(-4)\div(-6)$

解答 (1) $(-36)\div(+9)=\dfrac{-36}{+9}=-\dfrac{36}{9}=-4$

(2) $(-4)\div(-6)=\dfrac{-4}{-6}=+\dfrac{4}{6}=+\dfrac{2}{3}$

教科書 p.51

Q4 次の計算をしなさい。
(1) $(+32)\div(-4)$ 　　　　　 (2) $(-16)\div(-18)$

解答 (1) $(+32)\div(-4)=\dfrac{+32}{-4}=-\dfrac{32}{4}=-8$

(2) $(-16)\div(-18)=\dfrac{-16}{-18}=+\dfrac{16}{18}=+\dfrac{8}{9}$

$\dfrac{(+)}{(+)}\to(+),\ \dfrac{(-)}{(-)}\to(+)$

$\dfrac{(+)}{(-)}\to(-),\ \dfrac{(-)}{(+)}\to(-)$

だよ。

教科書 p.51

プラス・ワン② (1) $(-1)\div(-10)$ 　　　　 (2) $(+24)\div(-72)$

解答 (1) $(-1)\div(-10)=\dfrac{-1}{-10}=+\dfrac{1}{10}$

(2) $(+24)\div(-72)=\dfrac{+24}{-72}=-\dfrac{24}{72}=-\dfrac{1}{3}$

CHECK!
確認したら
✓ を書こう

教科書の要点

□逆数　正の数，負の数の場合にも，2つの数の積が1であるとき，一方の数を他方の数の逆数という。

例 $\dfrac{1}{3}\times3=1$ だから，$\dfrac{1}{3}$ は3の逆数，3は $\dfrac{1}{3}$ の逆数。

$\left(-\dfrac{2}{3}\right)\times\left(-\dfrac{3}{2}\right)=1$ だから，$-\dfrac{2}{3}$ は $-\dfrac{3}{2}$ の逆数，$-\dfrac{3}{2}$ は $-\dfrac{2}{3}$ の逆数。

□正の数，負の
　数でわること　正の数，負の数でわることは，その数の逆数をかけることと同じである。

例 $4\div\left(-\dfrac{1}{2}\right)=4\times(-2)=-8$

教科書 p.52

活動4 次の2つの式について，計算の結果を比べましょう。

$\qquad$ ア $\quad 20 \div (-4)$ $\qquad$ イ $\quad 20 \times \left(-\dfrac{1}{4}\right)$

(1) -4 と $-\dfrac{1}{4}$ は，どのような関係ですか。

ガイド (1) $\quad (-4) \times \left(-\dfrac{1}{4}\right) = 1$ である。

解答 ア $\quad 20 \div (-4) = -(20 \div 4) = -5$

イ $\quad 20 \times \left(-\dfrac{1}{4}\right) = -\left(20 \times \dfrac{1}{4}\right) = -5$

計算の結果は同じになる。

(1) **逆数の関係**

教科書 p.52

Q5 次の数の逆数をいいなさい。

(1) $-\dfrac{3}{2}$ $\qquad$ (2) $\dfrac{2}{7}$ $\qquad$ (3) -3 $\qquad$ (4) -1 $\qquad$ (5) -0.2

ガイド (4) $\quad (-1) \times (-1) = 1$ から考える。

(5) 分数になおして考える。$-0.2 = -\dfrac{2}{10} = -\dfrac{1}{5}$

解答 (1) $-\dfrac{\mathbf{2}}{\mathbf{3}}$ $\qquad$ (2) $\dfrac{\mathbf{7}}{\mathbf{2}}$ $\qquad$ (3) $-\dfrac{\mathbf{1}}{\mathbf{3}}$ $\qquad$ (4) $\mathbf{-1}$ $\qquad$ (5) $\mathbf{-5}$

教科書 p.52

たしかめ2 $\dfrac{1}{3} \div \left(-\dfrac{7}{6}\right)$ を計算しなさい。

解答 $\dfrac{1}{3} \div \left(-\dfrac{7}{6}\right) = \dfrac{1}{3} \times \left(-\dfrac{6}{7}\right) = -\dfrac{\mathbf{2}}{\mathbf{7}}$

教科書 p.52

Q6 次の計算をしなさい。

(1) $\left(-\dfrac{1}{4}\right) \div \dfrac{5}{8}$ $\qquad$ (2) $\left(-\dfrac{6}{7}\right) \div \left(-\dfrac{2}{5}\right)$

解答 (1) $\left(-\dfrac{1}{4}\right) \div \dfrac{5}{8} = \left(-\dfrac{1}{4}\right) \times \dfrac{8}{5} = -\dfrac{\mathbf{2}}{\mathbf{5}}$

(2) $\left(-\dfrac{6}{7}\right) \div \left(-\dfrac{2}{5}\right) = \left(-\dfrac{6}{7}\right) \times \left(-\dfrac{5}{2}\right) = \dfrac{\mathbf{15}}{\mathbf{7}}$

教科書 p.52

▎**プラス・ワン①** (1) $\quad 6 \div \left(-\dfrac{4}{3}\right)$ $\qquad$ (2) $\left(-\dfrac{12}{5}\right) \div (-4)$

解答 (1) $\quad 6 \div \left(-\dfrac{4}{3}\right) = 6 \times \left(-\dfrac{3}{4}\right) = -\dfrac{\mathbf{9}}{\mathbf{2}}$

(2) $\left(-\dfrac{12}{5}\right) \div (-4) = \left(-\dfrac{12}{5}\right) \times \left(-\dfrac{1}{4}\right) = \dfrac{\mathbf{3}}{\mathbf{5}}$

❸ 乗法と除法の混じった式の計算

CHECK!
確認したら
✓を書こう

教科書の要点

□乗法と除法の
混じった式の
計算

乗法と除法の混じった式は，乗法だけの式になおすと，乗法の交換法則や結合法則を使って計算することができる。

例 $4 \div \left(-\dfrac{3}{2}\right) \times (-3) = 4 \times \left(-\dfrac{2}{3}\right) \times (-3) = 8$

教科書
p.53

❓ $110 \div 5 \times 2$ は，$110 \div 10$ としてよいでしょうか。

ガイド 乗法，除法の混じった式は，左から順に計算する。

$110 \div 5 \times 2 = (110 \div 5) \times 2 = 22 \times 2 = 44$，$110 \div (5 \times 2) = 110 \div 10 = 11$ より，

$110 \div 5 \times 2$ と $110 \div 10$ では，計算の結果が異なる。

解答 **よくない。**

教科書
p.53

活動1 $(-8) \times \dfrac{1}{6} \div \left(-\dfrac{2}{3}\right)$ を計算しましょう。

さくらさんの考え

$$(-8) \times \dfrac{1}{6} \div \left(-\dfrac{2}{3}\right) = (-8) \times \dfrac{1}{6} \times \left(-\dfrac{3}{2}\right)$$
$$= +\left(8 \times \dfrac{1}{6} \times \dfrac{3}{2}\right)$$
$$= 2$$

(1) さくらさんは，どのように考えて計算したのか，説明しなさい。

解答 (1) **除法を乗法になおして乗法だけの式にしてから計算した。**

教科書
p.53

たしかめ1 $(-6) \times \dfrac{3}{4} \div \left(-\dfrac{3}{8}\right)$ を計算しなさい。

解答 $(-6) \times \dfrac{3}{4} \div \left(-\dfrac{3}{8}\right) = (-6) \times \dfrac{3}{4} \times \left(-\dfrac{8}{3}\right) = +\left(6 \times \dfrac{3}{4} \times \dfrac{8}{3}\right) = \mathbf{12}$

教科書
p.53

Q1 Cさんは，右のように計算しました。
この考えは正しいですか。

Cさんの考え

$$(-6) \div \dfrac{3}{2} \times (-4) = (-6) \div (-6)$$
$$= 1$$

ガイド 除法のままでは，順番は変えてはいけない。

解答 **正しくない。**

正しくは，$(-6) \div \dfrac{3}{2} \times (-4) = (-6) \times \dfrac{2}{3} \times (-4) = +\left(6 \times \dfrac{2}{3} \times 4\right) = 16$

教科書
p.53

Q2 次の計算をしなさい。

(1) $4 \times (-9) \div (-3)$ 　　　(2) $(-6) \div 2 \times 5$

(3) $\left(-\dfrac{1}{6}\right) \div \left(-\dfrac{3}{4}\right) \div (-2)$ 　　　(4) $\dfrac{4}{5} \div (-2)^2 \times 10$

ガイド 乗法と除法の混じった式は，乗法だけの式になおして計算する。あとは，乗法の規則にしたがって順に計算すればよい。(4)の $(-2)^2$ は先に計算する。

解答 (1) $4 \times (-9) \div (-3) = 4 \times (-9) \times \left(-\dfrac{1}{3}\right) = +\left(4 \times 9 \times \dfrac{1}{3}\right) = \mathbf{12}$

(2) $(-6) \div 2 \times 5 = (-6) \times \dfrac{1}{2} \times 5 = -\left(6 \times \dfrac{1}{2} \times 5\right) = \mathbf{-15}$

(3) $\left(-\dfrac{1}{6}\right) \div \left(-\dfrac{3}{4}\right) \div (-2) = \left(-\dfrac{1}{6}\right) \times \left(-\dfrac{4}{3}\right) \times \left(-\dfrac{1}{2}\right)$

$= -\left(\dfrac{1}{6} \times \dfrac{4}{3} \times \dfrac{1}{2}\right) = \mathbf{-\dfrac{1}{9}}$

(4) $\dfrac{4}{5} \div (-2)^2 \times 10 = \dfrac{4}{5} \div 4 \times 10 = \dfrac{4}{5} \times \dfrac{1}{4} \times 10 = \mathbf{2}$

教科書
p.53

プラス・ワン② (1) $(-2^3) \div (-3)^2 \times 3$ 　　　(2) $\dfrac{5}{16} \div \left(-\dfrac{1}{2}\right)^2 \times \left(-\dfrac{2}{5}\right)$

ガイド (1) $(-2^3) = -(2 \times 2 \times 2) = -8$, $(-3)^2 = (-3) \times (-3) = 9$

解答 (1) $(-2^3) \div (-3)^2 \times 3 = -8 \div 9 \times 3 = -8 \times \dfrac{1}{9} \times 3 = -\left(8 \times \dfrac{1}{9} \times 3\right) = \mathbf{-\dfrac{8}{3}}$

(2) $\dfrac{5}{16} \div \left(-\dfrac{1}{2}\right)^2 \times \left(-\dfrac{2}{5}\right) = \dfrac{5}{16} \div \dfrac{1}{4} \times \left(-\dfrac{2}{5}\right)$

$= \dfrac{5}{16} \times 4 \times \left(-\dfrac{2}{5}\right) = -\left(\dfrac{5}{16} \times 4 \times \dfrac{2}{5}\right) = \mathbf{-\dfrac{1}{2}}$

④ 四則の混じった式の計算

CHECK! 　確認したら
✓を書こう

教科書の要点

□四則の混じった式の計算　加法，減法，乗法，除法をまとめて四則という。

四則の混じった式の計算のしかた

・乗法，除法を先に計算する。

例 $(-3) - (-6) \div (+2) = (-3) - (-3) = -3 + 3 = 0$

・かっこのある式では，かっこの中を先に計算する。

例 $(-3) \times (-5 + 4) \times 6 = (-3) \times (-1) \times 6 = 18$

・累乗のある式では，累乗を先に計算する。

例 $(-3) \times (-2)^2 = (-3) \times 4 = -12$

□分配法則　正の数，負の数では，次の分配法則が成り立つ。

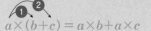

$a \times (b+c) = a \times b + a \times c$ 　　　$(a+b) \times c = a \times c + b \times c$

教科書 p.54

Q1 次の計算をしなさい。

(1)　$12+5\times(-3)$　　　　　　　(2)　$7-14\div(-7)$

(3)　$-5\times3+(-18)\div6$

ガイド 乗法，除法を先に計算する。

解答 (1)　$12+5\times(-3)=12+(-15)=\boldsymbol{-3}$

(2)　$7-14\div(-7)=7-(-2)=\boldsymbol{9}$

(3)　$-5\times3+(-18)\div6=-15+(-3)=\boldsymbol{-18}$

教科書 p.54

Q2 次の計算をしなさい。

(1)　$12\div(5-11)$　　　　　　　(2)　$(17-42)\div(-5)$

ガイド かっこのある式では，かっこの中を先に計算する。

解答 (1)　$12\div(5-11)=12\div(-6)=\boldsymbol{-2}$

(2)　$(17-42)\div(-5)=-25\div(-5)=\boldsymbol{5}$

教科書 p.55

Q3 次の計算をしなさい。

(1)　$12-(-6)^2\div(-9)$　　　　　　(2)　$(-9)\div3+(-6-5^2)$

ガイド 累乗のある式では，累乗を先に計算する。

解答 (1)　$12-(-6)^2\div(-9)=12-36\div(-9)=12-(-4)=12+4=\boldsymbol{16}$

(2)　$(-9)\div3+(-6-5^2)=(-9)\div3+(-6-25)=-3+(-31)=\boldsymbol{-34}$

教科書 p.55

活動4 正の数，負の数の計算でも，分配のきまりが成り立つかどうかを調べましょう。

(1)　次の各組について，計算の結果を比べなさい。

　ア　$3\times\{(-4)+(-2)\}$，$3\times(-4)+3\times(-2)$

　イ　$\{(-3)+4\}\times(-5)$，$(-3)\times(-5)+4\times(-5)$

(2)　分配のきまりが成り立つかどうかを，いろいろな数で確かめなさい。

解答 (1)　ア　$3\times\{(-4)+(-2)\}=3\times(-6)=-18$

　　　　　　　$3\times(-4)+3\times(-2)=(-12)+(-6)=-18$

　　　　イ　$\{(-3)+4\}\times(-5)=1\times(-5)=-5$

　　　　　　　$(-3)\times(-5)+4\times(-5)=15+(-20)=-5$

　　　ア，イとも，計算の結果は同じになる。

(2)　(例)　$\bigcirc\to+3$，$\triangle\to-2$，$\square\to-1$ のとき，

　　　　　$\bigcirc\times(\triangle+\square)\to(+3)\times\{(-2)+(-1)\}=(+3)\times(-3)=-9$

　　　　　$\bigcirc\times\triangle+\bigcirc\times\square\to\ (+3)\times(-2)+(+3)\times(-1)$

　　　　　　　　　　　　$=(-6)+(-3)=-9$

　　　　　$(\bigcirc+\triangle)\times\square\to\{(+3)+(-2)\}\times(-1)=(+1)\times(-1)=-1$

　　　　　$\bigcirc\times\square+\triangle\times\square\to\ (+3)\times(-1)+(-2)\times(-1)$

　　　　　　　　　　　　$=(-3)+(+2)=-1$

　　　　よって，$\bigcirc\times(\triangle+\square)=\bigcirc\times\triangle+\bigcirc\times\square$，

$$(\bigcirc + \triangle) \times \square = \bigcirc \times \square + \triangle \times \square$$

が成り立つので，**分配のきまりが成り立つ。**

教科書 p.55

Q4 次の計算をしなさい。

(1) $18 \times \left(\dfrac{1}{3} - \dfrac{5}{6} \right)$ (2) $\left(\dfrac{1}{4} - \dfrac{4}{5} \right) \times 20$

(3) $24 \times (-7) + 24 \times (-13)$ (4) $(-25) \times 8 + (+15) \times 8$

ガイド (3) 分配法則 $a \times b + a \times c = a \times (b+c)$ の a にあたる数は24である。

解答 (1) $18 \times \left(\dfrac{1}{3} - \dfrac{5}{6} \right) = 18 \times \dfrac{1}{3} + 18 \times \left(-\dfrac{5}{6} \right) = 6 + (-15) = \boldsymbol{-9}$

(2) $\left(\dfrac{1}{4} - \dfrac{4}{5} \right) \times 20 = \dfrac{1}{4} \times 20 + \left(-\dfrac{4}{5} \right) \times 20 = 5 + (-16) = \boldsymbol{-11}$

(3) $24 \times (-7) + 24 \times (-13) = 24 \times \{(-7) + (-13)\} = 24 \times (-20) = \boldsymbol{-480}$

(4) $(-25) \times 8 + (+15) \times 8 = \{(-25) + (+15)\} \times 8 = (-10) \times 8 = \boldsymbol{-80}$

教科書 p.55

| **プラス・ワン**

(1) $\left(-\dfrac{1}{6} \right) \times 2 + \left(-\dfrac{1}{6} \right) \times 4$ (2) $(-4) \times 3.1 + (-6) \times 3.1$

解答 (1) $\left(-\dfrac{1}{6} \right) \times 2 + \left(-\dfrac{1}{6} \right) \times 4 = \left(-\dfrac{1}{6} \right) \times (2+4) = \left(-\dfrac{1}{6} \right) \times 6 = \boldsymbol{-1}$

(2) $(-4) \times 3.1 + (-6) \times 3.1 = \{(-4) + (-6)\} \times 3.1 = (-10) \times 3.1 = \boldsymbol{-31}$

⑤ 数のひろがりと四則

CHECK! ⌣⌣
確認したら
✓を書こう

教科書の要点

□集合   そのなかに入るものがはっきりしている集まりを集合という。

例 「偶数の集合」は，$\{2,\ 4,\ 6,\ 8,\ \cdots\cdots\}$
のように表したり，
右の図のように表したりする。

┌─ 偶数 ─┐
2　4　6
8　10　…

教科書 p.56

Q1 次の数のうち，自然数の集合にふくまれる数はどれですか。また，整数の集合にふくまれる数はどれですか。

$$-1 \qquad 6 \qquad \dfrac{3}{2} \qquad 8.5 \qquad 0$$

解答 自然数…**6**   整数…**-1，6，0**

教科書 p.56

活動1 次の**ア**，**イ**の□や△にいろいろな自然数を入れて，計算の結果がいつでも自然数になるかどうかを調べましょう。

ア □＋△   **イ** □－△

(1) □や△に自然数を入れて計算しなさい。計算の結果はいつでも自然数の集合にふくまれますか。

ガイド □や△にいろいろな自然数をあてはめて調べる。

(1) 計算の結果が自然数にならない組み合わせを探す。たとえば，□＝1，△＝2のとき，**イ**は 1−2＝−1 となり，結果は自然数にならない。

解答 (1) **ア**の計算の結果は**いつでも自然数の集合にふくまれる。**
イの計算の結果は**いつでも自然数の集合にふくまれるとは限らない。**

教科書 p.56

Q2 1 で，「自然数」ということばを負の数をふくむ「整数」に置きかえて，同じことを調べなさい。

ガイド □や△にいろいろな正の整数や負の整数をあてはめて調べる。

解答 **ア，イ**とも，**計算の結果はいつでも整数の集合にふくまれる。**

教科書 p.57

活動2 いろいろな数の集合について，次の**ア~エ**の計算の結果がいつでもその集合にふくまれるかどうかを調べましょう。ただし，**エ**で，0でわることは考えないものとします。
ア □＋△   **イ** □−△   **ウ** □×△   **エ** □÷△

(1) □と△に，次(教科書57ページ)の①~③の集合のなかにある数を入れて計算します。計算の結果がいつでもその集合にふくまれるときは○を，そうとは限らないときは×を，表(教科書57ページ)に書き入れなさい。
また，×の場合には，その例を1つ示しなさい。

(2) 整数の集合とすべての数の集合では，計算についてどのような共通点やちがいがありますか。

ガイド (1) すべての数の集合には，小数と分数がふくまれることに注意する。
乗法…(自然数)×(自然数)は自然数になるので，計算の結果は自然数の集合にふくまれる。
除法…(自然数)÷(自然数)，(整数)÷(整数)は，どちらも分数になることがあるから，計算の結果がその集合にふくまれるとは限らない。

解答 (1)

	ア 加法	**イ** 減法	**ウ** 乗法	**エ** 除法
①自然数の集合	○	× 3−4	○	× (例)3÷4
②整数の集合	○	○	○	× (例)3÷4
③すべての数の集合	○	○	○	○

(2) 共通点…**加法，減法，乗法の計算の結果が，もとの集合にふくまれること。**
ちがい…**除法の計算の結果が，整数どうしの商は，もとの集合にふくまれるとは限らないが，すべての数の商は，もとの集合にふくまれること。**

教科書 p.57

Q3 次のことがらは正しいですか。
(1) 自然数と整数の和は，いつでも整数になる。
(2) 自然数と整数の積は，いつでも自然数になる。

ガイド (1) 自然数は整数の集合のなかにふくまれるから，整数と整数の和はいつでも整数になるので正しいといえる。

　　　(2) 整数の集合のなかに，負の整数がふくまれることに注意する。
　　　　　自然数に負の整数をかけると負の整数になり，積はいつでも自然数にはなるとは限らない。

解答 (1) **正しい。**

　　　(2) **正しくない。**

教科書 p.57

プラス・ワン 和が自然数となる2つの数は，どちらも自然数であるといえますか。

ガイド たとえば，和が5となる2つの数は，-1と6，0と5，3.5と1.5などがある。

解答 **どちらも自然数とは限らない。**

た しかめよう

教科書 p.58

1 次の計算をしなさい。
   (1) $(+6) \times (-4)$　　　(2) $(-7) \times (+5)$　　　(3) $(-3) \times (-9)$
   (4) $(-20) \times (-1)$　　(5) $0 \times (-23)$　　　(6) $(-19) \times (+3)$

解答 (1) $(+6) \times (-4) = -(6 \times 4) = \mathbf{-24}$

　　　(2) $(-7) \times (+5) = -(7 \times 5) = \mathbf{-35}$

　　　(3) $(-3) \times (-9) = +(3 \times 9) = \mathbf{+27}$

　　　(4) $(-20) \times (-1) = +(20 \times 1) = \mathbf{+20}$

　　　(5) $0 \times (-23) = \mathbf{0}$

　　　(6) $(-19) \times (+3) = -(19 \times 3) = \mathbf{-57}$

教科書 p.58

2 次の計算をしなさい。
   (1) $(-4) \times (-5) \times (+2)$　　　　(2) $(-6) \times (-1) \times (-2) \times (+10)$
   (3) $(+8) \times (-6) \times (-5) \times (+12)$

解答 (1) $(-4) \times (-5) \times (+2) = +(4 \times 5 \times 2) = \mathbf{+40}$

　　　(2) $(-6) \times (-1) \times (-2) \times (+10) = -(6 \times 1 \times 2 \times 10) = \mathbf{-120}$

　　　(3) $(+8) \times (-6) \times (-5) \times (+12) = +(8 \times 6 \times 5 \times 12) = \mathbf{+2880}$

教科書 p.58

3 次の計算をしなさい。
   (1) 6^2　　　　　　(2) -6^2　　　　　　(3) $(-6)^2$
   (4) $(-2)^2 \times (-6^2)$

解答 (1) $6^2 = 6 \times 6 = \mathbf{36}$

　　　(2) $-6^2 = -(6 \times 6) = \mathbf{-36}$

　　　(3) $(-6)^2 = (-6) \times (-6) = \mathbf{36}$

　　　(4) $(-2)^2 \times (-6^2) = (-2) \times (-2) \times \{-(6 \times 6)\} = (+4) \times (-36) = \mathbf{-144}$

1章

4節　乗法、除法

教科書
p.58

4 次の計算をしなさい。
(1) $(+42)\div(-7)$
(2) $0\div(-3)$
(3) $(-3)\div(-12)$
(4) $\left(-\dfrac{3}{7}\right)\div\left(-\dfrac{9}{14}\right)$

解答 (1) $(+42)\div(-7)=-(42\div7)=\mathbf{-6}$

(2) $0\div(-3)=\mathbf{0}$

(3) $(-3)\div(-12)=+\dfrac{3}{12}=\mathbf{+\dfrac{1}{4}}$

(4) $\left(-\dfrac{3}{7}\right)\div\left(-\dfrac{9}{14}\right)=+\left(\dfrac{3}{7}\times\dfrac{14}{9}\right)=\mathbf{+\dfrac{2}{3}}$

教科書
p.58

5 次の計算をしなさい。
(1) $9\div(-3)\times(-1)$
(2) $(-8)\times(-15)\div3$
(3) $(-32)\div(-8)\div4$
(4) $(-4)^2\div(-2^2)\times3^2$

解答 (1) $9\div(-3)\times(-1)=9\times\left(-\dfrac{1}{3}\right)\times(-1)=+\left(9\times\dfrac{1}{3}\times1\right)=\mathbf{3}$

(2) $(-8)\times(-15)\div3=(-8)\times(-15)\times\dfrac{1}{3}=+\left(8\times15\times\dfrac{1}{3}\right)=\mathbf{40}$

(3) $(-32)\div(-8)\div4=(-32)\times\left(-\dfrac{1}{8}\right)\times\dfrac{1}{4}=+\left(32\times\dfrac{1}{8}\times\dfrac{1}{4}\right)=\mathbf{1}$

(4) $(-4)^2\div(-2^2)\times3^2=(-4)\times(-4)\div\{-(2\times2)\}\times3\times3$

$=16\div(-4)\times9=16\times\left(-\dfrac{1}{4}\right)\times9=-\left(16\times\dfrac{1}{4}\times9\right)=\mathbf{-36}$

教科書
p.58

6 次の計算をしなさい。
(1) $-3\times(+6)+(-6)$
(2) $-6-(-12)\div4$
(3) $(-2)^2+(-3)\times(-1)^3$
(4) $-5-\{2+(-7)\}\times(-6)$
(5) $(-24)\times\left(\dfrac{5}{6}-\dfrac{2}{3}\right)$
(6) $25\times(-3)+25\times(-7)$

解答 (1) $-3\times(+6)+(-6)=-18-6=\mathbf{-24}$

(2) $-6-(-12)\div4=-6-(-3)=-6+3=\mathbf{-3}$

(3) $(-2)^2+(-3)\times(-1)^3=4+(-3)\times(-1)=4+3=\mathbf{7}$

(4) $-5-\{2+(-7)\}\times(-6)=-5-(-5)\times(-6)=-5-30=\mathbf{-35}$

(5) $(-24)\times\left(\dfrac{5}{6}-\dfrac{2}{3}\right)=(-24)\times\dfrac{5}{6}+(-24)\times\left(-\dfrac{2}{3}\right)=-20+16=\mathbf{-4}$

(6) $25\times(-3)+25\times(-7)=25\times\{(-3)+(-7)\}=25\times(-10)=\mathbf{-250}$

5節 正の数，負の数の利用

① みんなの記録と自分の記録を比べよう

教科書 p.59

次の表（教科書59ページ）は，つばささんのクラスの 8 人の生徒の記録を，秒を単位として表したものです。

つばささんの記録をほかの生徒の記録と比べましょう。

(1) どのように調べれば，つばささんの記録とほかの生徒の記録を比べられそうですか。

(2) つばささんの記録の330秒を基準にして，記録の差を表しなさい。

(3) (2)から，記録の差の合計を求めなさい。

(4) (2)，(3)から，つばささんの記録は，8 人の生徒の平均値より速かったといえますか。また，そのように考えた理由を説明しなさい。

(5) (3)で求めた値をもとに，8 人の生徒の記録の平均値を求め，つばささんの記録と比べなさい。

(6) 正の数，負の数の考え方を使った数値の比べ方や平均値の求め方について，気づいたことを話し合いましょう。

解答 (1) （例） つばささんの記録よりもほかの生徒がどれだけ速いか遅いかを調べる。

（例） 8 人の記録の平均値を求めて，つばささんの記録と比べる。

(2)

生徒	1	2	3	4	5	6	7	8 (つばさ)
記録(秒)	358	314	282	340	406	295	363	330
記録の差(秒)	+28	−16	−48	+10	+76	−35	+33	0

（グラフ：左から順に）−48，+10，+76，−35，+33

(3) $(+28)+(-16)+(-48)+(+10)+(+76)+(-35)+(+33)+0=48$

より，**48秒**

(4) **いえる。**

基準を平均値にとると記録の差は 0 になる。つばささんの記録を基準にとった場合，記録の差の合計が正の数になっているので，つばささんの記録は平均値よりも速い。

(5) 8 人の生徒の記録の平均値は，$330+48\div8=336$（秒）なので，

つばささんの記録より 6 秒遅い。

(6) （例） **基準にする値を決めて平均値を求めるほうが計算が簡単になる。**

教科書 p.60

記録の差の合計の値は，正の数かな。負の数かな。

解答 48秒だから，**正の数**。

教科書 p.60

平均値は，小学校で学んだ方法で求めた場合と，同じ値になるかな。

解答 $(358+314+282+340+406+295+363+330)\div8=336$（秒）なので，

同じ値になる。

教科書
p.61

Q1 Sさんの学校の図書委員会では，読書週間に1日あたり平均150冊の本の貸し出しをすることを目標としています。実際に貸し出した本の冊数は，次の表(教科書61ページ)のようになりました。

(1) Sさんは，ある冊数を基準として，各曜日の貸し出し冊数を次(教科書61ページ)のようにまとめました。
表を完成させて，各曜日の貸し出し冊数の平均値を求めなさい。

(2) 貸し出し冊数の平均値が目標に達しているかどうかを判断しなさい。

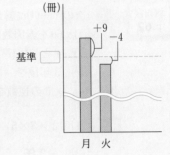

ガイド (1) 月曜日について，(基準)＋9＝159より，(基準)＝159−(＋9)＝150
水，木，金曜日について，それぞれ150冊より何冊多いか，あるいは少ないかを計算する。基準より多い場合を＋，少ない場合を−で表す。

解答 (1)

曜日	月	火	水	木	金	基準 **150**
冊数(冊)	＋9	−4	−2	−6	＋7	

ある冊数(ここでは150冊)を基準として表した冊数の平均値を求め，
(基準)＋(150冊を基準としたときの冊数の平均値)を計算して求める。
150冊を基準としたときの冊数の平均値は，
$\{(+9)+(-4)+(-2)+(-6)+(+7)\}\div5＝4\div5＝0.8$
よって，各曜日の貸し出し冊数の平均値は，
$150+0.8＝150.8$ より，**150.8冊**である。

(2) **目標に達している。**

(※基準が目標の冊数と同じなので，基準との差の平均値が正の数であれば，各曜日の貸し出し冊数の平均値を求めなくても，「目標に達している」と判断できる。)

教科書
p.61

学びに**プラス** 琵琶湖の水位の変化

琵琶湖(滋賀県)の水位は，定められた高さを基準として測定されています。
次(教科書61ページ)の表は，2018年に測定された，各月の最高水位と最低水位を示しています。
最高水位と最低水位の差が最も大きかった月，最も小さかった月は，それぞれ何月ですか。

ガイド 最高水位と最低水位の差を計算して表にすると，次のようになる。

	1月	2月	3月	4月	5月	6月	7月	8月	9月	10月	11月	12月
差(cm)	25	6	32	19	35	19	100	22	32	32	15	14

解答 差が最も大きかった月… **7月**
差が最も小さかった月… **2月**

1章をふり返ろう

教科書 p.62

① 次の(1)～(4)に答えなさい。
(1) 60を素因数分解しなさい。
(2) 8と12の最大公約数と最小公倍数を求めなさい。
(3) 3年後を＋3年と表すと，3年前はどのように表せますか。
(4) －5の逆数を求めなさい。

解答 (1) $2^2 \times 3 \times 5$　　(2) 最大公約数…**4**　最小公倍数…**24**

(3) **－3年**　　(4) $-\dfrac{1}{5}$

教科書 p.62

② 次の数の中で，下の(1)～(4)にあてはまる数を選びなさい。

$$-6 \qquad +5 \qquad -3 \qquad 0.01 \qquad 2.5 \qquad -\dfrac{1}{10} \qquad 3$$

(1) 自然数　　　　　　　　　　(2) 負の数で最も大きい数
(3) 最も小さい数　　　　　　　(4) 絶対値が最も大きい数

解答 (1) **＋5, 3**　　(2) $-\dfrac{1}{10}$　　(3) **－6**　　(4) **－6**

教科書 p.62

③ 次の計算をしなさい。
(1) $(+5)+(-8)$
(2) $(+3)-(-7)$
(3) $(+6)-(-2)+(-5)$
(4) $9-15+8-4$
(5) $(-15)\times(-3)$
(6) $(+2)\times(-3)\times(-8)$
(7) $(-245)\div(-35)$
(8) $48\div(-6)\times(-2)^2$
(9) $\left(-\dfrac{5}{12}\right)\div\dfrac{5}{3}\div\left(-\dfrac{1}{4}\right)$
(10) $(-4)\times(-3+10)$
(11) $5+(-18)\div6$
(12) $-7\times4+(-4)^2$

解答 (1) $(+5)+(-8)=-(8-5)=\mathbf{-3}$
(2) $(+3)-(-7)=(+3)+(+7)=+(3+7)=\mathbf{10}$
(3) $(+6)-(-2)+(-5)=(+6)+(+2)+(-5)=(+8)+(-5)=\mathbf{3}$
(4) $9-15+8-4=9+8-15-4=17-19=\mathbf{-2}$
(5) $(-15)\times(-3)=+(15\times3)=\mathbf{45}$
(6) $(+2)\times(-3)\times(-8)=+(2\times3\times8)=\mathbf{48}$
(7) $(-245)\div(-35)=+(245\div35)=\mathbf{7}$
(8) $48\div(-6)\times(-2)^2=48\div(-6)\times4=48\times\left(-\dfrac{1}{6}\right)\times4=-\left(48\times\dfrac{1}{6}\times4\right)$

$=\mathbf{-32}$
(9) $\left(-\dfrac{5}{12}\right)\div\dfrac{5}{3}\div\left(-\dfrac{1}{4}\right)=\left(-\dfrac{5}{12}\right)\times\dfrac{3}{5}\times(-4)=+\left(\dfrac{5}{12}\times\dfrac{3}{5}\times4\right)=\mathbf{1}$
(10) $(-4)\times(-3+10)=(-4)\times7=\mathbf{-28}$

(11) $5+(-18) \div 6 = 5+(-3) = 5-3 = \mathbf{2}$

(12) $-7 \times 4 + (-4)^2 = -28+16 = \mathbf{-12}$

教科書
p.62

❹ 右の表(教科書62ページ)は，5人の生徒のスポーツテストの得点から，クラスの平均点をひいた差を示していて，Aの得点は143点です。

(1) Dの得点は，Bの得点より何点高いですか。

(2) クラスの平均点は何点ですか。

(3) 5人の平均点は何点ですか。

(ガイド)(1) (Dの平均点との差)－(Bの平均点との差)

(2) 143－(Aの平均点との差)

(3) ((2)の答え)＋(5人の「平均点との差」の平均値)

解答 (1) $(+7)-(-3) = 7+3 = 10$

(2) $143-(+5) = 143-5 = 138$

(3) $138+(5-3+1+7-5) \div 5 = 138+5 \div 5 = 138+1 = 139$

答 (1) **10点高い**　　(2) **138点**　　(3) **139点**

教科書
p.62

❺ 負の数が使えるようになって，便利だと思ったことをあげてみましょう。

解答 (例)・ある場所を基準にして，右へ進むことを正の数で表すと，左へ進むことを負の数で表すことができる。

・海面からの山の高さを正の数で表すと，海の深さを負の数で表すことができる。

・2－5のように，小さい数から大きい数をひくことができる。

・0より小さい数を考えることができる。

・ゲームなどで，持ち点より少なくなった数を表すとき，負の数で表すことができる。

力をのばそう

教科書
p.63

❶ 次の表(教科書63ページ)は，ある駅の2013年から2017年までの5年間の年間利用者数を，2013年を基準に示したものです。

この5年間の平均利用者数が年間176000人であるとき，2013年の年間利用者数を求めなさい。

(ガイド)2013年を基準に示された年間利用者数の5年間の平均値を求めると，

$\{0+(-2.9)+(+0.1)+(+1.9)+(+4.9)\} \div 5$

$= (0-2.9+0.1+1.9+4.9) \div 5 = (-2.9+6.9) \div 5 = 4 \div 5 = 0.8$(万人)

0.8万人＝8000人だから，

(2013年の年間利用者数)＋8000＝176000

よって，(2013年の年間利用者数)＝176000－8000＝168000(人)

解答 **168000人**

教科書 p.63

❷ 次の表(教科書63ページ)は，ある週の月曜日から金曜日までの5日間の最高気温の，前日との差を示したものです。
月曜日の最高気温が16.2℃であるとき，金曜日の最高気温を求めなさい。

ガイド 各曜日の最高気温は，
月…16.2℃
火…16.2＋(－2.1)＝14.1(℃)
水…14.1＋(＋1.5)＝15.6(℃)
木…15.6＋(－3.1)＝12.5(℃)
金…12.5＋(＋3.7)＝16.2(℃)

解答 **16.2℃**

教科書 p.63

❸ A中学校とB中学校が，4つの区間を走る駅伝の対抗戦を行いました。
各区間の走者のタイムは次の表(教科書63ページ)のとおりでした。
(1) 上の表(教科書63ページ)を完成させなさい。
(2) 2区と3区の中継地点では，どちらの中学校が勝っていましたか。
(3) スタートからゴールまでの対抗戦のようすを表から読み取り，説明しなさい。

ガイド (2) その中継点までかかったタイムの合計が少ないほうが勝っている。だから，A中学校のタイムからB中学校のタイムをひいた差の合計が正の数のときはB中学校が勝っていて，負の数のときはA中学校が勝っている。
(＋3)＋(－4)＝－1だから，2区と3区の中継地点ではA中学校が勝っていた。

解答 (1)

	A中学校のタイム	B中学校のタイム	A中学校のタイムからB中学校のタイムをひいた差
1区	7分20秒	7分17秒	＋3秒
2区	6分27秒	6分31秒	**ア －4秒**
3区	5分30秒	**イ 5分40秒**	－10秒
4区	**ウ 9分32秒**	9分20秒	＋12秒

(2) **A中学校**

(3) (例) 1区と2区の中継点では，A中学校がB中学校より3秒遅れているが，2区と3区の中継点では，(＋3)＋(－4)＝－1より，A中学校がB中学校を追い抜いて，1秒の差をつけた。3区と4区の中継点では，(－1)＋(－10)＝－11より，さらに差をつけ，A中学校はB中学校より11秒早く通過した。しかし，4区では，(－11)＋(＋12)＝＋1より，A中学校はB中学校に追い抜かれ，1秒遅れてゴールした。

活用
探究 つながる・ひろがる・数学の世界

教科書
p.64 **海外に住む友だちと交流しよう**

　海外からのテレビ中継などを見ると，地域によって時刻がちがっていることがあります。このような時刻の差を「時差」といいます。

　次の図(教科書64ページ)は，世界の各都市の時差を，正の数，負の数で表しています。東京に住むゆづるさんには，ローマとロサンゼルスに住む友だちがいます。

(1)　東京が20時のとき，ローマとロサンゼルスはそれぞれ何時ですか。

(2)　ローマに住む友だちと電話で話すとき，ゆづるさんは東京の時刻で何時ごろに電話をかければよいですか。

(3)　東京からロサンゼルスまでは，飛行機で10時間かかります。ゆづるさんが5月3日の17時に東京を出発すると，ロサンゼルスの時刻で何日の何時に到着しますか。

ガイド (1)　ローマ…$20-8=12$

　　　　ロサンゼルス…$20-17=3$

(2)　(例)　電話をかけるのは，10時から20時ごろがよい。

　　　　　ローマが10時とすると，東京は$10+8=18$より，18時で，

　　　　　ローマが20時とすると，東京は$20+8=28$より，28時つまり4時。

　　　　　どちらも10時から20時の間に電話をかけるとすると，

　　　　　東京の時刻で，18時ごろから20時ごろに電話をかけるとよい。

(3)　東京の時刻で，5月3日の17時から10時間後は，

　　　$17+10=27$より，27時になる。

　　　ロサンゼルスは東京との時差が-17時間だから，

　　　東京が5月3日27時のとき，ロサンゼルスは$27-17=10$より，

　　　5月3日の10時となる。

解答 (1)　ローマ…**12時**

　　　　ロサンゼルス…**3時**

(2)　(例)　**18時ごろから20時ごろ**

(3)　**5月3日の10時**

教科書
p.64 　自分で課題をつくって取り組もう

(例)・行きたい外国の都市を選んで，飛行機で行く計画を立ててみよう。

解答 (例)　**バンコクに行こうとすると，飛行機で7時間かかる。**

　　　　　11時45分に東京を出発すると，バンコクの時刻で16時45分に到着する。

文字と式

1節 文字と式

1 文字を使った式

教科書の要点

□□を使った式	数量を表すのに，□などを使って式に表す。

例 右の図のように，**1**辺に●が□個並んでいるとき，
V字形の●の全体の個数を求める式→□×2−1（個）

□文字を使った式	□を使った式の□の部分を文字に置きかえて，数量を表す。

例 上の「例」で**1**辺に●が a 個並んでいるとき，
V字形の●の全体の個数を求める式 → $a×2−1$（個）
文字を使った式を文字式という。

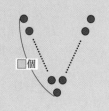

□個

教科書 p.66

タイルは何枚必要？
あおいさんの家では，キッチンの壁に2種類のタイルを並べて貼り，模様をつくることにしました。必要なタイルの枚数について考えてみましょう。

並べ方のプラン1 次の図（教科書66ページ）のように，星印のタイルのまわりに赤いタイルを並べる。

(1) 星印のタイルを3枚使うとき，赤いタイルは何枚必要ですか。また，星印のタイルを5枚使うときはどうですか。

(2) プラン1の並べ方を続けていきます。
星印のタイルを□枚使うとき，必要な赤いタイルの枚数を，□を使った式で表してみましょう。

ガイド (1) $(9−1)×3=24$ $(9−1)×5=40$

解答 (1) 3枚…**24枚**   5枚…**40枚**

(2) $8×□$**（枚）**

教科書 p.67

並べ方のプラン2 次の図（教科書67ページ）のように，星印のタイルのまわりに赤いタイルを並べる。

(3) 星印のタイルを3枚使うとき，赤いタイルは何枚必要ですか。
また，星印のタイルを5枚使うときはどうですか。

(4) プラン2の並べ方を続けていきます。
使う星印のタイルの枚数をもとにして，必要な赤いタイルの枚数を求めることはできそうですか。

ガイド 左側3枚とそれ以外の5枚に分けて考えると，5枚ずつ増えていくことがわかる。

(3) $3+5×3=18$ $3+5×5=28$

解答 (3) 3枚…**18枚**   5枚…**28枚**

(4) **できそう。**

教科書 p.68

(?) 星印のタイルと赤いタイルを，次の図(教科書68ページ)のように並べていきます。あおいさんは，使う星印のタイルの枚数をもとにして，必要な赤いタイルの枚数を求めるために，次(教科書68ページ)のように考えています。

(1) あおいさんの考えの ▢ に，あてはまる数や式を書き入れましょう。

(2) 星印のタイルを□枚使うときに必要な赤いタイルの枚数を，□を使った式で表しましょう。

解答 (1) (上から順に) 1，$3+5×2$，$3+5×3$，$3+5×4$，$3+5×5$

(2) $3+5×□$(枚)

教科書 p.69

活動1 (?) 考えよう で，星印のタイルの枚数を文字を使って表すとき，赤いタイルの枚数の表し方について考えましょう。

(1) あおいさんの考えをもとに，星印のタイルを a 枚使うときに必要な赤いタイルの枚数を，a を使った式で表しなさい。

(2) (1)でつくった式の文字 a を，10に置きかえて計算しなさい。また，この結果は何を表していますか。

(3) 星印のタイルを100枚使うとき，赤いタイルは何枚必要ですか。

ガイド (1) 式 $3+5×a$ は，赤いタイルの枚数を求める式を，まとめて1つの式に表したものと考えられる。

(2) (1)でつくった式の a の部分を10に置きかえればよい。
$3+5×10 = 3+50 = 53$

(3) $3+5×100 = 3+500 = 503$

解答 (1) $3+5×a$(枚)

(2) **53枚**
星印のタイルを10枚使うときに必要な赤いタイルの枚数

(3) **503枚**

教科書 p.69

Q1 (?) 考えよう で，星印のタイルを200枚使うとき，赤いタイルは何枚必要ですか。

ガイド $3+5×200 = 3+1000 = 1003$

解答 **1003枚**

❷ 数量を表す式

CHECK!
確認したら
✓を書こう

教科書の要点

□数量を表す式　いろいろな数量を，文字を使った式で表す。

例 ・1チーム4人のとき，x チームの人数 → $4×x$(人)

・登山で，登りは2時間，下りは x 時間かけて歩いたときの時間の合計
→ $2+x$(時間)

教科書 p.70

活動 **1** 1チーム5人で走る駅伝大会があります。参加するチーム数から，走る選手の人数を考えましょう。

(1) 参加するチーム数が10チームのとき，走る選手の人数は何人ですか。

(2) 参加するチーム数が x チームのとき，走る選手の人数を，文字 x を使った式で表しなさい。

(3) (2)の式で，x を48に置きかえて計算しなさい。
この結果は何を表していますか。

ガイド （走る選手の人数）＝（1チームの人数）×（参加チーム数）＝ $5×x$ （人）

解答 (1) $5×10＝50$ より，**50人**

(2) $5×x$ **（人）**

(3) $5×48＝240$
240人は，48チーム参加するときの選手の人数

教科書 p.70

たしかめ **1** 1個110円のドーナツを y 個買います。

(1) 代金を，文字 y を使った式で表しなさい。

(2) ドーナツを8個買うことにしました。代金は，(1)の式で，y を何に置きかえれば求められますか。また，代金を求めなさい。

ガイド （代金）＝（1個の値段）×（買った個数）と表される。

解答 (1) $110×y$ **（円）**

(2) 8個買うので，y **を8に置きかえれば8個分の代金が求められる。**
代金は，$110×8＝880$ より，**880（円）**

教科書 p.71

Q **1** 遠足で山に行きました。登りは3時間，下りは x 時間歩きました。

(1) 歩いた時間の合計を，文字 x を使った式で表しなさい。

(2) 登りは，下りよりも何時間多く歩いたかを，文字 x を使った式で表しなさい。

解答 (1) $3＋x$ **（時間）**　　　　(2) $3－x$ **（時間）**

教科書 p.71

たしかめ **2** 右の図（教科書71ページ）のような直角三角形の面積と周の長さを，それぞれ式で表しなさい。

ガイド （三角形の面積）＝（底辺）×（高さ）÷2
周の長さは，3つの辺の長さをたして求める。

解答 面積… $b×a÷2$ **(cm²)**　または，$\dfrac{1}{2}×b×a$ **(cm²)**

周の長さ… $a＋b＋c$ **(cm)**

教科書 p.71

Q **2** 朝7時の気温は s ℃，正午の気温は t ℃でした。
正午の気温から朝7時の気温をひいた差を式で表しなさい。

ガイド 正午の気温 t ℃から朝 7 時の気温 s ℃をひいて求める。

解答 $t-s$（℃）

教科書 p.71

Q3 次の数量を式で表しなさい。
  (1) 1 個 a g の品物 3 個を b g の箱に入れたときの全体の重さ
  (2) 1 個130円のパンを x 個買うのに，1000円を出したときのおつり

ガイド (1) （全体の重さ）＝（1 個の重さ）×（個数）＋（箱の重さ）
  (2) （おつり）＝（出した金額）−（1 個の値段）×（個数）

解答 (1) $a×3+b$（g）
  (2) $1000−130×x$（円）

教科書 p.72

 1 辺の長さが a cm の正方形の周の長さと面積を，できるだけ簡単な式で表してみましょう。

解答 周の長さ… $a+a+a+a$（cm）　または，$a×4$（cm）　または，$4a$（cm）
面積… $a×a$（cm²）　または，a^2（cm²）

③ 式を書くときの約束

教科書の要点

□積の表し方　文字を使った式では，乗法の記号×を省いて書く。
  例 $m×n=mn$　　$3×(x+y)=3(x+y)$
  文字と数との積では，数を文字の前に書く。
  例 $5×a=5a$　　$x×4=4x$
  同じ文字の積は，累乗の指数を使って表す。
  例 $x×x×y×y×y=x^2y^3$

$x×4$ は $x4$ ではなくて，$4x$ と書くよ。

□その他の約束　文字は，ふつうアルファベット順に書く。
  例 $y×5×x=5xy$　　$x×a×y=axy$
  $1×a$ は，$1a$ としないで a と書く。
  例 $1×x=x$　　$1×a×b=ab$
  $(−1)×a$ は，$−1a$ としないで $−a$ と書く。
  例 $(−1)×x=−x$　　$(−1)×x×y=−xy$

$0.1×a=0.1a$ で，0.1 は省略できないのね。

教科書 p.72

たしかめ1 次の式を，記号×を使わないで表しなさい。
  (1) $a×b$　　　　(2) $7×x$　　　　(3) $1×x$　　　　(4) $(−3)×a$

解答 (1) ab　　　(2) $7x$　　　(3) x　　　(4) $−3a$

教科書 p.72

たしかめ2 次の式を，記号×を使わないで表しなさい。
  (1) $x×15$　　　　(2) $y×b×(−2)$　　　　(3) $y×\dfrac{3}{4}$

  (4) $b×(−1)$　　　　(5) $(x−2)×(−3)$　　　　(6) $(x−7y)×\dfrac{3}{5}$

ガイド (4) $-1b$ とはしない。

解答 (1) $15x$　　　　(2) $-2by$　　　　(3) $\dfrac{3}{4}y$

　　　　(4) $-b$　　　　(5) $-3(x-2)$　　　　(6) $\dfrac{3}{5}(x-7y)$

教科書 p.73

活動3 1辺の長さが a cm の立方体で，次の数量を式で表しましょう。
(1) 1つの面の面積　　　　　　　(2) 体積

ガイド (1) （正方形の面積）＝（1辺）×（1辺）
(2) （立方体の体積）＝（1辺）×（1辺）×（1辺）

解答 (1) $a \times a = a^2 (\mathbf{cm}^2)$　　　　(2) $a \times a \times a = a^3 (\mathbf{cm}^3)$

教科書 p.73

たしかめ3 次の式を，記号×を使わないで表しなさい。
(1) $x \times x \times x$　　　　　　　　(2) $y \times x \times x$
(3) $b \times 5 \times a \times a$　　　　　　(4) $(-4) \times a \times a$

ガイド 文字は，ふつうアルファベット順に書く。
(2) アルファベット順では，x のあとに y がくるので，yx^2 にしない。
(3) a のあとに b がくるので，$5ba^2$ にしない。

解答 (1) x^3　　　(2) x^2y　　　(3) $5a^2b$　　　(4) $-4a^2$

教科書 p.73

たしかめ4 次の式を，式を書くときの約束にしたがって表しなさい。
(1) $x \times 8 - 2$　　　　　　　(2) $a \times (-1) + 5 \times b$
(3) $6 + x \times x$　　　　　　　(4) $a \times (-3) \times a - b \times 1$

解答 (1) $8x - 2$　　(2) $-a + 5b$　　(3) $6 + x^2$　　(4) $-3a^2 - b$

CHECK!
確認したら
✓を書こう

教科書の要点

□**商の表し方**　文字を使った式では，除法の記号÷を使わないで，分数の形で表す。

例 $x \div y = \dfrac{x}{y}$　　　$a \div 5 = \dfrac{a}{5}$

□**その他の約束**　$x \div 5 = x \times \dfrac{1}{5}$ だから，$\dfrac{x}{5}$ は $\dfrac{1}{5}x$ と書くこともある。

例 $x \div 4 = \dfrac{x}{4}$ または $\dfrac{1}{4}x$, $a \times \dfrac{2}{3} = \dfrac{2}{3}a$ または $\dfrac{2a}{3}$

$\dfrac{4}{3}a$ は $1\dfrac{1}{3}a$ とは書かない。

教科書 p.74

活動6 針金で正三角形を作ります。このときの1辺の長さを式で表しましょう。
(1) 針金の長さが6cm，8cmのとき，正三角形の1辺の長さは，それぞれ何cmになりますか。
(2) 針金の長さが a cm のとき，正三角形の1辺の長さを，a を使った式で表しなさい。

1辺の長さは，（針金の長さ）÷3 で求める。

(1) $6 \div 3 = 2$ $\quad$ $8 \div 3 = \dfrac{8}{3}$

(2) $a \div 3 = a \times \dfrac{1}{3} = \dfrac{1}{3}a$

解答 (1) 6 cmのとき…**2 cm**

$\qquad$ 8 cmのとき…$\dfrac{8}{3}$ **cm**

(2) $a \div 3$ **(cm)** または $\dfrac{a}{3}$ **cm** または $\dfrac{1}{3}a$ **cm**

2章

1節

文字と式

教科書 p.74

たしかめ 5 次の式を，記号÷を使わないで表しなさい。

(1) $x \div 6$ $\qquad$ (2) $(x+y) \div 5$ $\qquad$ (3) $a \div (-7)$ $\qquad$ (4) $8 \div x$

解答 (1) $\dfrac{x}{6}$ $\qquad$ (2) $\dfrac{x+y}{5}$

(3) $-\dfrac{a}{7}$ $\qquad$ (4) $\dfrac{8}{x}$

$(x+y) \div 5$
$= \dfrac{(x+y)}{5} = \dfrac{x+y}{5}$
のように，かっこも
省略できるよ。

注意 次のように書いてもよい。

(1) $x \div 6 = x \times \dfrac{1}{6} = \dfrac{1}{6}x$

(2) $(x+y) \div 5 = (x+y) \times \dfrac{1}{5} = \dfrac{1}{5}(x+y)$

(3) $a \div (-7) = a \times \left(-\dfrac{1}{7}\right) = -\dfrac{1}{7}a$

教科書 p.74

Q1 長さ a cmの針金で正五角形を作ったとき，1辺の長さを式で表しなさい。

解答 $a \div 5 = \dfrac{a}{5}$ **(cm)** $\quad$ または，$a \div 5 = a \times \dfrac{1}{5} = \dfrac{1}{5}a$ **(cm)**

教科書 p.75

たしかめ 6 次の式を，記号×，÷を使わないで表しなさい。

(1) $x - y \div 6$ $\qquad\qquad\qquad$ (2) $a \div 3 - b \div 7$

(3) $a \div (-3) + b \div (-2)$ $\qquad\qquad$ (4) $a \div 8 \times 3$

解答 (1) $x - \dfrac{y}{6}$ $\qquad$ (2) $\dfrac{a}{3} - \dfrac{b}{7}$ $\qquad$ (3) $-\dfrac{a}{3} - \dfrac{b}{2}$

(4) $\dfrac{3a}{8}$

教科書 p.75

Q2 次の式を，記号×，÷を使わないで表しなさい。

(1) $x + y \div (-7)$ $\qquad\qquad$ (2) $a \div b + c \div 8$

(3) $x \times x + y \div 5$ $\qquad\qquad$ (4) $(-3) \times a \div 7$

(5) $a \div b \times 2$

解答 (1) $x - \dfrac{y}{7}$　　　　(2) $\dfrac{a}{b} + \dfrac{c}{8}$　　　　(3) $x^2 + \dfrac{y}{5}$

(4) $-\dfrac{3a}{7}$　　　　(5) $\dfrac{2a}{b}$

教科書 p.75

プラス・ワン① (1) $y \div 8 + x$　　　　(2) $a \div b \div 2$

解答 (1) $\dfrac{y}{8} + x$　　　　(2) $\dfrac{a}{2b}$

教科書 p.75

Q3 次の式を，記号×，÷を使って表しなさい。

(1) $-3x^2y$　　(2) $\dfrac{5b}{a}$　　(3) $\dfrac{a-2b}{3}$　　(4) $\dfrac{a-b}{7}$

ガイド (3)(4) 分子の $a-2b$ や $a-b$ は，ひとまとまりの数なので，「÷」を使って表すときには，かっこをつける。

解答 (1) $(-3) \times x \times x \times y$　　　　(2) $5 \times b \div a$

(3) $(a - 2 \times b) \div 3$　　　　(4) $(a - b) \div 7$

教科書 p.75

プラス・ワン② $\dfrac{b}{2a}$

解答 $b \div (2 \times a)$ または $b \div 2 \div a$

④ 式による数量の表し方

CHECK!
確認したら
✓を書こう

教科書の要点

□式による数量の表し方	式を書くときの約束にしたがって，いろいろな数量を式で表す。

例 ・1個50円の消しゴム a 個と1冊100円のノート2冊の代金
　　→ $50 \times a + 100 \times 2$ より，$50a + 200$（円）

・a 個の7%の個数 → $a \times 0.07 = 0.07a$（個）　※$0.07a$ は $\dfrac{7}{100}a$ でもよい

・時速 a km で x 時間歩いたときの道のり → $a \times x = ax$（km）

□単位の異なる数量の表し方　文字を使った式では，単位をそろえて表す。

例 a kg と x g との合計の重さは，

kg にそろえると，$a + \dfrac{1}{1000}x$（kg），g にそろえると，$1000a + x$（g）

教科書 p.76

Q1 1箱 x 個入りのボールを3箱，y 個入りのボールを5箱買うときのボールの総数を，式で表しなさい。

ガイド $x \times 3 + y \times 5$
解答 $3x + 5y$（個）

2章

1節

文字と式

教科書 **p.76**

活動**2** Sさんの学校の生徒数は a 人です。次の人数を式で表しましょう。

(1) 全体の3％の生徒がバス通学のときのバス通学の生徒数

(全体の数)×(割合)＝ $a×0.03$

＝ ☐ (人)

(2) 全体の3割の生徒が自転車通学のときの自転車通学の生徒数

(全体の数)×(割合)＝ $a×0.3$

＝ ☐ (人)

(3) (1)のバス通学の生徒数と，(2)の自転車通学の生徒数を，分数を使った式でそれぞれ表しなさい。

解答 (1) **$0.03a$**   (2) **$0.3a$**

(3) バス通学… $\dfrac{3}{100}a$ 人   自転車通学… $\dfrac{3}{10}a$ 人

教科書 **p.77**

Q2 次の数量を式で表しなさい。

(1) a kg の25％の重さ   (2) x 円の5％の金額

(3) y L の2割の量

ガイド (1) $a×0.25＝0.25a$　または，$\dfrac{25}{100}a＝\dfrac{1}{4}a$

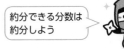
約分できる分数は約分しよう

(2) $x×0.05＝0.05x$　または，$\dfrac{5}{100}x＝\dfrac{1}{20}x$

(3) $y×0.2＝0.2y$　または，$\dfrac{2}{10}y＝\dfrac{1}{5}y$

解答 (1) **$0.25a$ kg** または $\dfrac{1}{4}a$ kg   (2) **$0.05x$ 円** または $\dfrac{1}{20}x$ 円

(3) **$0.2y$ L** または $\dfrac{1}{5}y$ L

教科書 **p.77**

Q3 ある商店では，すべての商品を定価の20％引きで販売しています。
次のAさんの考えは正しいですか。

Aさんの考え

定価 x 円の商品の代金は，$0.2x$ 円になる。

ガイド 20％引きということは，$100－20＝80$（％）だから，割合は0.8になる。

解答 **正しくない。**

定価 x 円の商品の20％引きの代金は，$x×0.8＝0.8x$（円）になる。

教科書 **p.77**

Q4 x km の道のりを2時間で歩くときの速さを，式で表しなさい。

ガイド (速さ)＝(道のり)÷(時間)

解答 $x÷2＝\dfrac{x}{2}$

答 時速 $\dfrac{x}{2}$ km $\left(\text{時速} \dfrac{1}{2}x \text{ km}\right)$

教科書
p.77

Q5 x kg の食塩と y g の食塩の合計の重さを，次の場合について式で表しなさい。
(1) 単位を g にそろえたとき
(2) 単位を kg にそろえたとき

[ガイド] (1) x kg は，$x \times 1000 = 1000x$ (g)　(2) y g は，$y \times \dfrac{1}{1000} = \dfrac{1}{1000}y$ (kg)

[解答] (1) $1000x + y$ (g)　　　　　(2) $x + \dfrac{1}{1000}y$ (kg)

5 式の値

CHECK! (･･)
確認したら
✓を書こう

教科書の要点

□式の値　　式の中の文字を数に置きかえることを，その文字に数を代入するという。
　　　　例 $10 - 3a$ の式の a に 2 を代入すると，$10 - 3 \times 2$
　　　　文字に代入する数のことを文字の値という。
　　　　例 $10 - 3a$ の式の a に 2 を代入するときの 2 を文字 a の値という。
　　　　式の中の文字にその値を代入して計算した結果を，その式の値という。
　　　　例 $10 - 3a$ の式の a に 2 を代入すると，$10 - 3 \times 2 = 10 - 6 = 4$
　　　　になるから，$a = 2$ のときの式 $10 - 3a$ の値は 4 である。

教科書
p.78

(?) 気温は，地上からおよそ 10 km までの上空では，高さが 1 km 高くなるごとに 6℃ ずつ下がります。地上の気温が 15℃ のとき，地上から a km 上空の気温は，次の式で表されます。　$15 - 6a$ (℃)
2 km 上空の気温を求めるには，どのようにすればよいでしょうか。

[解答] 式 $15 - 6a$ の a を 2 に置きかえて計算すればよい。

教科書
p.78

[活動1] (?) 考えよう で，気温を計算によって求めましょう。
(1) 2 km 上空の気温を求めるために，式 $15 - 6a$ の a を 2 に置きかえて計算しなさい。
(2) 3.5 km 上空の気温は，何℃ですか。

[ガイド] (2) 式 $15 - 6a$ の a を 3.5 に置きかえて計算すればよい。
[解答] (1) $15 - 6 \times 2 = 15 - 12 = \mathbf{3}$ (℃)　　　(2) $15 - 6 \times 3.5 = 15 - 21 = \mathbf{-6}$ (℃)

教科書
p.78

Q1 a に次の値を代入して，式 $15 - 6a$ の値を求めなさい。
(1) 8　　　　　　　　　　　(2) 0

[解答] (1) $15 - 6 \times 8 = 15 - 48 = \mathbf{-33}$　　　(2) $15 - 6 \times 0 = 15 - 0 = \mathbf{15}$

教科書
p.78

Q2 気温が a℃ のとき，音が空気中を伝わる速さは，秒速 $(331 + 0.6a)$ m と表すことができます。次の気温のとき，音が空気中を伝わる速さを求めなさい。
(1) 15℃　　　　　　　　　　(2) 0℃

ガイド 式 $331+0.6a$ の a にそれぞれの値を代入して，式の値を求める。

解答 (1) $331+0.6\times15=331+9=340$

(2) $331+0.6\times0=331$

答 (1) **秒速340m** (2) **秒速331m**

2章

1節 文字と式

教科書 p.79

たしかめ① $x=-2$ のときの，式 $-x$，$\dfrac{6}{x}$，x^2 の値をそれぞれ求めなさい。

解答 $-x=(-1)\times x=(-1)\times(-2)=\mathbf{2}$

$\dfrac{6}{x}=\dfrac{6}{-2}=\mathbf{-3}$

$x^2=(-2)^2=\mathbf{4}$

負の数を代入する
ときには，（　）を
つけるんだね。

教科書 p.79

Q3 x が次の値のときの，式 $-2x+5$ の値を求めなさい。

(1) -1 (2) 0 (3) 1

ガイド 式 $-2x+5=(-2)\times x+5$ の中の文字 x に，(1)〜(3)の数を代入する。

解答 (1) $(-2)\times(-1)+5=2+5=\mathbf{7}$

(2) $(-2)\times0+5=\mathbf{5}$

(3) $(-2)\times1+5=-2+5=\mathbf{3}$

教科書 p.79

Q4 $a=5$ のときの，次の式の値を求めなさい。

(1) $-a^2$ (2) $(-a)^2$

ガイド 式 $-a^2=(-1)\times a^2$，$(-a)^2=\{(-1)\times a\}^2$ の中の文字 a に，

それぞれ5を代入する。

解答 (1) $-a^2=(-1)\times5^2=-1\times25=\mathbf{-25}$

(2) $(-a)^2=\{(-1)\times5\}^2=(-5)^2=\mathbf{25}$

教科書 p.79

| プラス・ワン

$a=-5$ のときの，次の式の値を求めなさい。

(1) $-a^2$ (2) $(-a)^2$

解答 (1) $-a^2=(-1)\times(-5)^2=-1\times25=\mathbf{-25}$

(2) $(-a)^2=\{(-1)\times(-5)\}^2=5^2=\mathbf{25}$

教科書 p.79

Q5 $x=-3$，$y=2$ のときの，次の式の値を求めなさい。

(1) $x+2y$ (2) $-3xy$

ガイド それぞれの式の中の文字 x に -3 を，y に2を代入して計算する。

解答 (1) $x+2y=(-3)+2\times2=-3+4=\mathbf{1}$

(2) $-3xy=-3\times(-3)\times2=\mathbf{18}$

❻ 式の表す意味

教科書の要点

□式につける単位	文字を使った式が表している数量の意味を考えて，単位をつける。
	例 ある品物の値段が a 円のとき，その品物の**10**個の代金は，**10a**円。

教科書 p.80

活動**1** A市にある水族館の入館料は，大人が 1 人1800円，子どもが 1 人900円です。大人 a 人，子ども b 人でこの水族館に行ったとき，式が表している数量の意味を考えましょう。

(1) 式1800aは，どんな数量を表していると考えられますか。また，どんな単位がつきますか。

(2) 次の式は，どんな数量を表していると考えられますか。また，それぞれどんな単位がつきますか。

ア　$a+b$　　　　　　　　　イ　$1800a+900b$

解答 (1) **大人 a 人の入館料，**単位…**円**

(2) ア　**大人と子どもの人数の合計，**単位…**人**

イ　**大人 a 人と子ども b 人の入館料の合計，**単位…**円**

教科書 p.80

Q**1** バスケットボールの試合で，2 点シュートを x 回，3 点シュートを y 回入れました。次の式は，どんな数量を表していると考えられますか。また，どんな単位がつきますか。

(1) $x+y$　　　　　　　　　(2) $2x+3y$

ガイド (1) x は 2 点シュートを入れた回数で，y は 3 点シュートを入れた回数である。

解答 (1) **シュートを入れた回数の合計，**単位…**回**

(2) **得点の合計，**単位…**点**

教科書 p.80

活動**2** 次の(1)～(3)のとき，式 $10x+y$ が表している数について考えましょう。

(1) x が 4，y が 5 のとき

(2) x が 8，y が 3 のとき

(3) x が 1 から 9 までの整数，y が 0 から 9 までの整数のとき

x が 4，y が 5 のとき		$10\,x+y$
$10\times4+5$		⋮　⋮
x が 8，y が 3 のとき		4　5
$10\times8+3$		

ガイド (3) x が 1 で，y が 0 から 9 までの整数のときの式 $10x+y$ が表している数は，$10+0=10$，$10+1=11$，$10+2=12$，……，$10+9=19$ より，10 から 19 までの整数である。同じようにして，x が 2，3……，9 で，y が 0 から 9 までの整数のときの式 $10x+y$ が表している数を調べる。

解答 (1) $10\times4+5=40+5=\mathbf{45}$

(2) $10\times8+3=80+3=\mathbf{83}$

(3) **10 から 99 までの 2 桁の整数**

教科書 p.80

Q2 十の位の数が a，一の位の数が 7 である 2 桁の自然数を式で表しなさい。

解答 $10 \times a + 7 = \boldsymbol{10a + 7}$

教科書 p.80

プラス・ワン
百の位の数が x，十の位の数が y，一の位の数が 6 である 3 桁の自然数を式で表しなさい。

解答 $100 \times x + 10 \times y + 6 = \boldsymbol{100x + 10y + 6}$

教科書 p.80

Q3 a を 1 から 9 までの整数，b，c を 0 から 9 までの整数とするとき，式 $100a + 10b + c$ が表している数は何ですか。

ガイド a が 1，b が 0 で，c が 0 から 9 までの整数のときの式 $100a + 10b + c$ が表している数は，

$100 + 0 + 0 = 100,\ 100 + 0 + 1 = 101,\ 100 + 0 + 2 = 102,$

……，$100 + 0 + 9 = 109$ より，100 から 109 までの整数である。

　同じようにして，a が 1 から 9 で，b，c が 0 から 9 までの整数のときの式 $100a + 10b + c$ が表している数を調べる。

解答 **100 から 999 までの 3 桁の整数**

しかめよう

 教科書 p.81

1 次の式を，記号 $\times$，$\div$ を使わないで表しなさい。

(1) $a \times x$ 　　　　　　　(2) $y \times x \times (-1)$
(3) $b \times 2 \times b \times b$ 　　(4) $a \div 5$
(5) $(x - y) \div 10$ 　　　(6) $10 - 5 \times x$
(7) $a \div 3 \times b$ 　　　　(8) $x \times x \times x - y \times y$

ガイド (5) $(x - y)$ は分子となり，それで 1 つの数とみなせるので，$(\ )$ を省く。

解答 (1) $\boldsymbol{ax}$ 　　(2) $\boldsymbol{-xy}$ 　　(3) $\boldsymbol{2b^3}$

(4) $\boldsymbol{\dfrac{a}{5}}$ 　　(5) $\boldsymbol{\dfrac{x-y}{10}}$ 　　(6) $\boldsymbol{10 - 5x}$

(7) $\boldsymbol{\dfrac{ab}{3}}$ 　　(8) $\boldsymbol{x^3 - y^2}$

 教科書 p.81

2 次の式を，記号 $\times$，$\div$ を使って表しなさい。

(1) $6x^2y$ 　　　　　　　(2) $\dfrac{3x - 2y}{5}$

解答 (1) $\boldsymbol{6 \times x \times x \times y}$ 　　(2) $\boldsymbol{(3 \times x - 2 \times y) \div 5}$

教科書 p.81

3 次の数量を式で表しなさい。

(1) 縦が a cm，横が a cm，高さが 3 cm の直方体の体積

(2) 1 本 a 円のジュースを 3 本，1 個 b 円のパンを 6 個買ったときの代金

(3) a km の道のりを時速 4 km で歩いたときの時間

(4) a g の 10 ％と b g の 50 ％の合計の重さ

ガイド (1) （直方体の体積）＝（縦）×（横）×（高さ）

(3) （時間）＝（道のり）÷（速さ）

解答 (1) $a \times a \times 3 = 3a^2$

(2) $a \times 3 + b \times 6 = 3a + 6b$

(3) $a \div 4 = \dfrac{a}{4}$

(4) $a \times \dfrac{10}{100} + b \times \dfrac{50}{100} = \dfrac{1}{10}a + \dfrac{1}{2}b$　　**別解** $a \times 0.1 + b \times 0.5 = 0.1a + 0.5b$

答 (1) $3a^2 \mathbf{cm^3}$　　(2) $3a+6b$(円)　　(3) $\dfrac{a}{4}$ 時間

(4) $\dfrac{1}{10}a + \dfrac{1}{2}b$(g)　または，$0.1a + 0.5b$(g)

教科書 p.81

4 $a = -2$ のときの，次の式の値を求めなさい。

(1) $-3a^2$　　　　　　　(2) $\dfrac{18}{a}$

解答 (1) $-3a^2 = -3 \times (-2)^2 = -3 \times 4 = \mathbf{-12}$

(2) $\dfrac{18}{a} = \dfrac{18}{-2} = \mathbf{-9}$

教科書 p.81

5 $a = -2$，$b = \dfrac{1}{3}$ のときの，次の式の値を求めなさい。

(1) $a + 3b$　　　　　　(2) $-\dfrac{1}{4}ab$

解答 (1) $a + 3b = (-2) + 3 \times \dfrac{1}{3} = -2 + 1 = \mathbf{-1}$

(2) $-\dfrac{1}{4}ab = -\dfrac{1}{4} \times (-2) \times \dfrac{1}{3} = \mathbf{\dfrac{1}{6}}$

教科書 p.81

6 次の(1)，(2)の式は，どんな数量や数を表していると考えられますか。

(1) 入園料が大人 a 円，子ども b 円のとき，$a+b$

(2) 縦が a cm，横が b cm，高さが 6 cm の直方体で，$4a+4b+24$

ガイド (2) $4a + 4b + 24 = a \times 4 + b \times 4 + 6 \times 4$

解答 (1) **大人 1 人と子ども 1 人の入園料の合計**

(2) **直方体の辺の長さの合計**

2節 式の計算

1 1次式とその項

教科書の要点

□1次式とその項	式を加法の記号＋を使って表したとき，＋で結ばれた1つ1つをその式の**項**という。 **例** 式 $2x-5$ は，加法の記号＋を使うと，$2x+(-5)$ と表される。このとき，$2x$，-5 を，それぞれ式 $2x-5$ の項という。
□係数	文字をふくむ項 $2x$ で，数の部分2をこの項の**係数**という。
□1次の項	$2a$ や $-5x$ などのように，0でない数と1つの文字との積で表される項を，1次の項という。
□1次式	1次の項だけの式や，1次の項と数の項との和で表される式を，1次式という。 **例** $-3x$ や $2x-5$ などは，x についての1次式である。
□式の項のまとめ方	文字の部分が同じ項どうしは，分配法則 $ac+bc=(a+b)c$ を使って1つの項にまとめることができる。 **例** $3x+2x=(3+2)x=5x$　　　$3x-2x=(3-2)x=x$ **発展** 文字の部分が同じ項を，**同類項**という。文字をふくむ項と数の項は同類項ではないので，1つの項にまとめることはできない。

教科書 p.82

? 同じ長さの紙テープ3本を1cmののりしろをとってつなぎます。

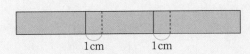

1cm　　　1cm

1本の紙テープの長さを x cmするとき，全体の長さは，何cmになるでしょうか。

ガイド 1cmののりしろが2か所あるので，全体の長さはのりしろのない場合より2cm短くなる。

解答 $3x-2$(cm)

教科書 p.82

たしかめ① 次の式の項をいいなさい。また，文字をふくむ項については，その係数をいいなさい。

(1)　$4x-5$　　　　　　　　　　(2)　$-2x+3$

ガイド 加法の記号＋で結ばれた1つ1つをその式の項という。

解答 (1)　項… $4x$，-5　　　$4x$ の係数…4
(2)　項… $-2x$，3　　　$-2x$ の係数… -2

教科書 p.82

たしかめ② 次の式のうち，1次式はどれですか。

(1)　$2a+8$　　　(2)　x^2+3　　　(3)　$-x$　　　(4)　$\frac{2}{3}a-1$

ガイド 1次の項だけの式や，1次の項と数の項との和で表される式が1次式である。

(1) 1次の項 $2a = 2 \times a$　　数の項8

(2) 1次の項はない。$x^2 = x \times x$……文字が2つある。　　数の項3

(3) 1次の項 $-x = (-1) \times x$

(4) 1次の項 $\dfrac{2}{3}a = \dfrac{2}{3} \times a$　　数の項-1

x^2は，2つのxの積だから…

解答 (1)，(3)，(4)

教科書 p.83

活動1 右の図(教科書83ページ)のような2つの長方形**ア**，**イ**の面積を表す式について調べましょう。

(1) 面積の和を式で表しなさい。

(2) 面積の差を式で表しなさい。

ガイド **ア**の面積は，$x \times 5 = 5x \, (\text{cm}^2)$

イの面積は，$x \times 2 = 2x \, (\text{cm}^2)$ である。

解答 (1) $\boldsymbol{5x + 2x \, (\text{cm}^2)}$　　　　(2) $\boldsymbol{5x - 2x \, (\text{cm}^2)}$

別解 (1) 右の図1のように長方形を横につなげて考えると，$\boldsymbol{7x\,\text{cm}^2}$

(2) 右の図2のように，長方形を重ねて考えると，$\boldsymbol{3x\,\text{cm}^2}$

図1
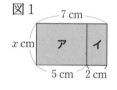

図2

教科書 p.83

Q1 次の式を1つの項にまとめなさい。

(1) $6x + 4x$　　　　　　　　　(2) $3a - 7a$

(3) $x - 5x$　　　　　　　　　(4) $-8x + 9x$

(5) $\dfrac{4}{7}x + \dfrac{2}{7}x$　　　　　　　(6) $2x - 5x + 8x$

解答 (1) $6x + 4x = (6+4)x = \boldsymbol{10x}$　　(2) $3a - 7a = (3-7)a = \boldsymbol{-4a}$

(3) $x - 5x = (1-5)x = \boldsymbol{-4x}$　　(4) $-8x + 9x = (-8+9)x = \boldsymbol{x}$

(5) $\dfrac{4}{7}x + \dfrac{2}{7}x = \left(\dfrac{4}{7} + \dfrac{2}{7}\right)x = \boldsymbol{\dfrac{6}{7}x}$　(6) $2x - 5x + 8x = (2-5+8)x = \boldsymbol{5x}$

教科書 p.83

プラス・ワン① $m - \dfrac{m}{3}$

解答 $m - \dfrac{m}{3} = \left(1 - \dfrac{1}{3}\right)m = \boldsymbol{\dfrac{2}{3}m}$

教科書 p.83

Q2 次の式を，項をまとめて計算しなさい。

(1) $6x + 2 - 4x + 5$　　　　　(2) $3x - 9 + 1 - 8x$

(3) $y - 3 - 5y + 8$　　　　　(4) $5x + 3 - 2x - 3$

解答 (1) $6x + 2 - 4x + 5 = 6x - 4x + 2 + 5 = \boldsymbol{2x + 7}$

(2) $3x - 9 + 1 - 8x = 3x - 8x - 9 + 1 = \boldsymbol{-5x - 8}$

(3) $y-3-5y+8 = y-5y-3+8 = \boldsymbol{-4y+5}$

(4) $5x+3-2x-3 = 5x-2x+3-3 = \boldsymbol{3x}$

教科書 p.83

プラス・ワン②

(1) $-2a+5a-1-6a$ (2) $\dfrac{3}{2}x-7-x-2$

解答 (1) $-2a+5a-1-6a = -2a+5a-6a-1 = \boldsymbol{-3a-1}$

(2) $\dfrac{3}{2}x-7-x-2 = \dfrac{3}{2}x-x-7-2 = \boldsymbol{\dfrac{1}{2}x-9}$

② 1次式と数との乗法

CHECK!
確認したら
✓を書こう

教科書の要点

□ **1次式と数との乗法**

文字をふくむ項に数をかけるには，係数にその数をかける。

例 $4x \times 2 = 4 \times x \times 2 = 4 \times 2 \times x = 8x$

1次式に数をかけるには，各項にその数をかける。

例

$3(\,4x\,+2\,) = 3 \times 4x + 3 \times 2 = 12x+6$

$-3(4x-2) = (-3) \times \{4x+(-2)\}$

$\qquad = (-3) \times 4x + (-3) \times (-2) = -12x+6$

$(4x-2) \times (-3) = 4x \times (-3) + (-2) \times (-3) = -12x+6$

教科書 p.84

？ 右の長方形ABCD（教科書84ページ）の面積と周の長さを，それぞれ式で表してみましょう。

ガイド 縦の長さABは $x \times 4$ より，$4x$ cm，横の長さADは 3 cmであることから考える。

（面積）＝（縦）×（横）より，$4x \times 3 (\text{cm}^2)$

（周の長さ）＝（縦＋横）×2 ＝ $(4x+3) \times 2$ より，$2(4x+3) (\text{cm})$

または，（周の長さ）＝（縦）×2＋（横）×2 より，$4x \times 2 + 3 \times 2 (\text{cm})$

解答 面積… $\boldsymbol{4x \times 3 (\text{cm}^2)}$

周の長さ… $\boldsymbol{2(4x+3) (\text{cm})}$ または，$\boldsymbol{4x \times 2 + 6 (\text{cm})}$

教科書 p.84

活動1 ？ 考えよう で，長方形ABCDの面積を式に表す方法を考えましょう。

(1) 次の2人の考え（教科書84ページ）をもとにして，長方形ABCDの面積を表す式をそれぞれつくりなさい。

(2) (1)の2つの式を比べて，気づいたことをいいなさい。

解答 (1) マイさんの考え $\boldsymbol{4x \times 3 (\text{cm}^2)}$

つばさんの考え $\boldsymbol{x \times 1 \times 12 = x \times 12 (\text{cm}^2)}$

(2) 2つの式は，同じ長方形の面積を表しているので，$4x \times 3 = x \times 12$ となる。

xの係数に着目すると，$4 \times x \times 3 = 4 \times 3 \times x = 12 \times x$ と考えることができる。

教科書 p.84

Q1 次の計算をしなさい。

(1) $3x \times 2$

(2) $7 \times 6y$

(3) $2x \times (-8)$

(4) $(-x) \times 4$

(5) $(-9a) \times (-4)$

(6) $\dfrac{5}{6}x \times (-18)$

ガイド 文字をふくむ項に数をかけるには，係数にその数をかける。

解答 (1) $3x \times 2 = 3 \times x \times 2 = 3 \times 2 \times x = \boldsymbol{6x}$

(2) $7 \times 6y = 7 \times 6 \times y = \boldsymbol{42y}$

(3) $2x \times (-8) = 2 \times x \times (-8) = 2 \times (-8) \times x = \boldsymbol{-16x}$

(4) $(-x) \times 4 = (-1) \times x \times 4 = (-1) \times 4 \times x = \boldsymbol{-4x}$

(5) $(-9a) \times (-4) = (-9) \times a \times (-4) = (-9) \times (-4) \times a = \boldsymbol{36a}$

(6) $\dfrac{5}{6}x \times (-18) = \dfrac{5}{6} \times x \times (-18) = \dfrac{5}{6} \times (-18) \times x = \boldsymbol{-15x}$

教科書 p.84

プラス・ワン① $(-0.5) \times 3x$

解答 $(-0.5) \times 3x = (-0.5) \times 3 \times x = \boldsymbol{-1.5x}$

教科書 p.85

たしかめ1 次の計算をしなさい。

(1) $3(2x+5)$

(2) $-3(3x-4)$

解答 (1) $3(2x+5) = 3 \times 2x + 3 \times 5 = \boldsymbol{6x+15}$

(2) $-3(3x-4) = (-3) \times \{3x+(-4)\}$

$\qquad = (-3) \times 3x + (-3) \times (-4) = \boldsymbol{-9x+12}$

教科書 p.85

Q2 次の計算をしなさい。

(1) $2(x-4)$

(2) $-(x-4)$

(3) $-4(-a+6)$

(4) $\dfrac{2}{3}(6x+9)$

ガイド (1)(2) $x-4 = x+(-4)$ と考える。

解答 (1) $2(x-4) = 2 \times \{x+(-4)\} = 2 \times x + 2 \times (-4) = \boldsymbol{2x-8}$

(2) $-(x-4) = (-1) \times \{x+(-4)\} = (-1) \times x + (-1) \times (-4) = \boldsymbol{-x+4}$

(3) $-4(-a+6) = (-4) \times \{(-a)+6\} = (-4) \times (-a) + (-4) \times 6 = \boldsymbol{4a-24}$

(4) $\dfrac{2}{3}(6x+9) = \dfrac{2}{3} \times 6x + \dfrac{2}{3} \times 9 = \boldsymbol{4x+6}$

教科書 p.85

プラス・ワン② (1) $-\dfrac{2}{5}(10x-5)$

(2) $-6\left(\dfrac{2}{3}a - \dfrac{1}{2}\right)$

解答 (1) $-\dfrac{2}{5}(10x-5) = \left(-\dfrac{2}{5}\right) \times \{10x+(-5)\}$

$\qquad = \left(-\dfrac{2}{5}\right) \times 10x + \left(-\dfrac{2}{5}\right) \times (-5) = \boldsymbol{-4x+2}$

(2) $-6\left(\dfrac{2}{3}a-\dfrac{1}{2}\right)=(-6)\times\left\{\dfrac{2}{3}a+\left(-\dfrac{1}{2}\right)\right\}$

$=(-6)\times\dfrac{2}{3}a+(-6)\times\left(-\dfrac{1}{2}\right)=\boldsymbol{-4a+3}$

教科書 **p.85**

Q3 次の計算をしなさい。

(1) $(3x-2)\times(-4)$ (2) $(-3y-1)\times(-2)$

解答 (1) $(3x-2)\times(-4)=3x\times(-4)+(-2)\times(-4)=\boldsymbol{-12x+8}$

(2) $(-3y-1)\times(-2)=(-3y)\times(-2)+(-1)\times(-2)=\boldsymbol{6y+2}$

教科書 **p.85**

プラス・ワン③ $\left(\dfrac{3}{4}a-\dfrac{1}{4}\right)\times(-12)$

解答 $\left(\dfrac{3}{4}a-\dfrac{1}{4}\right)\times(-12)=\dfrac{3}{4}a\times(-12)+\left(-\dfrac{1}{4}\right)\times(-12)=\boldsymbol{-9a+3}$

❸ 1次式を数でわる除法

CHECK!
確認したら
✓を書こう

教科書の要点

□ **1次式を数で わる除法**

文字をふくむ項を数でわるには, 係数をその数でわるか, わる数の逆数をかける。

例 $6x\div(-2)=\dfrac{6x}{-2}=\dfrac{6\times x}{-2}=-3x$

$6x\div(-2)=6x\times\left(-\dfrac{1}{2}\right)=6\times\left(-\dfrac{1}{2}\right)\times x=-3x$

項が2つの1次式を数でわるには, 1次式の各項を その数でわるか, わる数の逆数をかける。

例 $(12x+8)\div4=\dfrac{12x+8}{4}=\dfrac{12x}{4}+\dfrac{8}{4}=3x+2$

$(12x+8)\div4=(12x+8)\times\dfrac{1}{4}$

$=12x\times\dfrac{1}{4}+8\times\dfrac{1}{4}=3x+2$

$(b+c)\div a=\dfrac{b+c}{a}$

$=\dfrac{b}{a}+\dfrac{c}{a}$

教科書 **p.86**

活動1 $8x\div(-4)$ の計算のしかたを考えましょう。

ア $8x\div(-4)=\dfrac{8x}{-4}$

$=\dfrac{8\times x}{-4}$

$=-2x$

イ $8x\div(-4)=8x\times\left(-\dfrac{1}{4}\right)$

$=8\times\left(-\dfrac{1}{4}\right)\times x$

$=-2x$

(1) **ア**では, 係数に着目すると, どのような計算をしたことになりますか。

(2) **イ**は, どのように考えて計算しましたか。

解答 (1) **係数の8を−4でわる計算をした。**

(2) **−4でわることは, −4の逆数の$-\dfrac{1}{4}$をかけることと同じだと考えて計算した。**

教科書 p.86

たしかめ ❶ 次の計算をしなさい。
(1) $12x \div (-4)$ (2) $(-6x) \div (-2)$

解答 (1) $12x \div (-4) = \dfrac{12x}{-4} = \dfrac{12 \times x}{-4} = \boldsymbol{-3x}$

(2) $(-6x) \div (-2) = \dfrac{-6x}{-2} = \dfrac{-6 \times x}{-2} = \boldsymbol{3x}$

教科書 p.86

Q1 次の計算をしなさい。
(1) $12x \div 3$ (2) $(-6x) \div 2$ (3) $(-20a) \div (-4)$

解答 (1) $12x \div 3 = \dfrac{12x}{3} = \boldsymbol{4x}$

(2) $(-6x) \div 2 = \dfrac{-6x}{2} = \boldsymbol{-3x}$

(3) $(-20a) \div (-4) = \dfrac{-20a}{-4} = \boldsymbol{5a}$

教科書 p.86

Q2 次の計算をしなさい。
(1) $8x \div \left(-\dfrac{4}{9}\right)$ (2) $(-6x) \div \left(-\dfrac{3}{7}\right)$

解答 (1) $8x \div \left(-\dfrac{4}{9}\right) = 8x \times \left(-\dfrac{9}{4}\right) = 8 \times \left(-\dfrac{9}{4}\right) \times x = \boldsymbol{-18x}$

(2) $(-6x) \div \left(-\dfrac{3}{7}\right) = (-6x) \times \left(-\dfrac{7}{3}\right) = (-6) \times \left(-\dfrac{7}{3}\right) \times x = \boldsymbol{14x}$

教科書 p.86

プラス・ワン① $\left(-\dfrac{3}{8}x\right) \div \left(-\dfrac{1}{4}\right)$

解答 $\left(-\dfrac{3}{8}x\right) \div \left(-\dfrac{1}{4}\right) = \left(-\dfrac{3}{8}x\right) \times (-4) = \left(-\dfrac{3}{8}\right) \times (-4) \times x = \boldsymbol{\dfrac{3}{2}x}$

教科書 p.87

Q3 次の計算をしなさい。
(1) $(15x+6) \div 3$ (2) $(8x+2) \div (-2)$
(3) $(20-4y) \div 4$ (4) $(12x-24) \div (-6)$

解答 (1) $(15x+6) \div 3 = \dfrac{15x+6}{3} = \dfrac{15x}{3} + \dfrac{6}{3} = \boldsymbol{5x+2}$

(2) $(8x+2) \div (-2) = \dfrac{8x+2}{-2} = \dfrac{8x}{-2} + \dfrac{2}{-2} = \boldsymbol{-4x-1}$

(3) $(20-4y) \div 4 = \dfrac{20-4y}{4} = \dfrac{20}{4} + \dfrac{-4y}{4} = \boldsymbol{5-y}$

(4) $(12x-24) \div (-6) = \dfrac{12x-24}{-6} = \dfrac{12x}{-6} + \dfrac{-24}{-6} = \boldsymbol{-2x+4}$

教科書 p.87

プラス・ワン②

(1) $(9x-6) \div \dfrac{3}{2}$

(2) $(8a-4) \div \left(-\dfrac{8}{3}\right)$

解答 (1) $(9x-6) \div \dfrac{3}{2} = (9x-6) \times \dfrac{2}{3} = 9x \times \dfrac{2}{3} + (-6) \times \dfrac{2}{3} = \boldsymbol{6x-4}$

(2) $(8a-4) \div \left(-\dfrac{8}{3}\right) = (8a-4) \times \left(-\dfrac{3}{8}\right)$

$= 8a \times \left(-\dfrac{3}{8}\right) + (-4) \times \left(-\dfrac{3}{8}\right) = \boldsymbol{-3a+\dfrac{3}{2}}$

教科書 p.87

Q4 次の計算をしなさい。

(1) $\dfrac{2x+1}{4} \times 8$

(2) $\dfrac{x-7}{3} \times (-6)$

(3) $4 \times \dfrac{3x-5}{2}$

(4) $(-10) \times \dfrac{-3x+2}{5}$

解答 (1) $\dfrac{2x+1}{4} \times 8 = \dfrac{(2x+1) \times \overset{2}{8}}{\underset{1}{4}} = (2x+1) \times 2 = \boldsymbol{4x+2}$

(2) $\dfrac{x-7}{3} \times (-6) = \dfrac{(x-7) \times (-\overset{2}{6})}{\underset{1}{3}} = (x-7) \times (-2) = \boldsymbol{-2x+14}$

(3) $4 \times \dfrac{3x-5}{2} = \dfrac{\overset{2}{4} \times (3x-5)}{\underset{1}{2}} = 2 \times (3x-5) = \boldsymbol{6x-10}$

(4) $(-10) \times \dfrac{-3x+2}{5} = \dfrac{-\overset{2}{10} \times (-3x+2)}{\underset{1}{5}} = (-2) \times (-3x+2) = \boldsymbol{6x-4}$

教科書 p.87

学びに プラス どこがちがう？

次の計算はまちがっています。どこがまちがっているのでしょうか。

(1) $3(2x-9) = 6x-9$

(2) $\dfrac{2x-\overset{3}{9}}{\underset{1}{3}} = 2x-3$

解答 (1) 分配法則が正しく使われていない。

正しくは，$3(2x-9) = 3 \times 2x + 3 \times (-9)$

$= \boldsymbol{6x-27}$

(2) 分子の数の項 9 だけを約分してしまっている。

正しくは，$\dfrac{2x-9}{3} = \dfrac{2x}{3} + \dfrac{-9}{3}$

$= \boldsymbol{\dfrac{2x}{3}-3}$

④ 1次式の加法，減法

CHECK!
確認したら
✓を書こう

教科書の要点

□1次式の加法　1次式の加法は，文字の部分が同じ項どうし，数だけの項どうしをまとめる。

例 $(3x+4)+(2x-5) = 3x+4+2x-5$
$= 3x+2x+4-5$
$= 5x-1$

□1次式の減法　1次式の減法は，ひく式の各項の符号を変えて加える。

例 $(3x+4)-(2x-5) = (3x+4)+(-2x+5)$
$= 3x+4-2x+5$
$= 3x-2x+4+5$
$= x+9$

□かっこのある式　かっこのある式は，かっこをはずしてから計算する。

例 $(3x-4)-2(2x-5) = 3x-4-4x+10$
$= 3x-4x-4+10$
$= -x+6$

かっこをはずすには分配法則を使うんだよ！

教科書 p.88

(?) AさんとBさんが次のような買い物をしました。
　Aさん…1本 x 円の鉛筆5本と120円の消しゴム1個
　Bさん…1本 x 円の鉛筆3本と100円の消しゴム1個

(1)　AさんとBさんの代金をそれぞれ式で表しましょう。
(2)　AさんとBさんの代金の和と差をそれぞれ式で表しましょう。

解答 (1)　Aさん…$5x+120$ (円)
　　　　Bさん…$3x+100$ (円)

(2)　和…$(5x+120)+(3x+100)$ (円)
　　　差…$(5x+120)-(3x+100)$ (円)

教科書 p.88

活動1 $5x+120$ に $3x+100$ を加えた和を求めましょう。

$(5x+120)+(3x+100)$ }かっこをはずす
$= 5x+120+3x+100$
$= 5x+3x+120+100$ }文字の部分が同じ項を集める

(1)　上の式に続けて計算しなさい。

解答 (1)　$8x+220$

教科書 p.88

Q1 次の加法を行い，その和を求めなさい。

(1)　$(3x+7)+(2x-4)$
(2)　$(9a-1)+(-3a+5)$

解答 (1)　$(3x+7)+(2x-4) = 3x+7+2x-4$
$= 3x+2x+7-4$
$= 5x+3$

(2) $(9a-1)+(-3a+5)=9a-1-3a+5$
$=9a-3a-1+5$
$=\boldsymbol{6a+4}$

教科書
p.88

活動2 $5x+120$ から $3x+100$ をひいた差を求めましょう。
ひくことは，ひく式の各項の符号を変えて加えることと同じなので，

$(5x+120)-(3x+100)$
$=(5x+120)+(-3x-100)$ ⎫ $-(3x+100)\rightarrow+(-3x-100)$
$=5x+120-3x-100$ ⎬ かっこをはずす
$=5x-3x+120-100$ ⎭ 文字の部分が同じ項を集める

(1) 上の式に続けて計算しなさい。

解答 (1) $\boldsymbol{2x+20}$

教科書
p.89

Q2 次の減法を行い，その差を求めなさい。
(1) $(6x-3)-(x+9)$　　　(2) $(y-1)-(-2y+3)$

解答 (1) $(6x-3)-(x+9)=(6x-3)+(-x-9)$
$=6x-3-x-9$
$=6x-x-3-9$
$=\boldsymbol{5x-12}$

(2) $(y-1)-(-2y+3)=(y-1)+(2y-3)$
$=y-1+2y-3$
$=y+2y-1-3$
$=\boldsymbol{3y-4}$

教科書
p.89

プラス・ワン①

(1) $(0.3x+0.5)-(0.2x-0.5)$　　　(2) $\left(\dfrac{1}{2}x-\dfrac{1}{3}\right)-\left(\dfrac{1}{3}x-1\right)$

解答 (1) $(0.3x+0.5)-(0.2x-0.5)=(0.3x+0.5)+(-0.2x+0.5)$
$=0.3x+0.5-0.2x+0.5$
$=0.3x-0.2x+0.5+0.5$
$=\boldsymbol{0.1x+1}$

(2) $\left(\dfrac{1}{2}x-\dfrac{1}{3}\right)-\left(\dfrac{1}{3}x-1\right)=\left(\dfrac{1}{2}x-\dfrac{1}{3}\right)+\left(-\dfrac{1}{3}x+1\right)$
$=\dfrac{1}{2}x-\dfrac{1}{3}-\dfrac{1}{3}x+1$
$=\dfrac{1}{2}x-\dfrac{1}{3}x-\dfrac{1}{3}+1$
$=\dfrac{3}{6}x-\dfrac{2}{6}x-\dfrac{1}{3}+\dfrac{3}{3}$
$=\boldsymbol{\dfrac{1}{6}x+\dfrac{2}{3}}$

2
章

2
節

式の計算

教科書
p.89

Q3 次の各組の式で，前の式に後の式を加えなさい。
また，前の式から後の式をひきなさい。

(1) $7x+2$, $3x-1$ (2) $3a-5$, $-2a+4$

ガイド 2つの式を，かっこを使って1つの式に表してから計算する。

解答 (1) 前の式に後の式を加える

$$(7x+2)+(3x-1)=7x+2+3x-1=7x+3x+2-1=\textbf{10}\boldsymbol{x}\textbf{+1}$$

前の式から後の式をひく

$$(7x+2)-(3x-1)=7x+2-3x+1=7x-3x+2+1=\textbf{4}\boldsymbol{x}\textbf{+3}$$

(2) 前の式に後の式を加える

$$(3a-5)+(-2a+4)=3a-5-2a+4$$
$$=3a-2a-5+4$$
$$=\boldsymbol{a}\textbf{-1}$$

前の式から後の式をひく

$$(3a-5)-(-2a+4)=3a-5+2a-4$$
$$=3a+2a-5-4$$
$$=\textbf{5}\boldsymbol{a}\textbf{-9}$$

加法の（ ）はそのまま
はずし，減法の（ ）は
符号を変えてはずすのね。

教科書
p.89

Q4 次の計算をしなさい。

(1) $(x+3)-4(x+2)$ (2) $2(x+4)+5(3x-7)$
(3) $4(a-8)-2(5a+6)$ (4) $-3(x-1)-(7x+5)$

解答 (1) $(x+3)-4(x+2)=x+3-4x-8=x-4x+3-8=\boldsymbol{-3x-5}$
(2) $2(x+4)+5(3x-7)=2x+8+15x-35=2x+15x+8-35=\boldsymbol{17x-27}$
(3) $4(a-8)-2(5a+6)=4a-32-10a-12=4a-10a-32-12=\boldsymbol{-6a-44}$
(4) $-3(x-1)-(7x+5)=-3x+3-7x-5=-3x-7x+3-5=\boldsymbol{-10x-2}$

教科書
p.89

プラス・ワン②

(1) $\dfrac{1}{2}(8x-6)-\dfrac{1}{3}(9x+6)$ (2) $3\left(\dfrac{2}{3}x-\dfrac{1}{3}\right)-2\left(\dfrac{x}{2}-\dfrac{1}{2}\right)$

解答 (1) $\dfrac{1}{2}(8x-6)-\dfrac{1}{3}(9x+6)=4x-3-3x-2=4x-3x-3-2=\boldsymbol{x-5}$

(2) $3\left(\dfrac{2}{3}x-\dfrac{1}{3}\right)-2\left(\dfrac{x}{2}-\dfrac{1}{2}\right)=2x-1-x+1=2x-x-1+1=\boldsymbol{x}$

教科書
p.89

学びにプラス どんな式になる？

次のことがらを式で表し，それを計算してみましょう。
「$x-3$ を2倍し，それに $2x+1$ の3倍を加えた和」

解答 $(x-3)\times2+(2x+1)\times3=2x-6+6x+3=2x+6x-6+3=\boldsymbol{8x-3}$

た しかめよう

教科書 **p.90**

1 次の計算をしなさい。

(1) $5x+4x$

(2) $4a-a$

(3) $2a-5a-6a$

(4) $-2y+4+3y-6$

(5) $0.3x-1-0.9x+2.3$

(6) $\dfrac{2}{3}x+\dfrac{3}{5}+\dfrac{1}{3}x-1$

解答 (1) $5x+4x=(5+4)x=\boldsymbol{9x}$

(2) $4a-a=(4-1)a=\boldsymbol{3a}$

(3) $2a-5a-6a=(2-5-6)a=\boldsymbol{-9a}$

(4) $-2y+4+3y-6=-2y+3y+4-6=\boldsymbol{y-2}$

(5) $0.3x-1-0.9x+2.3=0.3x-0.9x-1+2.3=\boldsymbol{-0.6x+1.3}$

(6) $\dfrac{2}{3}x+\dfrac{3}{5}+\dfrac{1}{3}x-1=\dfrac{2}{3}x+\dfrac{1}{3}x+\dfrac{3}{5}-1=\boldsymbol{x-\dfrac{2}{5}}$

教科書 **p.90**

2 次の計算をしなさい。

(1) $5x\times2$

(2) $-x\times(-6)$

(3) $(-12y)\times\dfrac{1}{3}$

(4) $3(5x+2)$

(5) $-(a+3)$

(6) $\left(-\dfrac{2}{3}a-\dfrac{1}{9}\right)\times(-18)$

解答 (1) $5x\times2=5\times2\times x=\boldsymbol{10x}$

(2) $-x\times(-6)=(-1)\times(-6)\times x=\boldsymbol{6x}$

(3) $(-12y)\times\dfrac{1}{3}=(-12)\times\dfrac{1}{3}\times y=\boldsymbol{-4y}$

(4) $3(5x+2)=3\times5x+3\times2=\boldsymbol{15x+6}$

(5) $-(a+3)=(-1)\times(a+3)=(-1)\times a+(-1)\times3=\boldsymbol{-a-3}$

(6) $\left(-\dfrac{2}{3}a-\dfrac{1}{9}\right)\times(-18)=\left(-\dfrac{2}{3}a\right)\times(-18)+\left(-\dfrac{1}{9}\right)\times(-18)=\boldsymbol{12a+2}$

教科書 **p.90**

3 次の計算をしなさい。

(1) $20x\div5$

(2) $(-28b)\div7$

(3) $12a\div\left(-\dfrac{3}{4}\right)$

(4) $(18x+24)\div6$

(5) $(15x+3)\div(-3)$

(6) $\dfrac{2x-3}{3}\times9$

解答 (1) $20x\div5=\dfrac{20x}{5}=\boldsymbol{4x}$

(2) $(-28b)\div7=\dfrac{-28b}{7}=\boldsymbol{-4b}$

(3) $12a\div\left(-\dfrac{3}{4}\right)=12a\times\left(-\dfrac{4}{3}\right)=12\times\left(-\dfrac{4}{3}\right)\times a=\boldsymbol{-16a}$

(4) $(18x+24)\div6=\dfrac{18x+24}{6}=\dfrac{18x}{6}+\dfrac{24}{6}=\bm{3x+4}$

(5) $(15x+3)\div(-3)=\dfrac{15x+3}{-3}=\dfrac{15x}{-3}+\dfrac{3}{-3}=\bm{-5x-1}$

(6) $\dfrac{2x-3}{3}\times9=\dfrac{(2x-3)\times9}{3}=(2x-3)\times3=2x\times3+(-3)\times3=\bm{6x-9}$

教科書 **p.90**

4 次の計算をしなさい。

(1) $(4x-3)+(3x+2)$　　　　(2) $(-5a+9)+(8a-6)$

(3) $(2x-4)-(6x+8)$　　　　(4) $(2x+5)-(3x-6)$

(5) $(2.3x-1.5)+(0.4x-0.7)$　　(6) $\left(\dfrac{1}{2}x-\dfrac{2}{3}\right)-\left(\dfrac{2}{3}x-\dfrac{3}{5}\right)$

解答 (1) $(4x-3)+(3x+2)=4x-3+3x+2=4x+3x-3+2=\bm{7x-1}$

(2) $(-5a+9)+(8a-6)=-5a+9+8a-6=-5a+8a+9-6=\bm{3a+3}$

(3) $(2x-4)-(6x+8)=2x-4-6x-8=2x-6x-4-8=\bm{-4x-12}$

(4) $(2x+5)-(3x-6)=2x+5-3x+6=2x-3x+5+6=\bm{-x+11}$

(5) $(2.3x-1.5)+(0.4x-0.7)=2.3x-1.5+0.4x-0.7$

　　$=2.3x+0.4x-1.5-0.7=\bm{2.7x-2.2}$

(6) $\left(\dfrac{1}{2}x-\dfrac{2}{3}\right)-\left(\dfrac{2}{3}x-\dfrac{3}{5}\right)=\dfrac{1}{2}x-\dfrac{2}{3}-\dfrac{2}{3}x+\dfrac{3}{5}=\dfrac{1}{2}x-\dfrac{2}{3}x-\dfrac{2}{3}+\dfrac{3}{5}$

　　$=\dfrac{3}{6}x-\dfrac{4}{6}x-\dfrac{10}{15}+\dfrac{9}{15}=\bm{-\dfrac{1}{6}x-\dfrac{1}{15}}$

教科書 **p.90**

5 次の計算をしなさい。

(1) $2(x-7)+5(x+2)$　　　　(2) $2(x-2)-3(2x-1)$

(3) $4(2-y)-6(1-3y)$　　　　(4) $-4\left(\dfrac{3}{4}a+\dfrac{1}{2}\right)+3\left(\dfrac{1}{3}-\dfrac{5}{3}a\right)$

(5) $\dfrac{1}{2}(2x-8)+\dfrac{1}{3}(6x+3)$　　(6) $-\dfrac{2}{3}(y-2)+\dfrac{1}{4}(-2y-3)$

解答 (1) $2(x-7)+5(x+2)=2x-14+5x+10=2x+5x-14+10=\bm{7x-4}$

(2) $2(x-2)-3(2x-1)=2x-4-6x+3=2x-6x-4+3=\bm{-4x-1}$

(3) $4(2-y)-6(1-3y)=8-4y-6+18y=8-6-4y+18y=\bm{2+14y}$

(4) $-4\left(\dfrac{3}{4}a+\dfrac{1}{2}\right)+3\left(\dfrac{1}{3}-\dfrac{5}{3}a\right)=-3a-2+1-5a=-3a-5a-2+1$

　　$=\bm{-8a-1}$

(5) $\dfrac{1}{2}(2x-8)+\dfrac{1}{3}(6x+3)=x-4+2x+1=x+2x-4+1=\bm{3x-3}$

(6) $-\dfrac{2}{3}(y-2)+\dfrac{1}{4}(-2y-3)=-\dfrac{2}{3}y+\dfrac{4}{3}-\dfrac{1}{2}y-\dfrac{3}{4}$

　　$=-\dfrac{2}{3}y-\dfrac{1}{2}y+\dfrac{4}{3}-\dfrac{3}{4}=-\dfrac{4}{6}y-\dfrac{3}{6}y+\dfrac{16}{12}-\dfrac{9}{12}=\bm{-\dfrac{7}{6}y+\dfrac{7}{12}}$

3節 文字と式の利用

① タイルの枚数を表す式について考えよう

教科書の要点

□文字を使った
式の利用

文字を使った式を利用して，いろいろなことがらを説明することができる。
数量を文字を使って表し，計算することにより，その値や関係が明らかになる。

 p.92

並べ方のプラン2 について，(教科書)68, 69ページと異なる考え方について調べましょう。

(1) ゆうとさんの考えで，式をつくりなさい。

(2) あおいさんは，どのように考えて式をつくったのか，図(教科書92ページ)を使って説明しなさい。

(3) ゆうとさん，あおいさんの考えの式をそれぞれ計算して，$3+5a$ と比べなさい。

解答 (1) $8+5×(a-1)=8+5(a-1)$

(2)

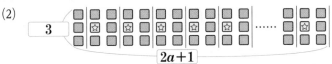

横に並ぶタイルの枚数は，図より

$1+2×a=2a+1$

(赤いタイルの枚数)＝(全部のタイルの枚数)－(星印のタイルの枚数)

だから，

$3×(2a+1)-a$ となる。

(3) ゆうとさん

$8+5(a-1)=8+5a-5=5a+3$

あおいさん

$3×(2a+1)-a=6a+3-a=5a+3$

よって，**どちらも $3+5a$ になり，等しい。**

 p.93

Q1 星印のタイルと赤いタイルを使って，右の図(教科書93ページ)のように並べました。星印のタイルを a 枚使うときに必要な赤いタイルの枚数を，a を使った式で表しなさい。

ガイド いろいろな方法での求め方を考えることができる。ここでは，(i)(ii)の2通りを示す。

解答 (i) 右の図のように考える。

$5+9×a=9a+5$

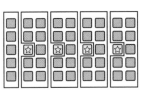

(ii) 右の図のように考える。

横に並ぶタイルの枚数は，図より

$2 \times a + 1 = 2a + 1$

（赤いタイルの枚数）

＝（全部のタイルの枚数）－（星印のタイルの枚数）

だから，

$5 \times (2a + 1) - a = 10a + 5 - a = 9a + 5$

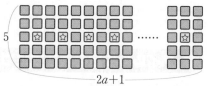

$2a+1$

答 $9a+5$

教科書
p.93

Q2 右の図（教科書93ページ）のように，マグネットを正方形の形に並べます。1辺に並ぶマグネットの個数が n 個のとき，(1)～(3)に答えなさい。

(1) 右の図（教科書93ページ）のように考えたとき，全体の個数を n を使った式で表しなさい。

(2) 全体の個数を $2n + 2(n-2)$ という式で表したとき，どのように考えたのかを，右の図（教科書93ページ）を使って説明しなさい。

(3) (1), (2)以外の考え方で全体の個数を n を使った式で表しなさい。また，どのように考えたのかを，右の図（教科書93ページ）を使って説明しなさい。

解答 (1) 右の図のように考えると，

$(n-1)$ 個が 4 つあるので，

全体の個数は，

$(n-1) \times 4 = 4(n-1)$

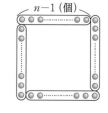
$n-1$（個）

(2) **右の図のように考えると，**

n 個と $(n-2)$ 個が 2 つずつあるので，

全体の個数は，

$n \times 2 + (n-2) \times 2 = 2n + 2(n-2)$

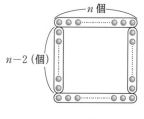
n 個

$n-2$（個）

(3) （例） **右の図のように考えると，**

$(n-2)$ 個が 4 つと，

頂点に 4 個あるので，

全体の個数は，

$(n-2) \times 4 + 4 = 4(n-2) + 4$

$n-2$（個）

4節 関係を表す式

1 等式と不等式

CHECK!
確認したら
✓を書こう

教科書の**要点**

□**等式** 　　等号＝を使って，数量の大きさが等しいという関係を表した式を等式という。
　　　　　　等式で，等号の左側の式を左辺，右側の式を右辺といい，
　　　　　　左辺と右辺とを合わせて両辺という。
　　　　　　例 等式 $3x+2=5$ → 左辺…$3x+2$　右辺…5　両辺…$3x+2$と5

□**大小関係を表** 　a が b 以上であることを $a \geqq b$ と書く。
　す式 　　　　　a が b 以下であることを $a \leqq b$ と書く。
□**不等式** 　　不等号 $>$，$<$，$\geqq$，$\leqq$ を使って，数量の大小関係を表した式を不等式という。
　　　　　　不等式で，不等号の左側の式を左辺，右側の式を右辺といい，左辺と右辺とを合
　　　　　　わせて両辺という。

教科書
p.94

？ Aさんと Bさんが買い物に行き，次のように，あめとチョコレートを買いました。
　Aさん……あめ 8個とチョコレート 3個
　Bさん……あめ 7個とチョコレート 5個
(1) あめ 1個の値段を x 円，チョコレート 1個の値段を y 円として，Aさん，Bさん
　　の代金をそれぞれ式で表しましょう。

解答 (1)　Aさん…$8x+3y$（円）　　　Bさん…$7x+5y$（円）

教科書
p.94

Q1 次の数量の関係を等式で表し，左辺と右辺をいいなさい。
(1) 1本60円の鉛筆 x 本と 1冊160円のノート y 冊を買うと，代金が440円になる。
(2) ある数 x に 2を加えてそれを 3倍してできる数と，ある数 y の 5倍から 4をひい
　　てできる数は等しい。

解答 (1)　$60x+160y=440$
　　　　　　左辺…$60x+160y$　　　右辺…440
(2)　$3(x+2)=5y-4$
　　　　　　左辺…$3(x+2)$　　　右辺…$5y-4$

教科書
p.95

活動2 ？ 考えよう で，Bさんの代金について次のような関係があります。大小の関係を，x，
y を使った式で表しましょう。
(1) Bさんの代金は300円以下でした。このことを式で表すとどのようになりますか。
(2) Bさんの代金は Aさんの代金より多くなりました。
　　このことを式で表すとどのようになりますか。

ガイド a は b 以上 → $a \geqq b$　　a は b より大きい → $a > b$
　　　　a は b 以下 → $a \leqq b$　　a は b 未満 → $a < b$

解答 (1)　$7x+5y \leqq 300$
(2)　$7x+5y > 8x+3y$

教科書 p.95

Q2 次の数量の関係を不等式で表し，左辺と右辺をいいなさい。
(1) 乾電池の2本組をx個，4本組をy個買ったら20本以上になった。
(2) 1個a円のボールを5個と，1個b円のボールを8個買うとき，1000円を出したらおつりがあった。

(ガイド)(2) 「おつりがあった」ということは，「合計の代金が1000円より少なかった」ということである。

解答 (1) $2x+4y \geqq 20$
   左辺…$2x+4y$ 右辺…20
(2) $5a+8b < 1000$
   左辺…$5a+8b$ 右辺…1000

教科書 p.95

Q3 縦がa cm，横がb cmの長方形があります。次の式は，どのような関係を表していると考えられますか。
(1) $2(a+b)=25$ (2) $ab \geqq 30$

(ガイド)(2) $ab = a \times b$ は長方形の面積を表している。

解答 (1) 長方形の周の長さが25cmであるという関係を表している。
(2) 長方形の面積が30 cm² 以上であるという関係を表している。

2章をふり返ろう

教科書 p.96

1 次の式の項をいいなさい。文字をふくむ項については，その係数をいいなさい。
(1) $6x+5$ (2) $7-y$

解答 (1) 項…$6x$, 5 $6x$の係数…6
(2) 項…7, $-y$ $-y$の係数…-1

教科書 p.96

2 次の式を，式を書くときの約束にしたがって表しなさい。
(1) $x \times (-3)$ (2) $(x-2) \times (-5)$
(3) $a - b \div 3$ (4) $x \div (-4) + y \times 6$

解答 (1) $x \times (-3) = -3x$ (2) $(x-2) \times (-5) = -5(x-2)$
(3) $a - b \div 3 = a - \dfrac{b}{3}$ (4) $x \div (-4) + y \times 6 = -\dfrac{x}{4} + 6y$

教科書 p.96

3 次の式を，記号×，÷を使って表しなさい。
(1) $a - 3b$ (2) $\dfrac{x-4y}{6}$

解答 (1) $a - 3b = a - 3 \times b$ (2) $\dfrac{x-4y}{6} = (x - 4 \times y) \div 6$

教科書
p.96

④ $x=-4$ のときの，次の式の値を求めなさい。

(1) $-x+5$　　　　(2) x^2　　　　(3) $-\dfrac{2}{x}$

解答 (1) $-x+5=-(-4)+5=4+5=\textbf{9}$

(2) $x^2=(-4)^2=\textbf{16}$　　　　(3) $-\dfrac{2}{x}=-\dfrac{2}{-4}=\dfrac{\textbf{1}}{\textbf{2}}$

2章

教科書
p.96

⑤ 次の計算をしなさい。

(1) $-5x+4x$　　　　(2) $3y-7+5y-2$

(3) $(-4a)\times2$　　　　(4) $28x\div(-4)$

(5) $-2(7x-3)$　　　　(6) $(8x-12)\div4$

(7) $(x-6)-(4x+3)$　　　　(8) $2(x-4)+5(x+1)$

解答 (1) $-5x+4x=(-5+4)x=\textbf{\textit{-x}}$

(2) $3y-7+5y-2=3y+5y-7-2=(3+5)y-9=\textbf{8}\textbf{\textit{y}}\textbf{-9}$

(3) $(-4a)\times2=-4\times a\times2=-4\times2\times a=\textbf{-8}\textbf{\textit{a}}$

(4) $28x\div(-4)=\dfrac{28x}{-4}=\textbf{-7}\textbf{\textit{x}}$

(5) $-2(7x-3)=(-2)\times7x+(-2)\times(-3)=\textbf{-14}\textbf{\textit{x}}\textbf{+6}$

(6) $(8x-12)\div4=\dfrac{8x-12}{4}=\dfrac{8x}{4}+\dfrac{-12}{4}=\textbf{2}\textbf{\textit{x}}\textbf{-3}$

(7) $(x-6)-(4x+3)=x-6-4x-3=x-4x-6-3=\textbf{-3}\textbf{\textit{x}}\textbf{-9}$

(8) $2(x-4)+5(x+1)=2x-8+5x+5=2x+5x-8+5=\textbf{7}\textbf{\textit{x}}\textbf{-3}$

教科書
p.96

⑥ 次の数量の関係を等式または不等式で表しなさい。

(1) a 円のジュース 6 本と b 円のパン 10 個を買うと，代金は 1440 円になる。

(2) ある数 a の 3 倍から 7 をひいた数は，ある数 b の 5 倍に 3 を加えた数より小さい。

解答 (1) $\textbf{6}\textbf{\textit{a}}\textbf{+10}\textbf{\textit{b}}\textbf{=1440}$　　　　(2) $\textbf{3}\textbf{\textit{a}}\textbf{-7}\textbf{<}\textbf{5}\textbf{\textit{b}}\textbf{+3}$

教科書
p.96

⑦ 今年，兄の太郎さんは x 歳，弟の次郎さんは y 歳です。次の式はどのような数量，または数量の関係を表していると考えられますか。

(1) $x-3$　　　　(2) $x-y$　　　　(3) $y=x-5$

解答 (1) **太郎さんの 3 年前の年齢**

(2) **太郎さんと次郎さんの年齢の差**

(3) **次郎さんの年齢が太郎さんの年齢より 5 歳下であること　など。**

教科書
p.96

⑧ 文字をふくむ式の計算と数の計算を比べて，共通点やちがいをあげてみましょう。

解答 **共通点**・加減乗除の計算をすることができる。

・加法・乗法の交換法則や分配法則などの計算法則が使える。

ちがい ・数の計算では答えが数だけで表されるが, 文字をふくむ式の計算では,
和や差の形で計算が終わることがある。

・文字をふくむ式の計算では $2 \times a$ は $\times$ を省いて $2a$ と書くことができるが, 数の計算では 2×5 は $\times$ を省くことができない。　　　など。

力をのばそう

教科書
p.97

❶ $x = 5,\ y = -2,\ z = \dfrac{2}{3}$ のときの, 次の式の値を求めなさい。

(1) $\dfrac{x}{2} - \dfrac{y}{3} - \dfrac{z}{4}$　　　　　　(2) $\dfrac{xy}{z}$

解答 (1) $\dfrac{x}{2} - \dfrac{y}{3} - \dfrac{z}{4} = \dfrac{1}{2}x - \dfrac{1}{3}y - \dfrac{1}{4}z = \dfrac{1}{2} \times 5 - \dfrac{1}{3} \times (-2) - \dfrac{1}{4} \times \dfrac{2}{3}$

$= \dfrac{5}{2} + \dfrac{2}{3} - \dfrac{1}{6} = \dfrac{15}{6} + \dfrac{4}{6} - \dfrac{1}{6} = \dfrac{18}{6} = \boldsymbol{3}$

(2) $\dfrac{xy}{z} = x \times y \div z = 5 \times (-2) \div \dfrac{2}{3} = 5 \times (-2) \times \dfrac{3}{2} = \boldsymbol{-15}$

教科書
p.97

❷ 次の計算をしなさい。

(1) $\dfrac{-3x-1}{2} + \dfrac{2x+4}{3}$　　　　　　(2) $\dfrac{-x+1}{4} - \dfrac{x-1}{6}$

解答 (1) $\dfrac{-3x-1}{2} + \dfrac{2x+4}{3} = -\dfrac{3}{2}x - \dfrac{1}{2} + \dfrac{2}{3}x + \dfrac{4}{3} = -\dfrac{3}{2}x + \dfrac{2}{3}x - \dfrac{1}{2} + \dfrac{4}{3}$

$= -\dfrac{9}{6}x + \dfrac{4}{6}x - \dfrac{3}{6} + \dfrac{8}{6} = \boldsymbol{-\dfrac{5}{6}x + \dfrac{5}{6}}$

(2) $\dfrac{-x+1}{4} - \dfrac{x-1}{6} = -\dfrac{1}{4}x + \dfrac{1}{4} - \dfrac{1}{6}x + \dfrac{1}{6} = -\dfrac{1}{4}x - \dfrac{1}{6}x + \dfrac{1}{4} + \dfrac{1}{6}$

$= -\dfrac{3}{12}x - \dfrac{2}{12}x + \dfrac{3}{12} + \dfrac{2}{12} = \boldsymbol{-\dfrac{5}{12}x + \dfrac{5}{12}}$

教科書
p.97

❸ 次の数量を式で表しなさい。
(1) 長さ x m のテープから長さ y cm のテープを 10 本切り取ったときの残りの長さ
(2) 片道 x km の道のりを時速 50 km で往復するのにかかる時間
(3) 定価 x 円の品物を 25 % 引きで買うときの代金

ガイド (1) 単位をそろえることに注意する。$x\,\mathrm{m} = 100x\,\mathrm{cm}$ または, $y\,\mathrm{cm} = \dfrac{y}{100}\,\mathrm{m}$

(2) 片道 x km だから, 往復の道のりは $2x$ km である。

(3) 25 % 引きだから, 代金は, $(1 - 0.25) \times x$ で求められる。

解答 (1) $100x - y \times 10 = \boldsymbol{100x - 10y}$　または, $x - \dfrac{y}{100} \times 10 = \boldsymbol{x - \dfrac{y}{10}}$

(2) $2x \div 50 = \boldsymbol{\dfrac{x}{25}}$

(3)　$x \times \left(1 - \dfrac{25}{100}\right) = x \times \dfrac{3}{4} = \dfrac{3}{4}x$　または，$x \times (1-0.25) = \mathbf{0.75}x$

答(1)　$\mathbf{100}x - \mathbf{10}y\,(\mathbf{cm})$　または，$x - \dfrac{y}{10}\,(\mathbf{m})$

(2)　$\dfrac{x}{25}$ **時間**　(3)　$\dfrac{3}{4}x$ **円**　または，$\mathbf{0.75}x$ **円**

2章

教科書 p.97

❹ 次のア〜オのうち，a にどんな数を代入しても，式の値がいつも 0 以下になるものをすべて選びなさい。

ア $-a$　　**イ** $-(-a)$　　**ウ** $-a^2$　　**エ** $(-a)^2$　　**オ** $-(-a)^2$

ガイド **ア** $a = -3$ とすると，$-a = -(-3) = 3$

イ $a = 3$ とすると，$-(-a) = a = 3$

ウ a^2 はいつも 0 以上になるので，$-a^2$ はいつも 0 以下になる。

エ $(-a)^2 = a^2$ なので，いつも 0 以上になる。

オ $-(-a)^2 = -a^2$ なので，**ウ**と同じで，いつも 0 以下になる。

解答 **ウ，オ**

教科書 p.97

❺ 右の図(教科書97ページ)の長方形ABCDで，点E，Fは，それぞれ辺AD，DC上にあります。

AB $= 10\,$cm，BC $= 18\,$cm，DF $= 4\,$cm，AE $= a\,$cm

のとき，三角形EBFの面積を a を使って表しなさい。

ガイド (三角形EBFの面積) = (長方形ABCDの面積) − (三角形ABEの面積)

− (三角形DEFの面積) − (三角形BCFの面積)

解答　$10 \times 18 - \dfrac{1}{2} \times 10 \times a - \dfrac{1}{2} \times (18-a) \times 4 - \dfrac{1}{2} \times 18 \times (10-4)$

$= 180 - 5a - 2(18-a) - 54$

$= 180 - 5a - 36 + 2a - 54$

$= -5a + 2a + 180 - 36 - 54$

$= -3a + 90$

答 $-3a + 90\,(\mathbf{cm}^2)$

教科書 p.97

❻ 右の図(教科書97ページ)のように，マグネットを正三角形の形に並べます。1辺に並ぶ個数を a 個とするとき，全体の個数を $3(a-1)$ 個と表しました。どのように考えたのかを説明しなさい。

解答 **右の図のように考えると，**

($a-1$)個が 3 つあるので，

全体の個数は，

($a-1$)×3 = 3($a-1$) より，3($a-1$)個。

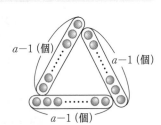

$a-1$（個）

$a-1$（個）

$a-1$（個）

つながる・ひろがる・数学の世界

教科書
p.98

数当てゲームの秘密

さとこさんとはるとさんは，数当てゲームをしています。

さとこ「数を１つ思い浮かべて，右の手順のとおりに計算してね。

計算結果を当ててみるよ。」

> 【手順】
> ❶思い浮かべた数に３をたす。
> ❷その数を３倍する。
> ❸さらに，その数から３をひく。
> ❹そして，その数を３でわる。
> ❺最後に，その数から最初に思い浮かべた数をひく。

さとこ「計算結果は，２ですね。」

はると「当たり。でも，どうしてわかるの？」

さとこさんが数当てゲームに隠した秘密を解き明かそう。

(1)　はるとさんが思い浮かべた５とは異なる数で，上の手順で計算すると，結果はどのようになりますか。いろいろな数で試して，気づいたことをいいましょう。

(2)　(1)で気づいたことを，思い浮かべた数を x として説明しましょう。

> 思い浮かべた数を x とすると，
> ❶で，$x+3$
> ❷で，$3(x+3)$
> ❸で，……

> 思い浮かべた数…☐
> ❶ ☐ $+3=$ ☐
> ❷ ☐ $\times 3=$ ☐
> ❸ ☐ $-3=$ ☐
> ❹ ☐ $\div 3=$ ☐
> ❺ ☐ $-$ ☐ $=$ ○

解答 (1)　(例) ３と考えて計算すると，右の表のようになり，結果は２になる。

(例) ８と考えて計算すると，右の表のようになり，結果は２になる。

	(1)	(1)	(2)
思い浮かべた数	3	8	x
❶	$3+3=6$	$8+3=11$	$x+3=x+3$
❷	$6\times 3=18$	$11\times 3=33$	$(x+3)\times 3=3x+9$
❸	$18-3=15$	$33-3=30$	$3x+9-3=3x+6$
❹	$15\div 3=5$	$30\div 3=10$	$(3x+6)\div 3=x+2$
❺	$5-3=2$	$10-8=2$	$(x+2)-x=2$

はじめにどんな数を思い浮かべても，結果は２になっている。

(2)　**思い浮かべた数を x とすると，**

❶ $x+3$

❷ $(x+3)\times 3=3x+9$

❸ $3x+9-3=3x+6$

❹ $(3x+6)\div 3=x+2$

⑤ $(x+2)-x = x+2-x = 2$

x がいくつであっても，結果はいつでも 2 となる。

自分で課題をつくって取り組もう

教科書
p.98

（例）・結果がいつも 4 になるゲームをつくろう。

ガイド たとえば数当てゲームの思い浮かべた数を x，

⑤を 4 として，⑤ → ④ → ③ →…と逆に考えてみると，

❶ → 思い浮かべた数は「5 をひく」ことになる。

したがって，思い浮かべた数 → ❶は「5 をたす」にして，

❶〜⑤は数当てゲームと同じにすればよい。

思い浮かべた数	x
❶	
❷	
❸	
❹	
⑤	4

3 倍する（❶〜❷間左）　3 でわる（右）
3 をひく（左）　3 をたす（右）
3 でわる（左）　3 倍する（右）
思い浮かべた数をひく（左）　思い浮かべた数をたす（右）

思い浮かべた数	x
❶	$x+5$
❷	$3x+15$
❸	$3x+12$
❹	$x+4$
⑤	4

5 をたす（左）　5 をひく（右）

解答 （例）【手順】❶ 思い浮かべた数に 5 をたす。

❷ その数を 3 倍にする。

❸ さらに，その数から 3 をひく。

❹ そして，その数を 3 でわる。

⑤ 最後に，その数から最初に思い浮かべた数をひく。

3章 1次方程式

1節 方程式

① 方程式とその解

CHECK!

確認したら
✓を書こう

教科書の要点

□方程式とその解	等式 $3x+2=5$ のように，x の値によって成り立ったり成り立たなかったりする等式を，x についての方程式という。
	例 $3x+2=5$
	・$x=1$ を代入すると，左辺$=3×1+2=5$，右辺$=5$
	したがって，左辺$=$右辺
	・$x=2$ を代入すると，左辺$=3×2+2=8$，右辺$=5$
	したがって，左辺と右辺は等しくない。
	$3x+2=5$ は，$x=1$ のとき等式が成り立つが，他の値のときは等式は成り立たないから，$3x+2=5$ は x についての方程式である。
□方程式の解	方程式を成り立たせる文字の値を，その方程式の解という。
	例 $3x+2=5$ は，$x=1$ のとき，左辺$=3×1+2=5$，右辺$=5$ となって，左辺$=$右辺だから，$x=1$ は方程式 $3x+2=5$ の解である。
	方程式の解を求めることを，その方程式を解くという。
	例 方程式 $3x+2=5$ を解くと，解は1である。

教科書 p.100

つばささんとあおいさんは，地域のドッジボール大会の進行役になりました。
当日の流れや試合については，右(教科書100，101ページ)のように決まっています。
大会の進行のしかたについて考えてみましょう。
(1) 1回の休憩時間は，何分にすればよいですか。

解答 右ページ(99ページ)の Q1 を参照。

教科書 p.102

? (教科書)100，101ページで，1回の休憩時間を x 分として考えると，時間の関係を
　$80+9x=125$
という等式で表すことができます。
この等式から，1回の休憩時間を考えてみましょう。

解答 各試合の時間は8分で，それが10試合ある。休憩回数は9回だから，
　1回の休憩時間が2分として考えると，
　　$8×10+2×9=98$(分)
試合開始から試合終了までが125分になるようにするには，休憩時間をもっと長くできる。
休憩時間を x 分として考えると，$80+9x=125$ が成り立つ x が，試合開始から試合終了まで125分となる場合である。

教科書 p.102

活動**1** ?考えよう の等式 $80+9x=125$ を成り立たせる文字の値を求める方法を考えましょう。

(1) （教科書102ページの表を使い，）文字 x に 1 から順に自然数を代入して，左辺と右辺の式の値を比べなさい。
また，左辺と右辺が等しくなる場合の x の値をいいなさい。

解答 (1)

x の値	左辺	大小関係	右辺
1	$80+9\times1=89$	$<$	125
2	$80+9\times2=98$	$<$	125
3	$80+9\times3=107$	$<$	125
4	$80+9\times4=116$	$<$	125
5	$80+9\times5=125$	$=$	125
6	$80+9\times6=134$	$>$	125

左辺と右辺が等しくなる場合の x の値… $\boldsymbol{x=5}$

教科書 p.102

Q**1** （教科書）100，101ページで，1回の休憩時間は，何分にすればよいといえますか。

ガイド 活動**1** より，$x=5$ のとき，等式 $80+9x=125$ は成り立つ。

解答 **5分**

教科書 p.103

たしかめ**1** 等式 $6x+1=19$ は方程式です。その理由をいいなさい。

解答 $x=1$ のとき，左辺 $=6\times1+1=7$
$x=2$ のとき，左辺 $=6\times2+1=13$
$x=3$ のとき，左辺 $=6\times3+1=19$
よって，**$x=3$ のときだけ，等式が成り立つので，方程式である。**

教科書 p.103

たしかめ**2** -2，-1，0，1，2 のうち，方程式 $5x-3=7$ の解はどれですか。

解答 $x=-2$ のとき，左辺 $=5\times(-2)-3=-13$
$x=-1$ のとき，左辺 $=5\times(-1)-3=-8$
$x=0$ のとき，左辺 $=5\times0-3=-3$
$x=1$ のとき，左辺 $=5\times1-3=2$
$x=2$ のとき，左辺 $=5\times2-3=7$
よって，方程式の解は，**$x=2$**

教科書 p.103

Q**2** 次の式のなかで，方程式はどれですか。また，方程式のうち，その解が -2 であるものはどれですか。

ア $-3+1=-2$ 　　**イ** $3x+5=-1$ 　　**ウ** $2x+3$
エ $y+10=8$ 　　**オ** $-8=a+6$ 　　**カ** $3b-4=b$

ガイド 方程式は文字をふくんだ等式でなければならない。この見方で方程式を探す。**ア**には文字がなく，**ウ**には＝がないから，方程式ではない。**イ**は x，**エ**は y，**オ**は a，**カ**は b についての方程式である。次に，-2 が解であるかどうかは，文字に -2 を代入して，左辺＝右辺が成り立つかどうかを確かめる。

解答 　**イ**　左辺 $=3\times(-2)+5=-6+5=-1$，右辺 $=-1$ より，左辺＝右辺

　　　　　エ　左辺 $=-2+10=8$，右辺 $=8$ より，左辺＝右辺

　　　　　オ　左辺 $=-8$，右辺 $=-2+6=4$ より，左辺と右辺は等しくない。

　　　　　カ　左辺 $=3\times(-2)-4=-10$，右辺 $=-2$ より，左辺と右辺は等しくない。

答 方程式…**イ，エ，オ，カ**　　　解が -2 である方程式…**イ，エ**

教科書 p.103

Q3 120円の消しゴムを何個かと140円のノートを1冊買うと，代金は620円でした。
(1) 120円の消しゴムの個数を x 個として，方程式をつくりなさい。
(2) (1)でつくった方程式の x にいろいろな数を代入して，この方程式の解を求めなさい。

解答 (1) 代金を考えると，$120\times x+140\times1=620$ より，**$120x+140=620$**

　　　(2) $x=1$ のとき，左辺 $=120\times1+140=260$

　　　　　$x=2$ のとき，左辺 $=120\times2+140=380$

　　　　　$x=3$ のとき，左辺 $=120\times3+140=500$

　　　　　$x=4$ のとき，左辺 $=120\times4+140=620$

　　　　　よって，$x=4$ のとき，左辺と右辺の式の値が等しくなるので，**解は4**

> 左辺の x にいろいろな値を代入して計算した結果が，右辺の620になればいいね。

❷ 等式の性質

CHECK!
確認したら
✓を書こう

教科書の要点

□等式の性質

1　等式の両辺に同じ数や式を加えても，等式は成り立つ。
　　　$A=B$ ならば $A+C=B+C$

2　等式の両辺から同じ数や式をひいても，等式は成り立つ。
　　　$A=B$ ならば $A-C=B-C$

3　等式の両辺に同じ数をかけても，等式は成り立つ。
　　　$A=B$ ならば $AC=BC$

4　等式の両辺を 0 でない同じ数でわっても，等式は成り立つ。

　　　$A=B$ ならば $\dfrac{A}{C}=\dfrac{B}{C}$　ただし，$C\neq0$

　　※ $C\neq0$ は C が 0 でないことを表す。

参考 等式の両辺を入れかえても，等式は成り立つ。$A=B$ ならば，$B=A$

□等式の変形と
　解

方程式を，等式の性質を使って変形しても，その解は変わらない。

例 方程式 $2x-3=5$ を，等式の性質1を使って，両辺に 3 を加えると，$2x=8$ になる。したがって，$2x-3=5$ と $2x=8$ の解は同じである。

方程式 $2x=8$ を，等式の性質4を使って，両辺を 2 でわると，$x=4$ になる。したがって，$2x=8$ と $x=4$ の解は同じである。

すなわち，$2x-3=5$ の解は 4 である。

教科書 p.104 ⟨?⟩ 天秤(教科書104ページ)の左の皿に同じ重さのマグネット 2 個と 5 g のおもり 1 個，右の皿に 5 g のおもり 5 個をのせたら，つり合いました。マグネット 1 個の重さを求めることはできるでしょうか。

解答 求められる。

左右の皿からそれぞれ 5 g のおもりを 1 個ずつ取り除くと，マグネット 2 個と 5 g のおもり 4 個がつり合う。左の皿のマグネットを 2 個の半分の 1 個にし，右の皿の 5 g のおもりを 4 個の半分の 2 個にするとつり合う。このことから，マグネット 1 個の重さは10gであることがわかる。

教科書 p.104 活動1 次の図(教科書104ページ)の**ア**の天秤は，つり合っています。
ある操作をして**イ**や**ウ**のようにしても，天秤はつり合いました。
どのような操作をしたかを調べましょう。
(1) ❶，❷では，それぞれどのような操作をしましたか。
(2) ❸，❹では，それぞれどのような操作をしましたか。

解答 (1) ❶ 左右それぞれの皿の上に小さい同じ重さのおもりを 1 つずつのせた。
❷ イのようにつり合っている状態から，左右それぞれの皿から同じ重さの小さいおもりを 1 つずつ取り除いた。
(2) ❸ 左右それぞれの皿の上に，今のっているものと同じものをのせ，その重さをそれぞれ 2 倍にした。
❹ 左右それぞれの皿の上から，今のっているものの半分を取り除いた。

教科書 p.105 活動2 ⟨?⟩ 考えよう で，等式の性質を使って，マグネット 1 個の重さを求める方法を考えましょう。
天秤のつり合いを保ったまま，次の❶，❷(教科書105ページ)のような操作をしました。
(1) つり合った天秤を等式とみると，❶，❷の操作はそれぞれ等式の性質 1 〜 4 のどれを使っていると考えられますか。
(2) マグネット 1 個の重さを x g として，❶，❷の操作や**イ**，**ウ**の天秤がつり合っているようすを，式(教科書105ページ)で表しなさい。
(3) マグネット 1 個の重さは何 g ですか。

ガイド (1) ❶は，左右それぞれの皿から 5 g のおもり 1 個を取り除いている。
❷は，今，天秤の左右の皿にのっているものをそれぞれ半分にしている。このことは，それぞれを 2 でわることと同じである。
(3) おもり 1 個は 5 g であるから，マグネット 1 個の重さは，10gである。

解答 (1) ❶ 等式の性質 2
❷ 等式の性質 4
(2) (上から順に)5，5，20，2，2，10
(3) **10 g**

教科書 p.105 **Q1** 次の式②，③は，それぞれ等式の性質を使って，式①を変形したものです。

等式の性質

$$8x-4=36 \quad \cdots\cdots①$$
$$8x=40 \quad \cdots\cdots②$$
$$x=5 \quad \cdots\cdots③$$

式①の両辺に [　] を加える 　　[　]
式②の両辺を [　] でわる 　　[　]

①，②，③の方程式の解は，どれも5であることを確かめなさい。

ガイド ②の左辺は，①の左辺にあった−4の項がなくなっている。このことから，どの性質を使ったかがわかる。

③の左辺は，xの係数が1になっている。このことから，どの性質を使ったかがわかる。

解答 （空欄は順に） 4 [1]
　　　　　　　　　8 [4]

①から②の操作は，等式の性質1を使い，

②から③への操作は，等式の性質4を使っている。

等式の性質を使って式を変形をしても解は変わらない。

③の解が5であるから，①，②の解も5になる。

教科書 p.105 **学びにプラス　解が同じ方程式**

解が−3の方程式をいろいろつくってみましょう。

ガイド 方程式を解くための変形に等式の性質が使えて，しかもその解は変わらないので，その変形の手順を逆にたどることによって，解が同じ方程式はいくつでもつくることができる。

例えば， $x=-3 \quad \cdots\cdots①$

①の両辺に3をかけた式 　$3x=-9 \quad \cdots\cdots②$

②の両辺に2を加えた式 $3x+2=-7 \quad \cdots\cdots③$

このことから，②，③の方程式は，どちらも解が−3の方程式である。

解答 （例） $3x=-9, \ 3x+2=-7, \ 2x=-6, \ 4x=-12$

2節 1次方程式の解き方

1 等式の性質を使った方程式の解き方

CHECK!
確認したら
✓を書こう

教科書の要点

□方程式の解き方　　方程式を「等式の性質」を使って解くことができる。

例 方程式 $x+8=4$ の解き方

左辺をxだけにするために，両辺から8をひく（等式の性質2）と，

$x+8-8=4-8$ 　$x=-4$ 　したがって，解は−4である。

解が−4であることを，$x=-4$と書く。

教科書 p.106

？ 天秤の左の皿に同じ重さのマグネット 3 個と 4 g のおもりをのせ，右の皿に 22g のおもりをのせたら，つり合いました。マグネット 1 個の重さを求めてみましょう。

解答 マグネット 3 個と 4 g のおもりが 22g のおもりとつり合うのだから，

マグネット 3 個の重さは，$22-4=18(g)$

マグネット 3 個で 18g ということは，

マグネット 1 個の重さは，$18÷3=6$ より，**6 g**

教科書 p.106

たしかめ ❶ 次の方程式を解きなさい。また，求めた値が解であることを確かめなさい。

(1) $x-7=2$　　(2) $x+8=3$　　(3) $2+x=-1$　　(4) $-5+x=9$

ガイド 左辺を x だけにするためには，どの等式の性質を使えばよいかを考える。

解答
(1) $x-7=2$
$x-7+7=2+7$
$x=9$

方程式 $x-7=2$ の
x に 9 を代入すると，
左辺 $=9-7=2$，右辺 $=2$ より，
9 は解である。

(2) $x-8=3$
$x+8-8=3-8$
$x=-5$

方程式 $x+8=3$ の
x に -5 を代入すると，
左辺 $=-5+8=3$，右辺 $=3$ より，
-5 は解である。

(3) $2+x=-1$
$2+x-2=-1-2$
$x=-3$

方程式 $2+x=-1$ の
x に -3 を代入すると，
左辺 $=2+(-3)=-1$，
右辺 $=-1$ より，
-3 は解である。

(4) $-5+x=9$
$-5+x+5=9+5$
$x=14$

方程式 $-5+x=9$ の
x に 14 を代入すると，
左辺 $=-5+14=9$，
右辺 $=9$ より，
14 は解である。

教科書 p.107

Q1 ❸ の(1)，(2)で求めた値が解であることを確かめなさい。

解答
(1) 方程式 $\frac{1}{2}x=-3$ の x に -6 を代入すると，

左辺 $=\frac{1}{2}×(-6)=-3$，右辺 $=-3$

左辺＝右辺となるので，−6 は解である。

(2) 方程式 $-4x=12$ の x に -3 を代入すると，

左辺 $=-4×(-3)=12$，右辺 $=12$

左辺＝右辺となるので，−3 は解である。

教科書
p.107

Q2 次の方程式を解きなさい。

(1) $\dfrac{1}{3}x = 4$　　　　　　　　　(2) $-\dfrac{x}{6} = 5$

(3) $\dfrac{4}{5}x = 8$　　　　　　　　　(4) $4x = 20$

(5) $-6x = 48$　　　　　　　　　(6) $-x = 4$

(7) $-3x = -24$　　　　　　　　(8) $15x = 5$

解答 (1) $\dfrac{1}{3}x = 4$

両辺に 3 をかけると，

$\dfrac{1}{3}x \times 3 = 4 \times 3$

$\boldsymbol{x = 12}$

(2) $-\dfrac{x}{6} = 5$

両辺に -6 をかけると，

$-\dfrac{x}{6} \times (-6) = 5 \times (-6)$

$\boldsymbol{x = -30}$

(3) $\dfrac{4}{5}x = 8$

両辺に $\dfrac{5}{4}$ をかけると，

$\dfrac{4}{5}x \times \dfrac{5}{4} = 8 \times \dfrac{5}{4}$

$\boldsymbol{x = 10}$

(4) $4x = 20$

両辺を 4 でわると，

$\dfrac{4x}{4} = \dfrac{20}{4}$

$\boldsymbol{x = 5}$

(5) $-6x = 48$

両辺を -6 でわると，

$\dfrac{-6x}{-6} = \dfrac{48}{-6}$

$\boldsymbol{x = -8}$

(6) $-x = 4$

両辺を -1 でわると，

$\dfrac{-x}{-1} = \dfrac{4}{-1}$

$\boldsymbol{x = -4}$

(7) $-3x = -24$

両辺を -3 でわると，

$\dfrac{-3x}{-3} = \dfrac{-24}{-3}$

$\boldsymbol{x = 8}$

(8) $15x = 5$

両辺を 15 でわると，

$\dfrac{15x}{15} = \dfrac{5}{15}$

$\boldsymbol{x = \dfrac{1}{3}}$

教科書
p.107

プラス・ワン $\dfrac{5}{9}x = -\dfrac{2}{3}$

解答 両辺に $\dfrac{9}{5}$ をかけると，$\dfrac{5}{9}x \times \dfrac{9}{5} = -\dfrac{2}{3} \times \dfrac{9}{5}$　　$\boldsymbol{x = -\dfrac{6}{5}}$

教科書
p.107

活動4 方程式 $3x + 4 = 22$ の解き方を考えましょう。

(1) マイさんは，右(教科書107ページ)のように考えて，$x = \square$ の形にしました。①，②の変形では，等式の性質 1～4 のうちどれを使っていますか。

(2) 求めた値が解であることを確かめなさい。

解答 (1) ①…**等式の性質2**

②…**等式の性質4**

(2) 方程式 $3x+4=22$ の x に 6 を代入すると，

左辺 $=3×6+4=18+4=22$，右辺 $=22$

左辺＝右辺となるので，6は解である。

教科書 **p.107**

Q3 次の方程式を解きなさい。

(1) $3x+5=-13$　　　　　　(2) $2x-3=11$

解答 (1) $3x+5=-13$

両辺から 5 をひくと，

$3x+5-5=-13-5$

$3x=-18$

両辺を 3 でわると，

$\dfrac{3x}{3}=\dfrac{-18}{3}$

$x=-6$

(2) $2x-3=11$

両辺に 3 を加えると，

$2x-3+3=11+3$

$2x=14$

両辺を 2 でわると，

$\dfrac{2x}{2}=\dfrac{14}{2}$

$x=7$

② 1次方程式の解き方

CHECK!
確認したら
✓ を書こう

教科書の要点

□ 移項　　等式の一方の辺にある項を，その符号を変えて他方の辺に移すことができる。このようにすることを移項という。

□ 1次方程式　右辺が **0** になるように移項することで，左辺が x の 1 次式になる方程式，つまり $ax+b=0 (a\neq0)$ の形になる方程式を，x についての **1次方程式**という。

□ 1次方程式を
解く手順

1次方程式は次の順序で解くとよい。

❶ 文字 x をふくむ項はすべて左辺に
　数だけの項はすべて右辺に移項する。

❷ 両辺を計算して，$ax=b$ の形にする。

❸ 両辺を x の係数 a でわる。

参考 項 ax の係数 a を，
単に x の係数ということがある。

例 左辺 右辺

$4x+3=13-x$ ❶
$4x+x=13-3$ ❷
$5x=10$ ❸
$x=2$

教科書 **p.108**

 次(教科書108ページ)の**ア，イ**は，方程式を解くために，式を変形したものです。変形のしかたについて考えましょう。

ア $3x+4=22$ ……①

$3x+4-4=22-4$

$3x=22-4$ ……②

イ $3x=8-x$ ……①

$3x+x=8-x+x$

$3x+x=8$ ……②

(1) **ア**では，式①を②に変形するのに，等式の性質❶~❹のうちどれを使っていますか。また，**イ**ではどれを使っていますか。

(2) **ア**と**イ**のそれぞれで，式①と②を比べて気づいたことをいいなさい。

ガイド (1) アは，両辺から 4 をひいている。イは，両辺に x を加えている。
　　　(2) 式①と式②で，項がどのようにちがっているかを比べてみる。

解答 (1) ア　性質2　　　イ　性質1
　　　(2) ア　式②は，式①の左辺の項 $+4$ が右辺に移って -4 になった。
　　　　　イ　式②は，式①の右辺の項 $-x$ が左辺に移って $+x$ になった。

注意 移ることで符号が変わることに注意する。

教科書 p.109
Q1 ②の(1)，(2)で求めた値が解であることを確かめなさい。

解答 (1) 方程式 $2x-7=3$ の x に 5 を代入すると，
　　　　　左辺 $=2\times5-7=10-7=3$，右辺 $=3$
　　　左辺＝右辺となるので，5 は解である。
　　　(2) 方程式 $5x=24-3x$ の x に 3 を代入すると，
　　　　　左辺 $=5\times3=15$，右辺 $=24-3\times3=15$
　　　左辺＝右辺となるので，3 は解である。

教科書 p.109
Q2 次の方程式で，x をふくむ項を左辺に，数だけの項を右辺に移項して，方程式を解きなさい。
　　(1) $3x+8=23$　　　(2) $4x=18-5x$　　　(3) $1-2x=7$

解答 (1) $3x+8=23$
　　　　　8 を右辺に移項すると，
　　　　　　$3x=23-8$
　　　　　　$3x=15$
　　　　　両辺を 3 でわると，
　　　　　　$x=5$

　　　(3) $1-2x=7$
　　　　　1 を右辺に移項すると，
　　　　　　$-2x=7-1$
　　　　　　$-2x=6$

　　　(2) $4x=18-5x$
　　　　　$-5x$ を左辺に移項すると，
　　　　　　$4x+5x=18$
　　　　　　$9x=18$
　　　　　両辺を 9 でわると，
　　　　　　$x=2$

　　　　　両辺を -2 でわると，
　　　　　　$x=-3$

教科書 p.109
Q3 次の1次方程式を解きなさい。
　　(1) $5x+10=3x+20$　　　(2) $3x+2=8x-3$
　　(3) $7x+4=-x-20$　　　(4) $9-4y=-2y+10$

解答 (1) $5x+10=3x+20$
　　　　　10，$3x$ を移項すると，
　　　　　　$5x-3x=20-10$
　　　　　　$2x=10$
　　　　　両辺を 2 でわると，
　　　　　　$x=5$

　　　(2) $3x+2=8x-3$
　　　　　2，$8x$ を移項すると，
　　　　　　$3x-8x=-3-2$
　　　　　　$-5x=-5$
　　　　　両辺を -5 でわると，
　　　　　　$x=1$

(3) $7x+4=-x-20$

　　4，$-x$ を移項すると，

　　　$7x+x=-20-4$

　　　$8x=-24$

　　両辺を 8 でわると，

　　　　$x=-3$

(4) $9-4y=-2y+10$

　　9，$-2y$ を移項すると，

　　　$-4y+2y=10-9$

　　　$-2y=1$

　　両辺を -2 でわると，

　　　　$y=-\dfrac{1}{2}$

 教科書 p.109

プラス・ワン (1) $-2x+9-x=0$

(2) $a-2=-2a+5$

解答 (1) $-2x+9-x=0$

　　9 を移項すると，

　　　$-2x-x=-9$

　　　$-3x=-9$

　　両辺を -3 でわると，

　　　　$x=3$

(2) $a-2=-2a+5$

　　-2，$-2a$ を移項すると，

　　　$a+2a=5+2$

　　　$3a=7$

　　両辺を 3 でわると，

　　　　$a=\dfrac{7}{3}$

❸ いろいろな 1 次方程式の解き方

教科書の要点

□ **かっこがある**
**　1次方程式**

かっこがある方程式は，かっこをはずしてから解く。

例 $2(x-1)=6$ → $2x-2=6$ としてから解く。

□ **小数がある 1**
**　次方程式**

係数に小数がある方程式は，

両辺に 10 や 100 などをかけて，係数を整数になおすと解きやすくなる。

例 $0.2x+0.3=0.5$ → 両辺に 10 をかけて，$2x+3=5$ としてから解く。

教科書 p.110

活動1 方程式 $5x-2(x-1)=14$ の解き方を考えましょう。

ゆうとさんの考え

$5x-2(x-1)=14$
$5x-2x+2=14$

(1) ゆうとさんはどのように考えて方程式を解こうとしていますか。

(2) この方程式を解きなさい。

(3) (2)で求めた値が解であることを確かめなさい。

解答 (1) **分配法則を使ってかっこをはずしてから解こうとしている。**

(2) （ゆうとさんの解答の続き）

　　2 を移項すると，$5x-2x=14-2$

　　　　　　　　　　　　$3x=12$

　　両辺を 3 でわると，　　$x=4$

(3) 方程式 $5x-2(x-1)=14$ に $x=4$ を代入すると，

　　左辺 $=5\times4-2\times(4-1)=20-2\times3=14$

　　右辺 $=14$

　　左辺 $=$ 右辺となるので，4 は解である。

教科書
p.110

たしかめ **1** 方程式 $7x-3(x-2)=18$ を解きなさい。

解答 $7x-3(x-2)=18$
かっこをはずすと，
$7x-3x+6=18$

$7x-3x=18-6$
$4x=12$
$\boldsymbol{x=3}$

教科書
p.110

Q1 次の方程式を解きなさい。
(1) $3x+2(x-4)=2$
(2) $4(2x+1)+1=13$
(3) $2a=3(a-5)$
(4) $4(y-1)-3(y+1)=1$

解答 (1) $3x+2(x-4)=2$
かっこをはずすと，
$3x+2x-8=2$
$3x+2x=2+8$
$5x=10$
$\boldsymbol{x=2}$

(2) $4(2x+1)+1=13$
かっこをはずすと，
$8x+4+1=13$
$8x=13-4-1$
$8x=8$
$\boldsymbol{x=1}$

(3) $2a=3(a-5)$
かっこをはずすと，
$2a=3a-15$
$2a-3a=-15$
$-a=-15$
$\boldsymbol{a=15}$

(4) $4(y-1)-3(y+1)=1$
かっこをはずすと，
$4y-4-3y-3=1$
$4y-3y=1+4+3$
$\boldsymbol{y=8}$

教科書
p.110

プラス・ワン① (1) $7(x-2)=9x-4$
(2) $2(x+6)-(8-x)=5x$

解答 (1) $7(x-2)=9x-4$
かっこをはずすと，
$7x-14=9x-4$
$7x-9x=-4+14$
$-2x=10$
$\boldsymbol{x=-5}$

(2) $2(x+6)-(8-x)=5x$
かっこをはずすと，
$2x+12-8+x=5x$
$2x+x-5x=-12+8$
$-2x=-4$
$\boldsymbol{x=2}$

教科書
p.110

活動2 方程式 $1.2x+0.9=-1.5$ の解き方を考えましょう。

さくらさんの考え

$1.2x+0.9=-1.5$
$1.2x=-1.5-0.9$

カルロスさんの考え

$1.2x+0.9=-1.5$
$12x+9=-15$
$12x=-15-9$

(1) 2人は，それぞれどのように考えて方程式を解こうとしていますか。
(2) 2人の式の続きを考えて，方程式を解きなさい。
(3) (2)で求めた値が方程式の解であることを確かめなさい。

（ガイド） $1.2x \times 10 = 12x$, $0.9 \times 10 = 9$, $-1.5 \times 10 = -15$ となる。

解答 (1) さくらさん……x の係数や数の項を小数のままにして，解こうとしている。

カルロスさん…**両辺に10をかけて，x の係数や数の項を整数にしてから，解こうとしている。**

(2) （さくらさんの解答の続き）　$1.2x = -2.4$
$$x = -2$$

（カルロスさんの解答の続き）　$12x = -24$
$$x = -2$$

(3) 方程式 $1.2x + 0.9 = -1.5$ の x に -2 を代入すると，
左辺 $= 1.2 \times (-2) + 0.9 = -2.4 + 0.9 = -1.5$
右辺 $= -1.5$
左辺＝右辺となるので，-2 は解である。

両辺に10をかけると，x をふくむ項 $1.2x$ は $12x$ になるんだね。

3
章

2
節

1次方程式の解き方

教科書
p.111

たしかめ 2 方程式 $1.5x + 0.3 = -1.2$ を解きなさい。

解答 $1.5x + 0.3 = -1.2$
両辺に10をかけると，
$$15x + 3 = -12$$
$$15x = -12 - 3$$
$$15x = -15$$
$$x = -1$$

教科書
p.111

 次の方程式を解きなさい。
(1) $0.2x + 1.1 = -0.7$ 　　(2) $1.2 - 0.05x = -0.01x$
(3) $0.3y - 0.2 = 0.5y + 1$ 　　(4) $0.1(3x - 5) = 1$

（ガイド） 係数を整数になおして解く。(1)(3)(4)は両辺に10を，(2)は両辺に100をかける。

解答 (1) $0.2x + 1.1 = -0.7$
両辺に10をかけると，
$$2x + 11 = -7$$
$$2x = -7 - 11$$
$$2x = -18$$
$$x = -9$$

(2) $1.2 - 0.05x = -0.01x$
両辺に100をかけると，
$$120 - 5x = -x$$
$$-5x + x = -120$$
$$-4x = -120$$
$$x = 30$$

(3) $0.3y - 0.2 = 0.5y + 1$
両辺に10をかけると，
$$3y - 2 = 5y + 10$$
$$3y - 5y = 10 + 2$$
$$-2y = 12$$
$$y = -6$$

(4) $0.1(3x - 5) = 1$
両辺に10をかけると，
$$3x - 5 = 10$$
$$3x = 10 + 5$$
$$3x = 15$$
$$x = 5$$

プラス・ワン②

(1) $0.6a+0.18=1.5a$

(2) $0.03(2x-13)=0.21$

ガイド (1)(2)ともに両辺に100をかける。

解答 (1) $0.6a+0.18=1.5a$

両辺に100をかけると，

$$60a+18=150a$$
$$60a-150a=-18$$
$$-90a=-18$$
$$\frac{-90a}{-90}=\frac{-18}{-90}$$
$$a=\frac{1}{5}$$

(2) $0.03(2x-13)=0.21$

両辺に100をかけると，

$$3(2x-13)=21$$
$$6x-39=21$$
$$6x=21+39$$
$$6x=60$$
$$x=10$$

CHECK!
確認したら
✓ を書こう

教科書の要点

□**分数がある1次方程式**

係数に分数がある方程式は，

両辺に分母の最小公倍数をかけて，係数を整数になおす

と解きやすくなる。

例 $\dfrac{2}{3}x-\dfrac{1}{2}=\dfrac{1}{4}x+\dfrac{1}{3}$

両辺に分母3，2，4の最小公倍数12をかけて，

$8x-6=3x+4$ としてから解く。

活動3 方程式 $\dfrac{5}{6}x-1=\dfrac{3}{4}x$ の解き方を考えましょう。

(1) マイさんが両辺に12をかけた理由を説明しなさい。

(2) マイさんの式の続きを考えて，方程式を解きなさい。

(3) (2)で求めた値が方程式の解であることを確かめなさい。

マイさんの考え

$$\frac{5}{6}x-1=\frac{3}{4}x$$
$$\left(\frac{5}{6}x-1\right)\times12=\frac{3}{4}x\times12$$

解答 (1) **xの係数を整数にするため，4と6の最小公倍数12をかけた。**

(2) （マイさんの解答の続き）

$$10x-12=9x$$
$$10x-9x=12$$
$$x=12$$

(3) 方程式 $\dfrac{5}{6}x-1=\dfrac{3}{4}x$ の x に12を代入すると，

左辺 $=\dfrac{5}{6}\times12-1=10-1=9$

右辺 $=\dfrac{3}{4}\times12=9$

左辺＝右辺となるので，12は解である。

教科書 p.111　たしかめ ❸ 方程式 $\dfrac{2}{9}x+1=\dfrac{1}{6}x$ を解きなさい。

解答　$\dfrac{2}{9}x+1=\dfrac{1}{6}x$

両辺に18をかけると，

$$\left(\dfrac{2}{9}x+1\right)\times18=\dfrac{1}{6}x\times18$$

$$4x+18=3x$$

$$4x-3x=-18$$

$$\boldsymbol{x=-18}$$

教科書 p.112　**Q❸** 次の方程式を解きなさい。

(1) $\dfrac{3}{2}x+1=-\dfrac{7}{2}$

(2) $\dfrac{1}{2}x-1=\dfrac{2}{5}x$

(3) $\dfrac{1}{4}b+\dfrac{1}{5}=\dfrac{3}{10}b$

(4) $\dfrac{3}{2}y-\dfrac{1}{6}=\dfrac{1}{4}y-1$

解答 (1)　$\dfrac{3}{2}x+1=-\dfrac{7}{2}$

両辺に 2 をかけると，

$$\left(\dfrac{3}{2}x+1\right)\times2=-\dfrac{7}{2}\times2$$

$$3x+2=-7$$

$$3x=-7-2$$

$$3x=-9$$

$$\boldsymbol{x=-3}$$

(2)　$\dfrac{1}{2}x-1=\dfrac{2}{5}x$

両辺に10をかけると，

$$\left(\dfrac{1}{2}x-1\right)\times10=\dfrac{2}{5}x\times10$$

$$5x-10=4x$$

$$5x-4x=10$$

$$\boldsymbol{x=10}$$

(3)　$\dfrac{1}{4}b+\dfrac{1}{5}=\dfrac{3}{10}b$

両辺に20をかけると，

$$\left(\dfrac{1}{4}b+\dfrac{1}{5}\right)\times20=\dfrac{3}{10}b\times20$$

$$5b+4=6b$$

$$5b-6b=-4$$

$$-b=-4$$

$$\boldsymbol{b=4}$$

(4)　$\dfrac{3}{2}y-\dfrac{1}{6}=\dfrac{1}{4}y-1$

両辺に12をかけると，

$$\left(\dfrac{3}{2}y-\dfrac{1}{6}\right)\times12=\left(\dfrac{1}{4}y-1\right)\times12$$

$$18y-2=3y-12$$

$$18y-3y=-12+2$$

$$15y=-10$$

$$\boldsymbol{y=-\dfrac{2}{3}}$$

3章

2節

1次方程式の解き方

両辺にかけるということは，全部の項にかけるということだよ。かけ忘れがないように注意しよう。

Q4 次の方程式を解きなさい。

(1) $\dfrac{x-2}{6}=\dfrac{3x-6}{4}$　　　　　　　(2) $\dfrac{5x-1}{7}=\dfrac{3x-5}{2}$

(3) $\dfrac{3x-4}{10}-\dfrac{x-2}{4}=0$

解答 (1)

$$\dfrac{x-2}{6}=\dfrac{3x-6}{4}$$

両辺に12をかけると,

$$\left(\dfrac{x-2}{6}\right)\times12=\left(\dfrac{3x-6}{4}\right)\times12$$

$$2(x-2)=3(3x-6)$$

$$2x-4=9x-18$$

$$2x-9x=-18+4$$

$$-7x=-14$$

$$\boldsymbol{x=2}$$

(2)

$$\dfrac{5x-1}{7}=\dfrac{3x-5}{2}$$

両辺に14をかけると,

$$\left(\dfrac{5x-1}{7}\right)\times14=\left(\dfrac{3x-5}{2}\right)\times14$$

$$2(5x-1)=7(3x-5)$$

$$10x-2=21x-35$$

$$10x-21x=-35+2$$

$$-11x=-33$$

$$\boldsymbol{x=3}$$

(3)

$$\dfrac{3x-4}{10}-\dfrac{x-2}{4}=0$$

両辺に20をかけると,

$$\left(\dfrac{3x-4}{10}-\dfrac{x-2}{4}\right)\times20=0\times20$$

$$\left(\dfrac{3x-4}{10}\right)\times20-\left(\dfrac{x-2}{4}\right)\times20=0$$

$$2(3x-4)-5(x-2)=0$$

$$6x-8-5x+10=0$$

$$6x-5x=8-10$$

$$\boldsymbol{x=-2}$$

(3)は, かっこを
はずすとき, 符
号に注意しよう。

学びにプラス　方程式を手際よく解く工夫

次の方程式を手際よく解くには, どのような工夫が考えられるでしょうか。

$$2800(x-9)=700x$$

解答 (例)　| 両辺を100でわる方法 |

$$2800(x-9)=700x$$

両辺を100でわると,

$$28(x-9)=7x$$

$$28x-252=7x$$

$$28x-7x=252$$

$$21x=252$$

$$\boldsymbol{x=12}$$

| 両辺を700でわる方法 |

$$2800(x-9)=700x$$

両辺を700でわると,

$$4(x-9)=x$$

$$4x-36=x$$

$$4x-x=36$$

$$3x=36$$

$$\boldsymbol{x=12}$$

❹ 比例式とその解き方

CHECK!
確認したら
✓を書こう

教科書の要点

□比例式　　$a:b$ の比の値 $\dfrac{a}{b}$ と，$c:d$ の比の値 $\dfrac{c}{d}$ が等しいとき，

　　　　　　2つの比 $a:b$ と $c:d$ は等しいという。このとき，

　　　　　　$a:b=c:d$ と表し，この式を比例式という。

$a:b=c:d$ の式は，
比の値が等しい
ことから $\dfrac{a}{b}=\dfrac{c}{d}$
と変形できるよ。

□比例式の性質　$a:b=c:d$ ならば，$ad=bc$

$$\overset{\displaystyle ad}{\overset{\frown}{a:b=c:d}}\underset{\displaystyle bc}{\smile}$$

□比例式を解く　比例式の中にふくまれる x の値を求めることを，比例式を解くという。
　　　　　　比例式は，比の値が等しいことや，比の性質を使って，1次方程式に変形して解
　　　　　　くことができる。

　　　　　例　比例式 $x:10=5:2$ は，1次方程式 $\dfrac{x}{10}=\dfrac{5}{2}$

　　　　　　または，1次方程式 $x\times2=10\times5$ と変形して解くことができる。

教科書 p.113

❓ 調理実習でみそ汁を作ることになりました。
A班は6人で，B班は5人です。B班では，だし汁10カップに，みそを120g入れました。同じ味のみそ汁をつくるのに，A班では，だし汁とみそはそれぞれどれだけ必要でしょうか。

ガイド　B班は5人でだし汁10カップ，みそ120g使ったので，
　　　　1人分は，だし汁　$10\div5=2$（カップ）
　　　　　　　　　みそ　　$120\div5=24$（g）
　　　　を使うことになる。

解答　A班は6人なので，
　　　だし汁　$2\times6=12$（カップ）
　　　みそ　　$24\times6=144$（g）　　　　　　　　　答　だし汁…**12カップ**　　みそ…**144g**

教科書 p.113

活動1　比例式 $x:10=6:5$ にあてはまる x の値の求め方を考えましょう。
　　　　$x:10=6:5$　……①
　　　　$\dfrac{x}{10}=\dfrac{6}{5}$　　……②

(1)　式①を②に変形してよいのはなぜですか。
(2)　式②が1次方程式であることを確かめ，この方程式を解いて x の値を求めなさい。
(3)　(2)で求めた値をもとの比例式に代入して，比例式が成り立つことを確かめなさい。

ガイド　(2)　右辺が0になるように移項して計算すると，左辺が $ax+b=0$ の形になる方
　　　　　　程式を，x についての1次方程式という。

解答 (1) 比例式 $x:10=6:5$ は，$x:10$ の比の値が $\dfrac{x}{10}$，$6:5$ の比の値が $\dfrac{6}{5}$ で，

比の値が等しいから。

(2) 式②は，$\dfrac{6}{5}$ を移項すると，$\dfrac{x}{10}-\dfrac{6}{5}=0$ となり，$\dfrac{1}{10}=a$，$-\dfrac{6}{5}=b$ とすると，

この式は，$ax+b=0$ の形だから，**式②は，1次方程式である。**

（教科書の続き）両辺に10をかけると，$\dfrac{x}{10}\times10=\dfrac{6}{5}\times10$

$$x=12$$

(3) $x:10$ の x に12を代入すると $12:10$ となり，比の値は $\dfrac{12}{10}=\dfrac{6}{5}$ で，

$6:5$ の比の値は $\dfrac{6}{5}$ である。

比の値が等しいので，x に12を代入すると，$x:10=6:5$ が成り立つ。

教科書 p.113

Q1 次の比例式を解きなさい。

(1) $x:24=3:8$　　　　　　　　　(2) $15:6=x:2$

ガイド 比例式 $a:b=c:d$ は，比の値が等しい式 $\dfrac{a}{b}=\dfrac{c}{d}$ に変形して解くことができる。

解答 (1)　　　　　　　　　$x:24=3:8$　　(2)　　　　　　　　　$15:6=x:2$

比の値が等しいから，$\dfrac{x}{24}=\dfrac{3}{8}$　　　　比の値が等しいから，$\dfrac{15}{6}=\dfrac{x}{2}$

両辺に24をかけると，　$x=\dfrac{3}{8}\times24$　　　両辺を入れかえると，$\dfrac{x}{2}=\dfrac{15}{6}$

$$x=9$$

両辺に2をかけると，　$x=\dfrac{15}{6}\times2$

$$x=5$$

教科書 p.114

活動2 比例式 $15:9=5:(x-1)$ の解き方を考えましょう。

つばささんの考え

$$15:9=5:(x-1)$$
$$15\times(x-1)=9\times5$$
$$15(x-1)=45$$

(1) つばささんの考えに続けて，比例式を解きなさい。

(2) (1)で求めた値をもとの比例式に代入して，比例式が成り立つことを確かめなさい。

解答 (1)　（つばささんの解答の続き）

かっこをはずすと，　　　　　　別解 両辺を15でわると，

$15x-15=45$　　　　　　　　　　　$x-1=3$

$15x=45+15$　　　　　　　　　　　$x=3+1$

$15x=60$　　　　　　　　　　　　　$x=4$

$$x=4$$

(2) $15:9$ の比の値は $\dfrac{15}{9} = \dfrac{5}{3}$

$5:(x-1)$ の x に 4 を代入すると，$5:(4-1)=5:3$ となり，比の値は $\dfrac{5}{3}$

比の値が等しいので，x に 4 を代入すると，$15:9=5:(x-1)$ が成り立つ。

教科書 p.114

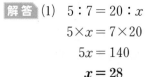 比の性質を使って，次の比例式を解きなさい。

(1) $5:7=20:x$　　　　　(2) $16:(x-2)=4:3$

ガイド 比の性質 $a:b=c:d$ ならば $ad=bc$ を使って，1次方程式の形にする。

解答 (1) $5:7=20:x$
$5 \times x = 7 \times 20$
$5x = 140$
$\boldsymbol{x = 28}$

(1)は途中の式で，かけ算を1つ1つ計算するのではなく，そのままにしておいて最後に約分する方法もあるよ。

$5x = 7 \times 20$
$x = \dfrac{7 \times \overset{4}{20}}{\underset{1}{5}}$
$x = 28$

(2) $16:(x-2)=4:3$
$16 \times 3 = (x-2) \times 4$
$(x-2) \times 4 = 16 \times 3$
$4x - 8 = 48$
$4x = 48 + 8$
$4x = 56$
$\boldsymbol{x = 14}$

別解 $16:(x-2)=4:3$
$16 \times 3 = (x-2) \times 4$
$(x-2) \times 4 = 16 \times 3$
両辺を 4 でわると，
$x - 2 = 12$
$x = 12 + 2$
$\boldsymbol{x = 14}$

教科書 p.114

▎プラス・ワン

(1) $3.2:x=8:5$　　　　　(2) $(x-1):(x+1)=4:5$

解答 (1) $3.2:x=8:5$
$3.2 \times 5 = x \times 8$
$x \times 8 = 3.2 \times 5$
$8x = 16$
$\boldsymbol{x = 2}$

(2) $(x-1):(x+1)=4:5$
$(x-1) \times 5 = (x+1) \times 4$
$5x - 5 = 4x + 4$
$5x - 4x = 4 + 5$
$\boldsymbol{x = 9}$

た しかめよう

教科書 p.115

1 次の方程式を解きなさい。

(1) $x+10=1$　　　　　(2) $x-4=-3$

(3) $8x=-24$　　　　　(4) $\dfrac{1}{6}x=-2$

(5) $2x+5=17$　　　　　(6) $9x-20=5x$

(7) $x-21=-6x+28$　　　　　(8) $-3a+5=a-7$

(9) $-1+6y=8-3y$　　　　　(10) $6-b=5b-30$

(11) $16=3x-5$　　　　　(12) $16x-4=8$

解答 (1) $x+10=1$
　　10を移項すると,
　　　　$x=1-10$
　　　$x=-9$

(2) $x-4=-3$
　　-4 を移項すると,
　　　　$x=-3+4$
　　　$x=1$

(3) $8x=-24$
　　両辺を 8 でわると,
　　　$\dfrac{8x}{8}=\dfrac{-24}{8}$
　　　$x=-3$

(4) $\dfrac{1}{6}x=-2$
　　両辺に 6 をかけると,
　　　$\dfrac{1}{6}x\times6=-2\times6$
　　　$x=-12$

(5) $2x+5=17$
　　5 を移項すると,
　　　　$2x=17-5$
　　　　$2x=12$
　　両辺を 2 でわると,
　　　$x=6$

(6) $9x-20=5x$
　　$-20, 5x$を移項すると,
　　　　$9x-5x=20$
　　　　$4x=20$
　　両辺を 4 でわると,
　　　$x=5$

(7) $x-21=-6x+28$
　　$-21, -6x$を移項すると,
　　　$x+6x=28+21$
　　　　$7x=49$
　　両辺を 7 でわると,
　　　$x=7$

(8) $-3a+5=a-7$
　　$5, a$ を移項すると,
　　　$-3a-a=-7-5$
　　　　$-4a=-12$
　　両辺を -4 でわると,
　　　$a=3$

(9) $-1+6y=8-3y$
　　$-1, -3y$ を移項すると,
　　　$6y+3y=8+1$
　　　　$9y=9$
　　両辺を 9 でわると,
　　　$y=1$

(10) $6-b=5b-30$
　　$6, 5b$を移項すると,
　　　$-b-5b=-30-6$
　　　　$-6b=-36$
　　両辺を -6 でわると,
　　　$b=6$

(11) $16=3x-5$
　　$16, 3x$を移項すると,
　　　$-3x=-5-16$
　　　$-3x=-21$
　　両辺を -3 でわると,
　　　$x=7$

(12) $16x-4=8$
　　-4 を移項すると,
　　　$16x=8+4$
　　　$16x=12$
　　両辺を16でわると,
　　　$x=\dfrac{12}{16}$
　　　$x=\dfrac{3}{4}$

教科書 p.115

2 次の方程式を解きなさい。

(1) $3(x-1) = x+9$

(2) $y-(2-y) = 2+4y$

(3) $3(a+4) = 2(4a+6)$

(4) $0.4x+0.6 = -1.8$

(5) $0.03x-0.08 = 0.05x+0.1$

(6) $\dfrac{2}{3}x-1 = \dfrac{1}{2}x+3$

(7) $\dfrac{2x+5}{7} = \dfrac{x+1}{3}$

ガイド (1)〜(3) かっこをはずし，移項してから解く。

(4)(5) 両辺に10や100をかけて，係数を整数になおしてから移項する。

(6)(7) 両辺に分母の最小公倍数をかけて，係数を整数になおしてから移項する。

解答 (1)
$$3(x-1) = x+9$$
$$3x-3 = x+9$$
$$3x-x = 9+3$$
$$2x = 12$$
$$\boldsymbol{x = 6}$$

(2)
$$y-(2-y) = 2+4y$$
$$y-2+y = 2+4y$$
$$y+y-4y = 2+2$$
$$-2y = 4$$
$$\boldsymbol{y = -2}$$

(3)
$$3(a+4) = 2(4a+6)$$
$$3a+12 = 8a+12$$
$$3a-8a = 12-12$$
$$-5a = 0$$
$$\boldsymbol{a = 0}$$

(4)
$$0.4x+0.6 = -1.8$$
両辺に10をかけると，
$$4x+6 = -18$$
$$4x = -18-6$$
$$4x = -24$$
$$\boldsymbol{x = -6}$$

(5)
$$0.03x-0.08 = 0.05x+0.1$$
両辺に100をかけると，
$$3x-8 = 5x+10$$
$$3x-5x = 10+8$$
$$-2x = 18$$
$$\boldsymbol{x = -9}$$

(6)
$$\dfrac{2}{3}x-1 = \dfrac{1}{2}x+3$$
両辺に 6 をかけると，
$$4x-6 = 3x+18$$
$$4x-3x = 18+6$$
$$\boldsymbol{x = 24}$$

(7)
$$\dfrac{2x+5}{7} = \dfrac{x+1}{3}$$
両辺に21をかけると，
$$3(2x+5) = 7(x+1)$$
$$6x+15 = 7x+7$$
$$6x-7x = 7-15$$
$$-x = -8$$
$$\boldsymbol{x = 8}$$

教科書 p.115

3 次の比例式を解きなさい。

(1) $x:35 = 4:7$

(2) $5:4 = x:6.4$

(3) $12:(x+4) = 3:5$

(4) $2:3 = (x-1):(2x-5)$

ガイド 比の性質 $a:b=c:d$ ならば，$ad=bc$ を使って，
1次方程式に変形してから解く。

解答 (1) $\quad x:35=4:7$
$\qquad x\times7=35\times4$
$\qquad 7x=140$
$\qquad \boldsymbol{x=20}$

別解 $x:35=4:7$
比の値が等しいから，
$\qquad \dfrac{x}{35}=\dfrac{4}{7}$
$\qquad\qquad x=\dfrac{4}{7}\times35$
$\qquad\qquad \boldsymbol{x=20}$

(2) $\quad 5:4=x:6.4$
$\qquad 5\times6.4=4\times x$
$\qquad 4\times x=5\times6.4$
$\qquad 4x=32$
$\qquad \boldsymbol{x=8}$

(3) $\quad 12:(x+4)=3:5$
$\qquad 12\times5=(x+4)\times3$
$\qquad (x+4)\times3=12\times5$
$\qquad 3x+12=60$
$\qquad 3x=60-12$
$\qquad 3x=48$
$\qquad \boldsymbol{x=16}$

別解 $12:(x+4)=3:5$
$\qquad 12\times5=(x+4)\times3$
$\qquad (x+4)\times3=12\times5$
$\qquad 3(x+4)=60$
両辺を3でわると，
$\qquad x+4=20$
$\qquad x=20-4$
$\qquad \boldsymbol{x=16}$

(4) $\qquad 2:3=(x-1):(2x-5)$
$\qquad 2\times(2x-5)=3\times(x-1)$
$\qquad 4x-10=3x-3$
$\qquad 4x-3x=-3+10$
$\qquad \boldsymbol{x=7}$

3節 1次方程式の利用

1 1次方程式を使って問題を解決しよう

CHECK! ･･
確認したら
✓を書こう

教科書の**要点**

□ **1次方程式を使って問題を解く手順**
❶ わかっている数量と求める数量を明らかにし，何を x にするかを決める。
❷ 等しい関係にある数量を見つけて，方程式をつくる。
❸ 方程式を解く。
❹ その解を問題の答えとしてよいかどうかを確かめ，答えを決める。

教科書
p.116

? 1枚60円のクッキーを13枚と，1本80円のジュースを何本か買って，代金の合計が1500円になるようにします。ジュースは何本買えるでしょうか。

解答 クッキーの代金は，$60\times13=780$（円）だから，

ジュースの代金は，$1500-780=720$（円）になる。

ジュース1本の値段は80円だから，

買えるジュースの本数は，$720\div80=9$（本）

答 **9本**

教科書
p.116

活動1 ? 考えよう の問題を，方程式をつくって解決しましょう。

代金の合計は，1500円

クッキーの代金は，60×13円

ジュースの本数を x 本とする。

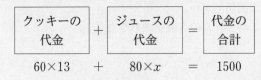

クッキーの代金	$+$	ジュースの代金	$=$	代金の合計
60×13	$+$	$80\times x$	$=$	1500

(1) 手順の❷(教科書116ページ)でつくった方程式を解きなさい。

(2) (1)で求めた解を問題の答えとしてよいかどうかを確かめ，答えを求めなさい。

解答 (1)
$$60\times13+80\times x=1500$$
$$780+80x=1500$$
$$80x=720$$
$$x=9$$

(2) ジュースの本数を9本とすると，

$60\times13+80\times9=780+720=1500$

代金の合計1500円と等しいので，

9本は，問題の答えとしてよい。

答 **9本**

教科書
p.117

Q1 兄は鉛筆1本と370円のコンパス1個を買い，妹は同じ鉛筆5本と90円の消しゴム1個を買ったところ，2人が支払った代金が等しくなりました。鉛筆1本の代金を求めなさい。

ガイド （鉛筆1本の代金）＋（コンパス1個の代金）

　　　＝（鉛筆5本の代金）＋（消しゴム1個の代金）

解答 鉛筆1本の代金を x 円とすると，

$$x+370=5x+90$$
$$x-5x=90-370$$
$$-4x=-280$$
$$x=70$$

鉛筆1本の代金を70円とすると，

兄の支払った代金…$70+370=440$（円）

妹の支払った代金…$70\times5+90=350+90=440$（円）

2人の支払った代金は等しいので，70円は，問題の答えとしてよい。

左辺は兄が支払った代金，右辺は妹が支払った代金にして方程式をつくるんだね。

答 **70円**

教科書 p.117

活動2 ドッジボール大会の参加者にあめを配ります。

あるチームでは，1人に3個ずつ配ると20個余り，1人に5個ずつ配ると8個たりなくなります。

このチームの人数を求めましょう。

(1) このチームの人数を x 人として，あめの個数を2通りの式で表しなさい。

　　3個ずつ配るとき

　　　$3x+20$（個）　　　……①

　　5個ずつ配るとき

　　　$5x-\boxed{}$（個）　　　……②

(2) 式①と②はどのような関係ですか。

(3) 方程式をつくって，このチームの人数を求めなさい。

解答 (1) 8

(2) **等しい関係**

(3) **教科書117ページの解答例を参照。**

教科書 p.117

Q2 画用紙を，生徒1人に4枚ずつ配ると12枚余り，5枚ずつ配ると10枚たりません。

生徒の人数を x 人として，生徒の人数と画用紙の枚数をそれぞれ求めなさい。

ガイド 画用紙の枚数を2通りの式で表して，方程式をつくる。

求めた生徒の人数から，画用紙の枚数を求める。

解答 生徒の人数を x 人とすると，

$$4x+12=5x-10$$
$$4x-5x=-10-12$$
$$-x=-22$$
$$x=22$$

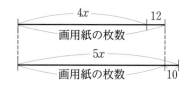

生徒の人数を22人とすると，

画用紙の枚数は，$4\times22+12=88+12=100$（枚）

また，$5\times22-10=110-10=100$（枚）

これらは，問題の答えとしてよい。

答 生徒の人数…**22人**　　画用紙の枚数…**100枚**

教科書 p.117

プラス・ワン

画用紙の枚数を x 枚として，画用紙の枚数と生徒の人数をそれぞれ求めなさい。

解答 画用紙の枚数を x 枚とする。生徒の人数を求める式から，

$$\frac{x-12}{4}=\frac{x+10}{5}$$
$$5(x-12)=4(x+10)$$
$$5x-60=4x+40$$
$$5x-4x=40+60$$
$$x=100$$

生徒の人数を，
2通りの式で表して，
方程式をつくろう。

画用紙の枚数を100枚とすると,

生徒の人数は, $\dfrac{100-12}{4}=22$(人)　　または, $\dfrac{100+10}{5}=22$(人)

これらは, 問題の答えとしてよい。

答 画用紙の枚数…**100枚**　　生徒の人数…**22人**

② 速さの問題を1次方程式を使って解決しよう

CHECK!
確認したら
✓を書こう

3章

3節 1次方程式の利用

教科書の要点

□速さと時間と
道のりの関係

(道のり)＝(速さ)×(時間), (時間)＝$\dfrac{(道のり)}{(速さ)}$ の関係を使い,

方程式をつくって問題を解く。

例 時速4 kmでx時間歩いたときの道のり ⇨ **4$x$km**

時速4 kmで$x$kmの道のりを歩いたときにかかる時間 ⇨ $\dfrac{x}{4}$ 時間

教科書
p.118

活動1 学校から2 km離れた図書館に行くのに, Aさんは分速60mで先に出発し, Bさんは
その3分後に出発し, 分速70mで追いかけました。Bさんが出発してからAさんに
追いつくまでの時間を求めましょう。

(1) BさんがAさんに追いつくまでの時間をx分として, AさんとBさんの速さ, 時
間, 道のりについて図(教科書118ページ)や表(教科書118ページ)を使って調べな
さい。

(2) BさんがAさんに追いつくのは, (Aさんが歩いた道のり)＝(Bさんが歩いた道
のり)となるときです。このことから, 方程式をつくって解きなさい。

(3) (2)で求めた解を問題の答えとしてよいかどうかを確かめ, 答えを求めなさい。

解答 (1)　Aさん　60×(**3＋x**)m
Bさん　70×(**x**)m,　**x**分

(2)　$60\times(3+x)=70\times x$
$180+60x=70x$
$60x-70x=-180$
$-10x=-180$
$x=18$

	Aさん	Bさん
道のり(m)	**60×(3＋x)**	**70×x**
速さ(m/min)	60	70
時間(min)	**3＋x**	x

(3)　BさんがAさんに追いつくまでの時間を18分とすると,

Aさんが歩いた道のり…$60\times(3+18)=60\times21=1260$(m)

Bさんが歩いた道のり…$70\times18=1260$(m)

AさんとBさんが歩いた道のりが等しく,

1260mは, 2 km(＝2000m)以内であるので,

18分は, 問題の答えとしてよい。

答 **18分**

(道のり)＝(速さ)×(時間)
の関係を使って, Aさんと
Bさんが歩いた道のりをそ
れぞれ式で表すんだね。

教科書 p.118

Q1 1で，Bさんが5分後に出発した場合は，図書館に着くまでにAさんに追いつくことができますか。
そのように考えた理由も説明しなさい。

ガイド Bさんが5分後に出発したとして，1次方程式をつくる。

解答 BさんがAさんに追いつくまでの時間をx分とすると，

$$60 \times (5+x) = 70 \times x$$
$$300 + 60x = 70x$$
$$60x - 70x = -300$$
$$-10x = -300$$
$$x = 30$$

BさんがAさんに追いつくまでの時間を30分とすると，

Aさんが歩いた道のりは，$60 \times (5+30) = 60 \times 35 = 2100 (\mathrm{m})$

図書館までは2 km(2000 m)なので，

図書館に着くまでにAさんに追いつくことはできない。

③ 1次方程式の解の意味を考えよう

CHECK!
確認したら
✓を書こう

教科書の要点

□解の意味　方程式を使って問題を解くとき，解がそのまま答えにならない場合もある。したがって，方程式の解をその問題の答えとしてよいかどうか，確かめる必要がある。

教科書 p.119

活動1 現在Aさんは13歳，Bさんは43歳です。Bさんの年齢がAさんの年齢の4倍になるのはいつかを調べましょう。

あおいさんの考え

今からx年後に4倍であるとすると，
$$43+x = 4(13+x)$$
$$43+x = 52+4x$$
$$-3x = 9$$
$$x = -3$$

(1) 問題の答えはどうなりますか。

ガイド 方程式を使って解いた解がそのまま問題の答えにならない場合があるので注意する。x年後の解が-3すなわち，-3年後は，3年前のことである。(今後，Bさんの年齢がAさんの年齢の4倍になることはない。)

x年後の2人の年齢は，
Aさんは，$13+x$(歳)，
Bさんは，$43+x$(歳)
となるよ。

解答 (1)　**3年前**

教科書
p.119

活動2 A地区とB地区に災害備蓄品としてランタンが36個ずつ寄付されました。A地区とB地区の人数の比は2：3なので，A地区からB地区にいくつかのランタンを移し，ランタンの数の比も2：3にしようと考えました。ランタンを何個移せばよいかを考えましょう。

ゆうとさんの考え

> A地区からB地区に移すランタンの数をx個とすると，
> $$(36-x):(36+x)=2:3$$
> $$3(36-x)=2(36+x)$$
> これを解くと，$x=7.2$

(1) 問題の答えはどうなりますか。

解答 (1) **ランタンの数は自然数だから，7.2個は問題に適さない。**
よって，2：3にすることはできない。

❹ ドッジボール大会の休憩時間は？

教科書
p.120

(教科書)100，101ページで，ドッジボール大会の参加チームが7チームに変わりました。大会の進行計画をどのように修正すればよいでしょうか。

解答 (例) **まず，全部で何試合になるかを求める。**
次に，1回の休憩時間をx分として，時間の関係についての方程式をつくり，その方程式を解いて，1回の休憩時間を求める。

教科書
p.120

7チームということは，何試合になるのかな。

ガイド 7チームでの総当たり戦の試合数は，次の表の○印の個数と一致する。

	チームA	チームB	チームC	チームD	チームE	チームF	チームG
チームA		○	○	○	○	○	○
チームB			○	○	○	○	○
チームC				○	○	○	○
チームD					○	○	○
チームE						○	○
チームF							○
チームG							

解答 **21試合**

教科書
p.120

あおいさんはコートを1面だけ使って，全部で21試合行う計画を立てています。1回の休憩時間は何分にすればよいですか。

> ・全部で21試合
> ・試合と休憩の合計時間は125分
> ・各試合の時間は5分
> ・休憩は20回

(1) 1回の休憩時間を x 分として，方程式をつくりなさい。

(2) (1)でつくった方程式を解きなさい。問題の答えはどうなりますか。

解答 (1) 1回の休憩時間を x 分とすると，

$$5 \times 21 + x \times 20 = 125$$

(2) $5 \times 21 + x \times 20 = 125$
$105 + 20x = 125$
$20x = 125 - 105$

$20x = 20$
$x = 1$
1分は，問題の答えとしてよい。

答 1分

教科書
p.120

Q1 あおいさんは，休憩時間をもっと長くするために，使用するコートを3面にし，各試合の時間を11分にして，計画を見直すことにしました。
1回の休憩時間を x 分として，方程式をつくって解きなさい。
問題の答えはどうなりますか。

ガイド コートを3面使用するので，1面の試合の数は，$21 \div 3 = 7$ で，休憩は6回となる。

解答 1回の休憩時間を x 分とすると，
$11 \times 7 + x \times 6 = 125$
$77 + 6x = 125$
$6x = 125 - 77$

$6x = 48$
$x = 8$
8分は，問題の答えとしてよい。

答 8分

教科書
p.120

学びにプラス 計画を立てよう

あなたの学校で，クラス対抗のドッジボール大会を行う場合，どのように進行すればよいですか。試合数や試合の時間，休憩時間などを考えて，計画を立ててみましょう。

解答 (例) ・全部で15試合
・コートは3面
・各試合の時間は10分
・休憩は4回
・試合と休憩の合計時間は70分

1回の休憩時間を x 分とすると，
$10 \times 5 + x \times 4 = 70$
$50 + 4x = 70$
$4x = 70 - 50$
$4x = 20$
$x = 5$
5分は，問題の答えとしてよい。

答 5分

3章をふり返ろう

 1 次の式のなかで，解が -3 である方程式をすべて選びなさい。

ア　$2-5=-3$　　　イ　$2x+1=-5$　　　ウ　$3x+9$

エ　$8=x+5$　　　オ　$y+10=7$　　　カ　$2x+5=x+2$

[ガイド] 方程式は文字をふくんだ等式である。

アには文字がなく，**ウ**には $=$ がないので，方程式ではない。

残りの**イ**，**エ**，**オ**，**カ**のなかから，文字に -3 を代入して，左辺＝右辺が成り立つものを選ぶ。

オは y についての方程式である。

[解答] **イ**　左辺 $=2\times(-3)+1=-6+1=-5$，右辺 $=-5$ より，左辺＝右辺

エ　左辺 $=8$，右辺 $=(-3)+5=2$ より，左辺と右辺は等しくない。

オ　左辺 $=(-3)+10=7$，右辺 $=7$ より，左辺＝右辺

カ　左辺 $=2\times(-3)+5=-6+5=-1$，右辺 $=(-3)+2=-1$ より，

左辺＝右辺

答 イ，オ，カ

 2 右の式(教科書121ページ)は，移項を使って方程式①を解く手順を示しています。式①から②へ，式②から③へは，それぞれ何をどのように移項しているかを答えなさい。

[解答] 式①から②へ…**左辺の28を右辺に移項している。**

式②から③へ…**右辺の $-2x$ を左辺に移項している。**

3 次の方程式を解きなさい。

(1)　$x-8=5$　　　　　　　(2)　$-6x=18$

(3)　$2x-7=9$　　　　　　(4)　$4-7x=5x$

(5)　$6x-13=9x+8$　　　(6)　$7-5x=-x-33$

(7)　$5(x-1)+6=41$　　(8)　$5(a+4)-3(a-2)=8$

(9)　$0.7x-3.2=0.3x-0.8$　　(10)　$\dfrac{x}{8}-1=\dfrac{x}{12}+\dfrac{1}{4}$

[ガイド] (7)(8)　かっこがあるので，かっこをはずしてから，移項して解く。

(9)　両辺に10をかけて，係数を整数にしてから移項して解く。

(10)　両辺に分母の最小公倍数24をそれぞれかけて，係数を整数にしてから移項して解く。

[解答] (1)　$x-8=5$　　　　(2)　$-6x=18$　　　(3)　$2x-7=9$

$x=5+8$　　　　　　　　$\boldsymbol{x=-3}$　　　　　　　$2x=9+7$

$\boldsymbol{x=13}$　　　　　　　　　　　　　　　　　　　$2x=16$

$\boldsymbol{x=8}$

(4) $4-7x=5x$
$-7x-5x=-4$
$-12x=-4$
$$x=\frac{1}{3}$$

(5) $6x-13=9x+8$
$6x-9x=8+13$
$-3x=21$
$$x=-7$$

(6) $7-5x=-x-33$
$-5x+x=-33-7$
$-4x=-40$
$$x=10$$

(7) $5(x-1)+6=41$
$5x-5+6=41$
$5x=41+5-6$
$5x=40$
$$x=8$$

(8) $5(a+4)-3(a-2)=8$
$5a+20-3a+6=8$
$5a-3a=8-20-6$
$2a=-18$
$$a=-9$$

(9) $0.7x-3.2=0.3x-0.8$
両辺に10をかけると,
$7x-32=3x-8$
$7x-3x=-8+32$
$4x=24$
$$x=6$$

(10) $\dfrac{x}{8}-1=\dfrac{x}{12}+\dfrac{1}{4}$
両辺に24をかけると,
$3x-24=2x+6$
$3x-2x=6+24$
$$x=30$$

教科書 **p.121**

4 次の比例式を解きなさい。

(1) $x:12=5:4$　　　(2) $21:(x+5)=7:3$　　　(3) $\dfrac{x}{3}:8=5:6$

ガイド 比の性質を使って, 1次方程式に変形して解く。

解答 (1) $x:12=5:4$
$x\times4=12\times5$
$4x=60$
$$x=15$$

別解　　　　　$x:12=5:4$
比の値が等しいから, $\dfrac{x}{12}=\dfrac{5}{4}$
$$x=\dfrac{5}{4}\times12$$
$$x=15$$

(2) $21:(x+5)=7:3$
$21\times3=(x+5)\times7$
$(x+5)\times7=21\times3$
$7x+35=63$
$7x=63-35$
$7x=28$
$$x=4$$

(3) $\dfrac{x}{3}:8=5:6$
$\dfrac{x}{3}\times6=8\times5$
$2x=40$
$$x=20$$

教科書 **p.121**

5 姉はノート5冊と100円の消しゴムを1個, 弟は姉と同じノート3冊と50円の鉛筆を10本買ったところ, 2人が支払った代金が等しくなりました。ノート1冊の代金を求めなさい。

解答 ノート1冊の代金を x 円とすると,

$$x \times 5 + 100 \times 1 = x \times 3 + 50 \times 10$$
$$5x + 100 = 3x + 500$$
$$5x - 3x = 500 - 100$$

$$2x = 400$$
$$x = 200$$

200円は，問題の答えとしてよい。

 答 200円

6 現在，父は40歳，子どもは12歳です。父の年齢が子どもの年齢の5倍になるのはいつですか。

解答 今から x 年後に父の年齢が子どもの年齢の5倍になるとすると，

$$40 + x = 5(12 + x)$$
$$40 + x = 60 + 5x$$
$$x - 5x = 60 - 40$$
$$-4x = 20$$
$$x = -5$$

-5 年後とは，5年前のことである。

答 5年前（今後，父の年齢が子どもの5倍になることはない。）

7 1次方程式を使えるようになって，よかったことをあげてみましょう。

解答 （例）・等式の性質を利用して式を変形すると，わからなかった数量を求めることができるようになった。
・文章題で，数量の関係を方程式を使って解くと，簡単に答えを求めることができるようになった。

力をのばそう

❶ 次の方程式や比例式を解きなさい。

(1) $6x + 1 = 4x - 3$

(2) $1 - 5y = -2y - 11$

(3) $7 = 5 - (6 + 2x)$

(4) $4(2x - 1) + 10 = 11x$

(5) $3(5 - x) + 2(x - 5) = 8$

(6) $6 - 0.3x = -0.1x$

(7) $0.5x + 0.06 = 0.4x$

(8) $\dfrac{2}{3}x - \dfrac{1}{2} = \dfrac{1}{2}x - \dfrac{1}{5}$

(9) $\dfrac{y-1}{2} - \dfrac{3y+4}{5} = -2$

(10) $2 : 3 = (x-1) : (2x-5)$

解答 (1) $6x + 1 = 4x - 3$

1，$4x$ を移項すると，

$$6x - 4x = -3 - 1$$
$$2x = -4$$

両辺を2でわると，

$$x = -2$$

(2) $1 - 5y = -2y - 11$

1，$-2y$ を移項すると，

$$-5y + 2y = -11 - 1$$
$$-3y = -12$$

両辺を -3 でわると，

$$y = 4$$

(3)　$7 = 5 - (6 + 2x)$
　　$7 = 5 - 6 - 2x$
　　$2x = 5 - 6 - 7$
　　$2x = -8$
　　　$\boldsymbol{x = -4}$

(4)　$4(2x - 1) + 10 = 11x$
　　$8x - 4 + 10 = 11x$
　　$8x - 11x = 4 - 10$
　　　　$-3x = -6$
　　　　　$\boldsymbol{x = 2}$

(5)　$3(5 - x) + 2(x - 5) = 8$
　　$15 - 3x + 2x - 10 = 8$
　　　　$-3x + 2x = 8 - 15 + 10$
　　　　　　$-x = 3$
　　　　　　　$\boldsymbol{x = -3}$

(6)　$6 - 0.3x = -0.1x$
　　両辺に 10 をかけると，
　　　$60 - 3x = -x$
　　　$-3x + x = -60$
　　　　$-2x = -60$
　　　　　$\boldsymbol{x = 30}$

(7)　$0.5x + 0.06 = 0.4x$
　　両辺に 100 をかけると，
　　　$50x + 6 = 40x$
　　$50x - 40x = -6$
　　　　$10x = -6$
　　　　　$\boldsymbol{x = -\dfrac{3}{5}}$

(8)　$\dfrac{2}{3}x - \dfrac{1}{2} = \dfrac{1}{2}x - \dfrac{1}{5}$
　　両辺に 30 をかけると，
　　$20x - 15 = 15x - 6$
　　$20x - 15x = -6 + 15$
　　　　$5x = 9$
　　　　　$\boldsymbol{x = \dfrac{9}{5}}$

(9)　　$\dfrac{y - 1}{2} - \dfrac{3y + 4}{5} = -2$
　　両辺に 10 をかけると，
　　$5(y - 1) - 2(3y + 4) = -20$
　　$5y - 5 - 6y - 8 = -20$
　　　$5y - 6y = -20 + 5 + 8$
　　　　　$-y = -7$
　　　　　　$\boldsymbol{y = 7}$

(10)　　　$2 : 3 = (x - 1) : (2x - 5)$
　　$2 \times (2x - 5) = 3 \times (x - 1)$
　　　$4x - 10 = 3x - 3$
　　　$4x - 3x = -3 + 10$
　　　　　$\boldsymbol{x = 7}$

かっこをはずすとき，
あわてて計算ミスを
しないようにね。

教科書
p.122

❷　x についての方程式 $\dfrac{x - a}{2} = a + 1$ の解が -4 であるとき，a の値を求めなさい。

ガイド　方程式 $\dfrac{x - a}{2} = a + 1$ の解が -4 だから，x に -4 を代入すると等式は成り立つ。

解答　$\dfrac{x - a}{2} = a + 1$ の x に -4 を代入すると，

$\dfrac{-4 - a}{2} = a + 1$

$$-4-a = 2(a+1)$$
$$-4-a = 2a+2$$
$$-a-2a = 2+4$$
$$-3a = 6$$
$$a = -2$$

xに-4を代入すると，aについての方程式になるよ。

3
章

教科書
p.122
❸ バスで遠足に行くのに，55人乗りのバスにすると最後の1台にまだ40人乗れ，65人乗りのバスにすると55人乗りよりも2台少なくてすみ，空席もないといいます。そこで，65人乗りのバスで行くことにしました。バスは何台必要ですか。また，遠足に行く人数を求めなさい。

ガイド 65人乗りのバスの台数をx台として，遠足に行く人数に着目して方程式をつくる。55人乗りのバスの台数は65人乗りのバスの台数より2台多いから$(x+2)$台となる。

解答 65人乗りのバスの台数をx台とすると，$65 \times x = 55 \times (x+2) - 40$

$$65x = 55x + 110 - 40$$
$$65x - 55x = 110 - 40$$
$$10x = 70$$
$$x = 7$$

65人乗りのバスの台数は7台だから，遠足に行く人数は，$65 \times 7 = 455$（人）
これらは，問題の答えとしてよい。

答 65人乗りのバスの台数… **7台**　　遠足に行く人数… **455人**

教科書
p.122
❹ ある人が地点Aから16km離れた地点まで行くのに，途中の地点Pまでは時速5kmで歩き，地点Pからは時速4kmで歩いて，全部で3時間24分かかりました。地点A，P間の道のりを求めなさい。

ガイド A，P間の道のりを$x$kmとすると，
地点Pからの道のりは$(16-x)$kmとなる。

地点Pまでにかかった時間は$\dfrac{x}{5}$時間，

地点Pからかかった時間は$\dfrac{16-x}{4}$時間で，

この合計が3時間24分$= 3\dfrac{24}{60}$時間$= 3\dfrac{2}{5}$時間$= \dfrac{17}{5}$時間である。

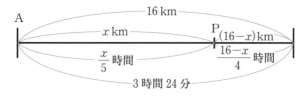

解答 A，P間の道のりを x km とすると，

$$\frac{x}{5}+\frac{16-x}{4}=\frac{17}{5}$$

両辺に20をかけると，

$$4x+5(16-x)=68$$
$$4x+80-5x=68$$
$$4x-5x=68-80$$
$$-x=-12$$
$$x=12$$

12kmは，問題の答えとしてよい。

答 **12 km**

 ❺ 5時間で800個の商品を作る機械があります。同じ機械で1000個の商品を作るとき，機械を何時間何分動かせばよいですか。

解答 機械を動かす時間を x 時間とすると，

$$5:x=800:1000$$
$$5\times1000=x\times800$$
$$x\times800=5\times1000$$
$$x=6.25$$

6.25時間 ＝ 6時間15分

よって，1000個の商品を作るとき，機械を6時間15分動かせばよい。

これは問題の答えとしてよい。

答 **6時間15分**

 ❻ ある中学校の全生徒数は450人で，男子の生徒数は女子の生徒数の80％より54人多いといいます。男子の生徒数を求めなさい。

ガイド （男子の生徒数）＋（女子の生徒数）＝（全生徒数）

女子の生徒数を x 人とすると，その80％は，$0.8x$ 人と表される。

男子の生徒数は $0.8x$ 人より54人多い。

解答 女子の生徒数を x 人とすると，

男子の生徒数は $(0.8x+54)$ 人と表せるから，

$$(0.8x+54)+x=450$$

両辺に10をかけると，

$$(8x+540)+10x=4500$$
$$8x+10x=4500-540$$
$$18x=3960$$
$$x=220$$

求める男子の生徒数は，$450-220=230$（人）

230人は，問題の答えとしてよい。

男子の人数を x 人として
方程式をつくると，
$$x+\frac{x-54}{0.8}=450$$
女子の人数を x 人とした
ほうが，方程式をつくる
のも解くのも簡単だね。

答 **230人**

つながる・ひろがる・数学の世界

日常の場面で数学の問題をつくるには

あゆみさんとのぞむさんは，ケーキ店での買い物を題材に，1次方程式を利用して解決できる問題（教科書123ページ）をつくっています。

(1) 問題をどのようになおせば，方程式の解を自然数にすることができますか。
(2) 方程式の解が問題の答えとして適切になるようにするには，どのようなことに気をつければよいですか。

ガイド (1) 解はケーキの数を表すので，自然数になることに注意する。

解答 (1) （例）　代金を $\boxed{}$ 円とすると，方程式は，

$$450x+420(10-x) = \boxed{}$$
$$450x+4200-420x = \boxed{}$$
$$30x+4200 = \boxed{}$$

となる。x はチーズケーキの個数なので，1から9のどの自然数でもよい。

例えば，$x=1$ とすると，代金を4230円とすればいい。

(2) （例）　**解がどのような数値やどのような数の範囲になければいけない問題なのかに注意して，問題を作成する。**

自分で課題をつくって取り組もう

（例）・1次方程式を利用して解決できる問題をつくってみよう。

家から名古屋まで150kmある。家を車で出発して時速80kmで1時間30分進んだあと，20分間休憩して名古屋に向かった。休憩後，道が混んでいたので，速度を落として走ったところ，家から名古屋まで2時間20分かかった。休憩後の速度を求めなさい。

ガイド （道のり）＝（速さ）×（時間）

1時間30分 $= 1\dfrac{1}{2}$ 時間，　20分 $= \dfrac{1}{3}$ 時間，　2時間20分 $= 2\dfrac{1}{3}$ 時間

解答 休憩後の速度を時速 x km とすると，

$$80\times1\frac{1}{2}+x\times\left(2\frac{1}{3}-1\frac{1}{2}-\frac{1}{3}\right) = 150$$

$$80\times\frac{3}{2}+x\times\frac{1}{2} = 150$$

$$120+\frac{1}{2}x = 150$$

$$\frac{1}{2}x = 150-120$$

$$\frac{1}{2}x = 30$$

$$x = 60$$

休憩後の速度60kmは，問題の答えとしてよい。

答 時速60km

4章 量の変化と比例，反比例

教科書
p.124

東京マラソンに出場した先生をいろいろな場所で応援しました。
(1) マラソン大会で，時刻にともなって変化していった数量を，いろいろあげましょう。

解答 (1) **気温。選手が走った道のり。走っている選手がいる地点からゴールまでの道のり。など。**

1節 量の変化

① ともなって変わる2つの量

CHECK!
確認したら
✓を書こう

教科書の要点

□関数　　ともなって変わる2つの数量 x，y があって，x の値を決めると，それに対応して y の値がただ1つに決まるとき，y は x の関数であるという。

教科書
p.126

活動1 右のグラフ(教科書126ページ)は，ある地点での，ある日の8時から18時までの1時間ごとの気温の変化のようすを表したものです。このグラフから，いろいろなことを読み取りましょう。
(1) 12時の気温は何℃ですか。また，15時の気温は何℃ですか。
(2) 時刻を決めると，気温はただ1つに決まるといってよいですか。
(3) 10℃のときの時刻は1つに決まりますか。

ガイド (3) 10℃のときの時刻は，12時と15時半の2つある。

解答 (1) 12時…**10℃**　　　　15時…**11℃**

(2) **1つに決まる。**　　　　　　　　(3) **1つに決まらない。**

教科書
p.126

Q1 次の(1)，(2)に答えなさい。
(1) 正方形で，周の長さが20cmのとき，1辺の長さは1つに決まりますか。
(2) 長方形で，周の長さが20cmのとき，横の長さは1つに決まりますか。

ガイド (1) 正方形は4辺の長さが等しいので，周の長さが20cmの正方形の1辺の長さは，20÷4＝5より，5cmである。
(2) 周の長さが20cmの長方形の縦と横の長さは，「縦1cm，横9cm」，「縦3cm，横7cm」など，いろいろな場合がある。

解答 (1) **1つに決まる。**　　　　　　　　(2) **1つに決まらない。**

教科書
p.127

Q2 **活動1** で，「気温は時刻の関数である」といえますか。
また，「時刻は気温の関数である」といえますか。

ガイド 時刻が決まると，気温はただ1つに決まるが，気温が決まっても，たとえば10℃

になる時刻は2回あるので，1つに決まらない。

解答 気温は時刻の関数であると**いえる**。

時刻は気温の関数であると**いえない**。

教科書
p.127 **Q3** 円の面積を決めるには，何が決まればよいですか。

また，そのことを「～は…の関数である」といういい方で表しなさい。

ガイド (円の面積) = (半径)×(半径)×円周率

解答 **半径**が決まると，円の面積はただ1つに決まる。

よって，**円の面積は半径の関数である**。

教科書
p.127 **Q4** 次の(1)～(5)で，yはxの関数であるといえますか。

(1) 1本x円の鉛筆を10本買うときの代金がy円

(2) 周の長さが$x$cmの長方形の面積が$y$cm^2

(3) 800m離れた公園へ，分速xmの速さで進むときにかかる時間がy分

(4) 180ページの本をxページ読んだときの残りがyページ

(5) 今日のx時に，東京タワーの大展望台にいる人がy人

ガイド yがxの関数であるかを調べるには，あるxの値を決めると，それに対応してyの値がただ1つに決まるかどうかを調べればよい。

(1) 鉛筆1本の値段が決まれば，10本買うときの代金は決まる。

(2) 周の長さが決まっても，縦と横の長さは決まらないので，
面積は決まらない。

(3) 進む速さが決まれば，かかる時間は決まる。

(4) 読んだページ数が決まれば，残りのページ数も決まる。

(5) 時刻が決まれば，その時刻の東京タワーの大展望台にいる人数は決まる。

解答 (1) **関数であるといえる。**

(2) **関数であるといえない。**

(3) **関数であるといえる。**

(4) **関数であるといえる。**

(5) **関数であるといえる。**

教科書
p.127 ## 学びに プラス 身のまわりで関数を見つけよう

「yはxの関数である」といえる例をいろいろあげてみましょう。

ガイド ある値xを決めると，それに対応してyの値がただ1つに決まることがらを考える。

解答 (例)・**体積が$x$cm^{3}の水の重さがyg**

・**水そうに1分間にxLずつ水を入れたときにたまる水の量はyL**

・**1辺の長さが$x$cmの正方形の面積が$y$cm^2**

4
章

1
節
量
の
変
化

② 2つの数量の関係の調べ方

CHECK!
確認したら
✓を書こう

教科書の要点

□変数　　　　いろいろな値をとることができる文字を変数という。

□変域　　　　変数のとりうる値の範囲を，その変数の変域という。

変域の表し方には，次の3つがある。

①ことばによる表し方　　例　①の例　xの変域が2以上5未満

②不等号による表し方　　②の例　$2 \leqq x < 5$

③数直線による表し方　　③の例　　　　　$2 \leqq x < 5$

1　2　3　4　5　6

活動1 60L入る空の容器に，毎分5Lずつ水を入れ，満水になったら水を止めます。
水を入れ始めてからx分後の水の量をyLとするとき，xとyの関係について調べましょう。

(1)　xの値に対応するyの値を求めて，表(教科書128ページ)を完成させなさい。
また，xの値を適当にとって，対応するyの値を求めなさい。

(2)　yはxの関数であるといえますか。

(3)　満水になるのは何分後ですか。

(4)　xの値はどのような範囲の数ですか。

(5)　xとyの関係をグラフ(教科書128ページ)で表しなさい。

(6)　yをxの式で表しなさい。

ガイド (1)　水の量は，5×(入れた時間)で求められる。表に与えられていない数を自分で決めて，表に追加しておこう。

(2)　xの値が決まると，それに対応してyの値がただ1つに決まっている。

(3)　$60 \div 5 = 12$ で求める。

(4)　満水になるまでの範囲内(0から12まで)のすべての値をとる。
(1)ではxが整数の値だけを調べているが，
xは整数だけでなく，分数や小数の値をとってもよい。

(5)　xは範囲内のすべての値をとるので，このうちのいくつかをとって，その点を直線で結ぶ。

解答 (1)　(左から順に)5，10，25，60
(例)　$x = 3$ のとき，$y = 15$
　　　$x = 7$ のとき，$y = 35$

(2)　yはxの関数であるといえる。

(3)　12分後

(4)　0以上12以下のすべての数

(5)　右の図

(6)　$y = 5 \times x$ より，$y = 5x$

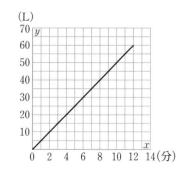

教科書 p.129	たしかめ **1** **1** で，y の変域を不等号を使って表しなさい。

ガイド 容器ははじめは空で，60 L で満水になる。y の変域は，容器に入る水の量を考えれば求められる。

解答 $0 \leqq y \leqq 60$

教科書 p.129	**Q1** x の変域が次のとき，その変域を不等号を使って表しなさい。 また，その変域をを数直線上（教科書129ページ）に表しなさい。 (1)　2 以下の数 (2)　1 より大きい数 (3)　−4 以上 3 未満の数

解答 (1)　$x \leqq 2$

$$-4\ -3\ -2\ -1\ 0\ 1\ 2\ 3\ 4$$

(2)　$x > 1$

$$-4\ -3\ -2\ -1\ 0\ 1\ 2\ 3\ 4$$

(3)　$-4 \leqq x < 3$

$$-4\ -3\ -2\ -1\ 0\ 1\ 2\ 3\ 4$$

数直線上では，その数をふくむときは「●」，ふくまないときは「○」で表そう。

教科書 p.129	**Q2** x の変域が，右（教科書129ページ）のように数直線上に表されています。この変域を，不等号を使って表しなさい。

解答 $2 < x \leqq 5$

2節 比例

❶ 比例の意味

CHECK!
確認したら
✓を書こう

教科書の要点

□変数と定数	$y = 4x$，$y = 30x$ などで，x，y は変数であるが，4，30は定まった数である。このような定まった数やそれを表す文字を定数という。
□比例	y が x の関数で，変数 x と y の関係が $y = ax$（a は定数，$a \neq 0$）で表されるとき，y は x に比例するという。 **例** $y = 2x$，$y = 7x$ のとき，y は x に比例する。
□比例定数	比例を表す式 $y = ax$ で，a を比例定数という。 y が x に比例し，$x \neq 0$ のとき，$\dfrac{y}{x}$ の値は一定で，比例定数に等しい。 **例** $y = 2x$ の比例定数は 2，$y = 7x$ の比例定数は 7 である。
□比例の特徴	y が x に比例するとき， x の値が 2 倍，3 倍，……になると，y の値も 2 倍，3 倍，……になる。また，x の値が $\dfrac{1}{2}$ 倍，$\dfrac{1}{3}$ 倍，……になると，y の値も $\dfrac{1}{2}$ 倍，$\dfrac{1}{3}$ 倍，……になる。

4章

2節

比例

教科書 p.130

東へ秒速３ｍで走っている選手が，ある地点Aを通過しました。
その４秒後は，どこを走っているでしょうか。
また，４秒前は，どこを走っていたのでしょうか。

ガイド 求める選手の基準の地点Aからの位置は，（秒速）×（時間）で求められる。
４秒前は－４秒後のことだから，負の数で答えてもよい。

解答 ４秒後…**地点Aから東へ12ｍの地点** または，地点Aから西へ－12ｍの地点
４秒前…**地点Aから西へ12ｍの地点** または，地点Aから東へ－12ｍの地点

教科書 p.130

活動1 考えよう で，選手が地点Aを通過してからx秒後に，Aから東へyｍの地点を通過したとして，xとyの関係を調べましょう。

(1) 地点Aを通過する４秒前の選手の位置は，Aから西へ12ｍの地点なので，
$x = -4$のとき$y = -12$
同じように考えて，次の表（教科書130ページ）を完成させなさい。

(2) yはxの関数であるといえますか。

(3) xの値が２倍，３倍，４倍，……になると，対応するyの値はどのように変わりますか。xの値が正の数，負の数の場合に分けて調べなさい。また，xの値が$\frac{1}{2}$倍，$\frac{1}{3}$倍，$\frac{1}{4}$倍，……になると，どのようになりますか。

(4) 商$\frac{y}{x}$の値について，どのようなことがいえますか。

(5) yをxの式で表しなさい。

ガイド (4) 表より，$x = -3$のとき，$\frac{y}{x} = \frac{-9}{-3} = 3$

$x = 0$のとき，０でわることはできない。

$x = 1$のとき，$\frac{y}{x} = \frac{3}{1} = 3$

$x = 2$のとき，$\frac{y}{x} = \frac{6}{2} = 3$

解答 (1)

x(秒)	…	-4	-3	-2	-1	0	1	2	3	4	…
y(m)	…	-12	-9	**-6**	**-3**	0	3	6	9	12	…

(2) **yはxの関数であるといえる。**

(3) xの値が正の数の場合も，負の数の場合も，ともにxの値が２倍，３倍，４倍，……になると，yの値も**２倍，３倍，４倍，……になる。**

また，xの値が$\frac{1}{2}$倍，$\frac{1}{3}$倍，$\frac{1}{4}$倍，……になると，

yの値も$\frac{1}{2}$**倍，**$\frac{1}{3}$**倍，**$\frac{1}{4}$**倍，……になる。**

(4) $x = 0$，$y = 0$のとき以外は，**いつでも３である。**

(5) **$y = 3x$**

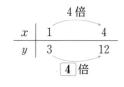

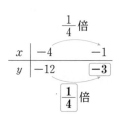

教科書 p.131 Q1 $y = 5x$ について，次の表(教科書131ページ)を完成させなさい。
また，1の(3)，(4)と同じことを調べなさい。

解答 (左から順に)-15，-10，-5，0

(3) xの値が正の数の場合も，負の数の場合も，ともにxの値が2倍，3倍，4倍，……になると，対応するyの値も**2倍，3倍，4倍，……になる。**

また，xの値が$\frac{1}{2}$倍，$\frac{1}{3}$倍，$\frac{1}{4}$倍，……になると，yの値も$\frac{1}{2}$**倍**，$\frac{1}{3}$**倍**，$\frac{1}{4}$**倍，……になる。**

(4) $x = 0$，$y = 0$のとき以外は，**いつでも5である。**

教科書 p.131 Q2 1で，比例定数をいいなさい。また，それは何を表していますか。

ガイド 変数xとyの関係が$y = ax$で表されるとき，aが比例定数である。

解答 比例定数…3　**東へ秒速3mで走っていることを表している。**

教科書 p.131 Q3 次の(1)〜(3)について，yをxの式で表しなさい。
また，yはxに比例するといえるものを選び，その比例定数をいいなさい。
(1) 1辺が$x$cmの正方形の周の長さが$y$cm
(2) x円の絵の具と，y円の絵筆を買うときの代金が1000円
(3) 縦の長さが6cm，横の長さが$x$cmの長方形の面積が$y$cm^2

ガイド 変数xとyの関係が$y = ax$(aは定数)で表されるものを選ぶ。aが比例定数である。

解答 (1) $y = 4x$　　(2) $y = 1000 - x$　　(3) $y = 6x$
yがxに比例するもの…(1)，(3)
比例定数…(1) 4　　(3) 6

❷ 比例と比例定数

CHECK! 確認したら✓を書こう

教科書の要点

□**比例定数が負の数の場合** yがxに比例して，比例定数が負の数の場合，xの値が増加すると，yの値は減少する。また，比例定数が正の数の場合と同じように，yがxに比例するとき，xの値が2倍，3倍，……になると，yの値も2倍，3倍，……になる。また，xの値が$\frac{1}{2}$倍，$\frac{1}{3}$倍，……になると，yの値も$\frac{1}{2}$倍，$\frac{1}{3}$倍，……になる。

教科書 p.132 ? 西へ秒速3mで走っている選手が，ある地点Aを通過しました。
その4秒後は，どこを走っているでしょうか。
また，4秒前は，どこを走っていたのでしょうか。

解答 4秒後…**地点Aから西へ12mの地点** または，地点Aから東へ−12mの地点

4秒前…**地点Aから東へ12mの地点** または，地点Aから西へ−12mの地点

注意 東の方向を＋とすると，4秒後は，地点Aから東へ−12mの地点，

4秒前は，地点Aから西へ−12mの地点というようにも表せる。

教科書 p.132

活動 1 **? 考えよう** で，選手が地点Aを通過してからx秒後に，Aから東へymの地点を通過したとして，xとyの関係を調べましょう。

(1) 地点Aを通過した4秒後はどこを走っていますか。

また，4秒前はどこを走っていましたか。

(2) 次の表(教科書132ページ)を完成させなさい。

(3) 商$\dfrac{y}{x}$の値について，どのようなことがいえますか。

(4) yをxの式で表しなさい。

(5) yはxに比例するといえますか。

(6) xの値が2倍，3倍，4倍，……になると，対応するyの値はどのように変わりますか。

(7) xの値が増加すると，対応するyの値は増加しますか。

解答 (1) 4秒後…**地点Aから東へ−12mの地点**

4秒前…**地点Aから東へ12mの地点**

(2)

x(秒)	…	−4	−3	−2	−1	0	1	2	3	4	…
y(m)	…	12	**9**	**6**	**3**	0	**−3**	**−6**	**−9**	−12	…

(3) 表のxとyの値を$\dfrac{y}{x}$に代入すると，

$x=0$, $y=0$のとき以外は，**いつでも−3である。**

(4) $y=-3x$

(5) **yはxに比例するといえる。**

(6) **yの値も2倍，3倍，4倍，……になる。**

(7) **yの値は減少する。**

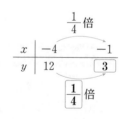

教科書 p.132

Q1 **1** で，比例定数をいいなさい。

ガイド 変数xとyの関係が$y=ax$で表されるとき，aを比例定数という。

解答 −3

教科書 p.133

Q2 **1** で調べたxとyの関係と，(教科書)130ページの **1** で調べたxとyの関係を比べると，どのような共通点やちがいがありますか。

ガイド 調べた特徴を比較してみるとよい。

解答 共通点

・変数 x と y の関係が $y = ax$（a は定数）で表すことができる。

・$x = 0$，$y = 0$ のとき以外は，商 $\dfrac{y}{x}$ の値は決まった数となり，比例定数に等しい。

・x の値が 2 倍，3 倍，4 倍，……になると，y の値も 2 倍，3 倍，4 倍，……になる。

・x の値が $\dfrac{1}{2}$ 倍，$\dfrac{1}{3}$ 倍，$\dfrac{1}{4}$ 倍，……になると，y の値も $\dfrac{1}{2}$ 倍，$\dfrac{1}{3}$ 倍，$\dfrac{1}{4}$ 倍，……になる。

ちがい

・比例定数が負の数と正の数のちがいがある。

・x の値が増加すると，y の値が減少するか増加するかのちがいがある。　など。

4章 2節 比例

教科書 p.133 **Q3** 右の図（教科書133ページ）のような直方体の形をした容器があり，一定の割合で水位が変化しています。ある時刻の水位を基準の 0 cm とすると，2 分後の水位は −8 cm になりました。x 分後の水位を y cm として，次の(1)~(3)に答えなさい。

(1) 次の表（教科書133ページ）を完成させなさい。

(2) y を x の式で表し，比例定数をいいなさい。
　　また，その比例定数は何を表していますか。

(3) 水位が −24 cm になるのは何分後ですか。

ガイド (2) y を x の式で表したとき，$y = ax$ の形の式になれば，y は x に比例している。

解答 (1) （左から順に）**16，8，−16**

(2) （水位）＝（1 分間に変化する水位）×（時間）で表せて，
　　2 分後の水位が −8 cm だから，
　　1 分間に変化する水位は，$-8 \div 2 = -4$ より，−4 cm になる。
　　よって，**x と y の関係が $y = -4x$ で表される。**
　　したがって，比例定数は，**−4**
　　水位が 1 分間に 4 cm ずつ下がっているということを表している。

(3) $y = -4x$ の y に −24 を代入して，
　　$-24 = -4x$　　$x = 6$　　よって，**6 分後**

教科書 p.133 **Q4** 次の表（教科書133ページ）で，y は x に比例しています。表を完成させなさい。
また，比例定数をいいなさい。

解答 (1) （左から順に）**−3，−8，0，4**　　　比例定数は $\dfrac{y}{x} = \dfrac{-4}{-1} = $ **4**

(2) （左から順に）**10，0，−5，−10**　　　比例定数は $\dfrac{y}{x} = \dfrac{5}{-0.5}$
　　　　　　　　　　　　　　　　　　　　　　　　　　　$= 5 \div (-0.5) = $ **−10**

❸ 座標

CHECK!

確認したら
✓を書こう

教科書の要点

□座標軸　　点Oで垂直に交わる2つの数直線で，横の数直
線を x 軸，縦の数直線を y 軸，両方合わせて
座標軸，座標軸の交点を原点という。

□座標平面　座標軸のかかれている平面を座標平面という。

□点の座標　右の座標平面上の点Pの位置を(3, 4)と表し，
これを点Pの座標といい，3を点Pの x 座標，
4を点Pの y 座標という。
また，座標が(3, 4)である点PをP(3, 4)と
表し，原点Oは，O(0, 0)と表す。

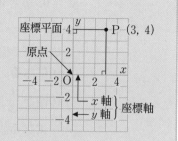

教科書 p.134

❓ あるイベントホールの座席(教科書134ページの図)は，縦の列をA，B，C，……で
分け，横の列を1番から順に番号をつけて，縦と横を組み合わせて，座席の位置を表
しています。C列7番の座席は，どの位置になるでしょうか。

解答 C列7番の座席…**右の図の●の位置**

C ① ② ③ ④ ⑤ ⑥ ❼ ⑧ ⑨ ⑩ ⑪ ⑫

教科書 p.134

🏃1 (教科書)130ページの 1 の選手が進むようすを，グラフに表しましょう。

(1) 右の図(教科書134ページ)に，地点Aを通過した1秒後，2秒後，3秒後の選手
の位置を表す点をとりなさい。

(2) 地点Aを通過する3秒前の選手の位置を表すには，どのようにすればよいですか。

ガイド (1)　1秒後は3m，2秒後は6m，3秒後は9mの位置にとる。

(2)　3秒前(−3秒後)に地点Aから−9mということを表すた
めには，座標平面を横の軸と縦の軸が負の範囲まで表せるよ
うに座標平面をひろげる必要がある。

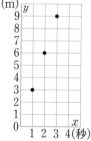

解答 (1)　**右の図**

(2)　**横の軸と縦の軸(2本の数直線)を負の向きに延長して，**
座標平面をひろげる。

教科書 p.135

Q1 右の図(教科書135ページ)の点A〜Eの座標を，それぞれいいなさい。

ガイド x 座標を先に，y 座標を後に書く。x 軸上の点の y 座標は0である。

解答 A(3, 2)　　　　B(1, 0)　　　　C(−3, 5)
D(−4, −3)　　E(5, −3)

教科書 p.135

Q2 次の点の位置を，Q1 の座標平面上に示しなさい。

(1) F(3, −2)　　　　　　　　　　(2) G(−3, −2)

(3) H(0, 5)　　　　　　　　　　 (4) I(−3, 0)

ガイド 座標平面上に示すには，点Oで垂直に交わる2つの数直線をかいて，x軸，y軸をつくる必要がある。

解答 右の図（F〜I）

※J，Kの点は
次の ┃プラス・ワン┃ の答え

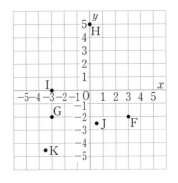

どんな2つの数の組も，座標平面上のただ1つの点の座標となるよ。

教科書 p.135

┃プラス・ワン┃ (1) $J\left(\dfrac{1}{2},\ -\dfrac{5}{2}\right)$　　　(2) $K(-3.5,\ -4.5)$

ガイド 分数や小数の値の座標は，整数の値とちがい正しく示すのが難しいが，できるだけ正確に示す。

解答 Q2 の図のJとK

教科書 p.135

学びにプラス　点の位置はどこ？

座標平面上の点$A(0.01,\ 100)$は，どのあたりにあるでしょうか。
また，点$B(0.01,\ -100)$はどうでしょうか。

解答 点Aは，y軸の右側でy軸のかなり近くでずっと上のほうにある。
　　点Bのx座標は，点Aのx座標と等しいが，y座標は絶対値が等しく符号が反対である。
　　したがって，**点Bは点Aとx軸について対称（x軸をはさんでちょうど反対側）の位置にある**（y軸の右側でy軸のかなり近くでずっと下のほうにある）。

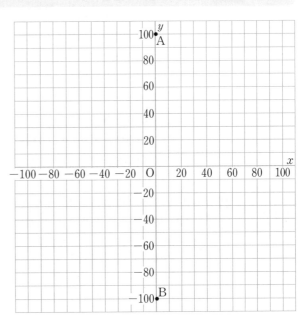

❹ 比例のグラフ

CHECK!
確認したら
✓を書こう

教科書の要点

□比例のグラフ　$y = ax$ のグラフは，対応する x，y の値を求めて，x，y の値の組を座標とする点を座標平面上にとっていくと，それらの点の集合は，次の図のような直線になる。

□比例のグラフ　$y = ax$ のグラフは，原点を通る直線である。x の
　の特徴　　　値がどこから1増加しても，y の値は比例定数と同じだけ増加する。

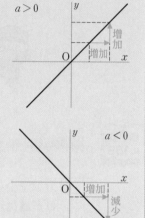

（比例定数が正の数のとき）
・$y = ax$ のグラフは，
　$a > 0$ のとき，原点を通る右上がりの直線であり，
　x の値が増加すると，対応する y の値も増加する。

（比例定数が負の数のとき）
・$y = ax$ のグラフは，
　$a < 0$ のとき，原点を通る右下がりの直線であり，
　x の値が増加すると，対応する y の値は減少する。

教科書 p.136

❓ $x \geqq 0$ のとき，$y = 2x$ のグラフはどのようになるでしょうか。
また，$x < 0$ のときはどのようなグラフになるか，予想してみましょう。

解答（例）　$x \geqq 0$ のとき，
・y の変域は $y \geqq 0$ なので，グラフは座標平面を軸で4つに分けたうちの右上の部分にあると考えられる。
・比例定数が正の数だから，x の値が増加すると y の値も増加するので，x の値が大きくなるにつれ，y の値は増加し，右上がりの直線になると考えられる。

$x < 0$ のとき，
・y の変域は $y < 0$ なので，グラフは座標平面を軸で4つに分けたうちの左下の部分にあると考えられる。

教科書 p.136

活動1 $y = 2x$ のグラフについて調べましょう。
(1) 上の表（教科書136ページ）の対応する x，y の値の組を座標とする点を，次の座標平面上（教科書136ページ）にとりなさい。
(2) x の値を0.5きざみにして，x，y の値の組を座標とする点を，左の座標平面上（教科書136ページ）にかき加えなさい。
(3) さらに x の値を小きざみにした点をとると，どのようなことがいえそうですか。

ガイド(2) 点 $(-4.5, -9)$，$(-3.5, -7)$，$(-2.5, -5)$，$(-1.5, -3)$，$(-0.5, -1)$，$(0.5, 1)$，$(1.5, 3)$，$(2.5, 5)$，$(3.5, 7)$，$(4.5, 9)$ をかき加える。

解答 (1)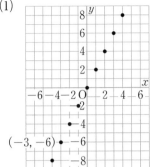

(2)

(3) **点と点の間はさらにせまくなり，原点を通る右上がりの直線になる。**

教科書 **p.137**

[活動2] $y = -2x$ のグラフについて調べましょう。
(1) 次の表（教科書137ページ）を完成させなさい。
(2) (1)の表の対応する x，y の値の組を座標とする点を，[1] の座標平面上（教科書136ページ）にとりなさい。
(3) [1] の(2)，(3)と同じようにして点をとると，$y = -2x$ のグラフはどのようになると考えられますか。

(ガイド)(1) $x = -4$，-3，-2，-1，0，1，2，3，4 を，
$y = -2x$ に代入して y の値を求める。
$x = -4$ のとき，$y = -2 \times (-4) = 8$
$x = 0$ のとき，$y = -2 \times 0 = 0$

(3) 点$(-4.5, 9)$，$(-3.5, 7)$，$(-2.5, 5)$，$(-1.5, 3)$，$(-0.5, 1)$，
$(0.5, -1)$，$(1.5, -3)$，$(2.5, -5)$，$(3.5, -7)$，$(4.5, -9)$
をかき加える。

解答 (1) （左から順に）**8**，**6**，**4**，**2**，**0**，**−2**，**−4**，**−6**，**−8**

(2)

(3) **点と点の間はさらにせまくなり，原点を通る右下がりの直線になる。**

教科書 **p.137**

Q1 次の(1)，(2)で，表（教科書137ページ）を完成させ，グラフをかきなさい。
(1) $y = 3x$ (2) $y = -3x$

解答 (1) （左から順に）**−9**，**−6**，**−3**，**0**，**3**，**6**，**9**
(2) （左から順に）**9**，**6**，**3**，**0**，**−3**，**−6**，**−9**

(1) 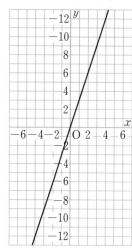　　　(2)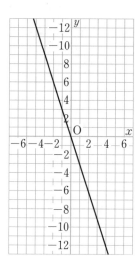

プラス・ワン

(1)　$y = \dfrac{1}{2}x$　　　　　　　(2)　$y = -\dfrac{1}{2}x$

解答 (1)

x	$\cdots$	-3	-2	-1	0	1	2	3	$\cdots$
y	$\cdots$	$-\dfrac{3}{2}$	-1	$-\dfrac{1}{2}$	0	$\dfrac{1}{2}$	1	$\dfrac{3}{2}$	$\cdots$

(2)

x	$\cdots$	-3	-2	-1	0	1	2	3	$\cdots$
y	$\cdots$	$\dfrac{3}{2}$	1	$\dfrac{1}{2}$	0	$-\dfrac{1}{2}$	-1	$-\dfrac{3}{2}$	$\cdots$

(1) 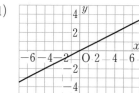　　　(2)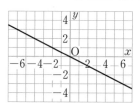

活動3 次の2つの比例のグラフ(教科書138ページ)の特徴について調べましょう。

(1)　それぞれのグラフで，xの値が増加すると，対応するyの値は増加しますか，それとも減少しますか。

(2)　それぞれのグラフで，xの値が1増加すると，yの値はいくら増加しますか。

(3)　$y = 2x$ と $y = -2x$ のグラフの共通点をいいなさい。

ガイド 表とグラフから考える。グラフの特徴を読み取るときは，座標が整数になる点のところでみるとよい。

解答 (1)　$y = 2x$……**対応するyの値も増加する。**

　　　　　$y = -2x$…**対応するyの値は減少する。**

(2)　$y = 2x$……**yの値は2増加する。**

　　　　　$y = -2x$…**yの値は-2増加する。**

(3)　**原点を通る直線である。**

📖教科書 p.138 **Q2** (教科書)137ページの**Q1**でかいた $y=3x$ と $y=-3x$ のグラフを使って，**3**と同じことを調べなさい。

解答 (1) $y=3x$……**対応するyの値も増加する。**

　　　 $y=-3x$…**対応するyの値は減少する。**

(2) $y=3x$……**yの値は3増加する。**

　　 $y=-3x$…**yの値は-3増加する。**

(3) **原点を通る直線である。**

📖教科書 p.139

学びにプラス　比例のグラフ

右の(1)〜(4)の直線(教科書139ページ)は，次の**ア**〜**エ**のグラフをかいたものです。それぞれどのグラフでしょうか。

ア $y=2x$ 　　**イ** $y=-2x$ 　　**ウ** $y=\dfrac{1}{2}x$ 　　**エ** $y=-\dfrac{1}{2}x$

ガイド ア〜**エ**の比例定数 a に着目する。$a>0$ のときグラフは右上がりに，$a<0$ のときグラフは右下がりになる。また，x の値が1増えたときの y の値の増え方や減り方から考える。

解答 (1) **ウ** 　　(2) **ア** 　　(3) **イ** 　　(4) **エ**

CHECK!
確認したら
✓を書こう

教科書の要点

□比例のグラフ のかき方	比例のグラフは，原点とそれ以外の1つの点を決めて直線をひく。

　　　　　　　　　例 $y=-4x$ のグラフのかき方 → $x=1$ のとき $y=-4$ になるから，

　　　　　　　　　2点 $(0,\ 0)$ と $(1,\ -4)$ を通る直線をひく。

📖教科書 p.140

問4 比例のグラフの特徴を利用して，$y=-3x$ のグラフをかきましょう。

(1) 比例のグラフであるから，必ずある点を通ります。その点はどこですか。

(2) $x=1$ のとき $y=-3$ であるから，グラフは点 $(1,\ -3)$ を通ります。この点と(1)の点を使って，グラフをかきなさい。

(3) (2)でかいたグラフが点 $(-2,\ 6)$ を通ることを確かめなさい。

解答 (1) **原点**

(2) **右の図**

　　原点と $(1,\ -3)$ を通る直線をひいてかく。

(3) (2)でかいたグラフは，$x=-2$ のとき $y=6$ となる点を通っていることがわかる。

　　したがって，このグラフは点 $(-2,\ 6)$ を通る。

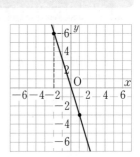

教科書
p.141 **Q3** 次のグラフをかきなさい。

(1) $y = 4x$ (2) $y = -x$ (3) $y = \dfrac{3}{4}x$

(4) $y = -\dfrac{2}{3}x$ (5) $y = 0.2x$

ガイド 原点とそれ以外の，x，y座標がともに整数とな
る1つの点を決めて，2点を結ぶ直線をかく。

(1) $x = 1$のとき，$y = 4 \times 1 = 4$より，点$(1, 4)$を通る。

(2) $x = 1$のとき，$y = -1 \times 1 = -1$より，点$(1, -1)$を通る。

(3)(4) 比例定数が分数の比例のグラフは，x座標，y座標がともに整数になる点
をとるとよい。

分母の倍数をx座標に選ぶと，x，y座標とも
整数になる。たとえば，(3)は原点と点$(4, 3)$
を通る直線，(4)は，原点と点$(3, -2)$を通る
直線になる。

(5) $y = 0.2x$は小数を分数になおすと，$y = \dfrac{1}{5}x$

となるから，(3)，(4)と同じように点をとる。
たとえば，原点と点$(5, 1)$を通る直線になる。

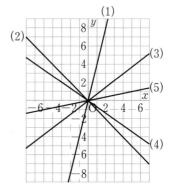

解答 右の図

教科書
p.141 **Q4** $y = -2x\,(-3 \leqq x \leqq 2)$ のグラフをかきなさい。

ガイド $x = -3$のとき，$y = 6$
$x = 2$のとき，$y = -4$
よって，2点$(-3, 6)$，$(2, -4)$を
両端
<ruby>両端<rt>りょうたん</rt></ruby>とする直線の部分になる。

解答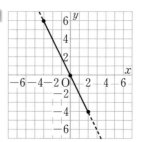

❺ 比例の式の求め方

CHECK!
確認したら
✓を書こう

教科書の要点

□比例の式の決定   **yがxに比例する**とわかっているとき，対応するx，yの値の組が**1組**わかれば，
比例の式が求められる。

□条件から式を求める   比例の式を**$y = ax$**と表し，わかっているxの値，yの値を代入して，
aの値を求める。

□グラフから式を求める   比例のグラフからxとyの関係を表す式を求めるには，
直線が通る原点以外の**1つの点の座標**を使って，比例定数を求める。

教科書 p.142

(?) 右(教科書142ページ)のような容器から，一定の割合で水を抜いていきます。現在の水位は基準の 0 cmで， 3 分後の水位は −9 cmになります。
水を抜き始めてからの時間と水位の間には，どのような関係があるでしょうか。

(ガイド) 水の量は，時間の経過とともに一定の割合で減っていく。

解答 比例の関係

教科書 p.142

たしかめ ❶ y が x に比例し，$x = 2$ のとき $y = 10$ です。このとき，y を x の式で表しなさい。

解答 $y = ax$ に $x = 2$，$y = 10$ を代入すると，
$10 = a \times 2$ より，$a = 5$ だから，$\boldsymbol{y = 5x}$

教科書 p.142

Q❶ y が x に比例しています。次の場合について，y を x の式で表しなさい。
(1) $x = -3$ のとき $y = 12$
(2) $x = -6$ のとき $y = -18$

(ガイド) y が x に比例しているから，比例定数を a とすると，$y = ax$ と表される。

解答 (1) $y = ax$ に $x = -3$，$y = 12$ を代入すると，
$12 = a \times (-3)$ より，$a = -4$ だから，$\boldsymbol{y = -4x}$
(2) $y = ax$ に $x = -6$，$y = -18$ を代入すると，
$-18 = a \times (-6)$ より，$a = 3$ だから，$\boldsymbol{y = 3x}$

教科書 p.142

プラス・ワン $x = -\dfrac{1}{2}$ のとき $y = 7$

解答 $y = ax$ に，$x = -\dfrac{1}{2}$，$y = 7$ を代入すると，

$7 = a \times \left(-\dfrac{1}{2}\right)$ より，$a = -14$ だから，$\boldsymbol{y = -14x}$

教科書 p.143

活動❷ グラフが右のような直線(教科書143ページ)であるとき，x と y の関係を表す式を求めましょう。
(1) 次のつばささんの考えで，式を求めなさい。

つばささんの考え

> 比例のグラフだから，
> $y = ax$ と表される。
> 点 $(3, -2)$ を通るので，
> $y = ax$ に $x = 3$，$y = -2$
> を代入すればよい。

(2) 直線上のほかの点を選んで式を求め，(1)で求めた式と比べなさい。

解答 (1)　$-2 = a \times 3$ より，$a = -\dfrac{2}{3}$ だから，$\boldsymbol{y = -\dfrac{2}{3}x}$

(2)　たとえば，点$(-3, 2)$を選ぶ。

比例のグラフだから，$y = ax$ と表される。

点$(-3, 2)$を通るので，

$y = ax$ に $x = -3$，$y = 2$ を代入すると，

$2 = a \times (-3)$ より $a = -\dfrac{2}{3}$ だから，$\boldsymbol{y = -\dfrac{2}{3}x}$

(1)で求めた式と同じである。

 教科書 p.143

Q2 グラフが右の(1)〜(4)の直線(教科書143ページ)であるとき，x と y の関係を表す式をそれぞれ求めなさい。

ガイド 原点を通る直線だから，比例のグラフである。

比例定数を a とすると，求める式は $y = ax$ と表される。

それぞれのグラフ上で，原点以外の1つの点の座標を読み取り，$y = ax$ に代入して a の値を求める。

解答 (1)　点$(1, 1)$を通るので，

$y = ax$ に $x = 1$，$y = 1$ を代入すると，

$1 = a \times 1$ より $a = 1$ だから，$\boldsymbol{y = x}$

(2)　点$(2, 1)$を通るので，

$y = ax$ に $x = 2$，$y = 1$ を代入すると，

$1 = a \times 2$ より $a = \dfrac{1}{2}$ だから，$\boldsymbol{y = \dfrac{1}{2}x}$

(3)　点$(4, -3)$を通るので，

$y = ax$ に $x = 4$，$y = -3$ を代入すると，

$-3 = a \times 4$ より $a = -\dfrac{3}{4}$ だから，$\boldsymbol{y = -\dfrac{3}{4}x}$

(4)　点$(1, -2)$を通るので，

$y = ax$ に $x = 1$，$y = -2$ を代入すると，

$-2 = a \times 1$ より $a = -2$ だから，$\boldsymbol{y = -2x}$

た しかめよう

 教科書 p.144

1 底辺が $6\,\mathrm{cm}$，高さが $x\,\mathrm{cm}$ の三角形の面積を $y\,\mathrm{cm}^2$ とします。y を x の式で表し，y が x に比例することを示しなさい。

ガイド (三角形の面積) ＝ (底辺) × (高さ) ÷ 2

解答 $y = 6 \times x \div 2 = 6 \times x \times \dfrac{1}{2}$

よって，$\boldsymbol{y = 3x}$

$\boldsymbol{y}$ は $\boldsymbol{x}$ の関数で，$\boldsymbol{y = ax}$ の式で表せるので，$\boldsymbol{y}$ が $\boldsymbol{x}$ に比例するといえる。

教科書 p.144

2　次の表(教科書144ページ)を完成させなさい。

(1)　$y = 4x$　　　　　　　　　　　(2)　$y = -x$

解答 (1)　(左から順に)-12, -8, -4, 0, 4, 8, 12

(2)　(左から順に)3, 2, 1, 0, -1, -2, -3

教科書 p.144

3　次の(1), (2)のグラフをかきなさい。

(1)　$y = 5x$　　　　　　　　　　　(2)　$y = -\dfrac{1}{3}x$

ガイド (1)　原点と点$(1, 5)$を通る直線である。

(2)　原点と点$(3, -1)$を通る直線である。

解答

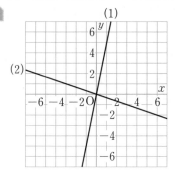

(2)のように, 比例定数が分数のときは, 分母の倍数をx座標に選ぶと, y座標も整数になるよ。

教科書 p.144

4　yがxに比例しています。次の場合について, yをxの式で表しなさい。

(1)　$x = -6$のとき$y = 18$　　　　(2)　$x = -2$のとき$y = -14$

ガイド yがxに比例しているから, 比例定数をaとすると, $y = ax$と表される。

この式に, x, yの値を代入して, aの値を求める。

解答 (1)　$y = ax$に, $x = -6$, $y = 18$を代入すると,

$18 = a \times (-6)$より$a = -3$だから, $\boldsymbol{y = -3x}$

(2)　$y = ax$に, $x = -2$, $y = -14$を代入すると,

$-14 = a \times (-2)$より$a = 7$だから, $\boldsymbol{y = 7x}$

教科書 p.144

5　グラフが右の(1), (2)の直線(教科書144ページ)であるとき, yをxの式で表しなさい。

ガイド 原点を通る直線だから, 比例のグラフである。それぞれの直線が通る点の座標を1つ読み取り, それを使って, 比例定数を求める。

解答 (1)　比例のグラフだから, $y = ax$と表される。

点$(1, 3)$を通るので, $y = ax$に$x = 1$, $y = 3$を代入すると,

$3 = a \times 1$より$a = 3$だから, $\boldsymbol{y = 3x}$

(2)　比例のグラフだから, $y = ax$と表される。

点$(2, -1)$を通るので, $y = ax$に$x = 2$, $y = -1$を代入すると,

$-1 = a \times 2$より$a = -\dfrac{1}{2}$だから, $\boldsymbol{y = -\dfrac{1}{2}x}$

4章

2節

比例

3節 反比例

① 反比例の意味

CHECK!
確認したら
✓を書こう

教科書の要点

□反比例　y が x の関数で，変数 x と y の関係が $y = \dfrac{a}{x}$（a は定数，$a \neq 0$）で表されるとき，y は x に反比例するという。

例　$y = \dfrac{3}{x}$ のとき，y は x に反比例する。

□比例定数　反比例を表す式 $y = \dfrac{a}{x}$ で，a を比例定数という。

例　$y = \dfrac{3}{x}$ の比例定数は 3 である。

$x \neq 0$ のとき，
$xy = a$ は，
$y = \dfrac{a}{x}$ と表せ
るよ。

教科書 p.145

? 12L 入る空の容器があります。この容器に毎分 x L ずつ水を入れたとき，満水になるまで y 分かかるとして，x と y の関係を調べましょう。

(1) x と y の関係を調べて，表(教科書145ページ)を完成させましょう。

(2) y は x の関数であるといえるでしょうか。

(3) x と y の積は，どのようになるでしょうか。

(4) x と y の変域をそれぞれいいましょう。

解答 (1) （左から順に）6，4，3，2.4，2

(2) y は x の関数であるといえる。

(3) x と y の積は，いつでも 12 になる。

(4) x の変域…$x > 0$　　　y の変域…$y > 0$

教科書 p.145

活動① x と y の関係が $y = \dfrac{12}{x}$ で表されるとき，x と y の関係を調べましょう。

(1) x の値に対応する y の値を求めて，表(教科書145ページ)を完成させなさい。

(2) x の値が 2 倍，3 倍，4 倍，……になると，対応する y の値はどのように変わりますか。

(3) x の値が増加すると，対応する y の値はどのように変わりますか。x の値が正の数，負の数の場合に分けて調べなさい。

(4) 積 xy の値について，どのようなことがいえますか。

解答 (1) （左から順に）-2，-2.4，-3，-4，-6，-12

(2) $\dfrac{1}{2}$ 倍，$\dfrac{1}{3}$ 倍，$\dfrac{1}{4}$ 倍，……になる。

(3) x の値が正の数の場合…減少する。
　　x の値が負の数の場合…減少する。

(2)は表から
読み取ろう。

(4) 積 xy の値は，$(-6) \times (-2) = 12$，
$(-5) \times (-2.4) = 12$，……，
$5 \times 2.4 = 12$，$6 \times 2 = 12$ のように，いつでも 12 になる。

教科書 p.146 **Q1** (教科書)145ページの **1** で，比例定数をいいなさい。

解答 12

教科書 p.146 **活動2** xとyの関係が$y = -\dfrac{12}{x}$で表されるとき，xとyの関係を調べましょう。

(1) 比例定数をいいなさい。

(2) xの値に対応するyの値を求めて，表(教科書146ページ)を完成させなさい。

(3) xの値が2倍，3倍，4倍，……になると，対応するyの値はどのように変わりますか。

(4) xの値が増加すると，対応するyの値はどのように変わりますか。xの値が正の数，負の数の場合に分けて調べなさい。

(5) 積xyの値について，どのようなことがいえますか。

解答 (1) -12

(2)

x	$\cdots$	-6	-5	-4	-3	-2	-1	0	1	2	3	4	5	6	$\cdots$
y	$\cdots$	2	2.4	3	4	6	12	$\times$	-12	-6	-4	-3	-2.4	-2	$\cdots$

(3) $\dfrac{1}{2}$倍，$\dfrac{1}{3}$倍，$\dfrac{1}{4}$倍，……になる。

(4) xの値が正の数の場合…**増加する**。

xの値が負の数の場合…**増加する**。

(5) 積xyの値は，$(-6) \times 2 = -12$，

$(-5) \times 2.4 = -12$，……，

$6 \times (-2) = -12$のように，

いつでも-12になる。

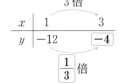

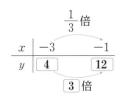

教科書 p.147 **Q2** **2** で調べたxとyの関係と，(教科書)145ページの **1** で調べたxとyの関係を比べると，どのような共通点やちがいがありますか。

ガイド 調べた特徴を比較してみるとよい。

解答 共通点

・変数xとyの関係が$y = \dfrac{a}{x}$(aは定数)で表すことができる。

・積xyの値は決まった数となり，比例定数に等しい。

・xの値が2倍，3倍，……になると，yの値は$\dfrac{1}{2}$倍，$\dfrac{1}{3}$倍，……になる。

ちがい

・比例定数が負の数と正の数のちがいがある。

・xの値が増加すると，yの値が減少するか増加するかのちがいがある。　など。

教科書
p.147 **Q3** 次の表（教科書147ページ）で，y は x に反比例しています。表を完成させなさい。また，比例定数をいいなさい。

[ガイド] $y = \dfrac{a}{x}$ で表されるとき，a が比例定数である。

[解答] (1) （左から順に）-3，-18，18，9
   比例定数…18
(2) （左から順に）3，6，-6，-3
   比例定数…-6

教科書
p.147 **Q4** 次の**ア**〜**エ**で，y は x に反比例するといえるものを選びなさい。
ア $y = 3x$ **イ** $y = \dfrac{x}{3}$ **ウ** $y = \dfrac{3}{x}$ **エ** $y = -\dfrac{3}{x}$

[ガイド] $y = \dfrac{a}{x}$ で表されているものを選ぶ。

[解答] **ウ，エ**

教科書
p.147 **Q5** 次の(1)〜(3)について，y を x の式で表しなさい。また，y は x に反比例するといえるものを選び，その比例定数をいいなさい。
(1) 1枚 x 円の紙を y 枚買ったときの代金が900円
(2) 底辺が x cm，高さが y cmの三角形の面積が $12\,\text{cm}^2$
(3) 長さが5mのリボンで，x m使ったときの残りが y m

[ガイド] y が x に反比例するものは，$y = \dfrac{a}{x}$ で表され，a が比例定数である。

[解答] (1) $x \times y = 900$ より，$\boldsymbol{y = \dfrac{900}{x}}$

(2) $\dfrac{1}{2} \times x \times y = 12$ より，$\boldsymbol{y = \dfrac{24}{x}}$

(3) $\boldsymbol{y = 5 - x}$
y が x に反比例するもの…(1)，(2)
比例定数…(1) **900**   (2) **24**

学びに プラス 身のまわりの反比例
教科書
p.147

身のまわりで，反比例の関係にあることがらを探してみましょう。

[ガイド] 反比例の関係にある2つの数量を見いだす。

[解答] （例）・決まった道のりを歩くときの速さとかかる時間の関係
   ・ある歯車にかみ合っている歯車の歯の数と回転数の関係
   ・面積が決まっている長方形の縦と横の長さの関係

❷ 反比例のグラフ

教科書の要点

□反比例のグラフのかき方　$y = \dfrac{a}{x}$ のグラフをかくには，対応する x，y の値の組を座標とする点を，できるだけたくさんとってかく。

□反比例のグラフ　$y = \dfrac{a}{x}$ のグラフは，座標軸にそって限りなく延びる1組のなめらかな曲線である。このような1組の曲線を双曲線という。

□反比例のグラフの特徴
（比例定数が正の数のとき）

・$y = \dfrac{a}{x}$ で，比例定数 a が正の数のとき，次のように変化する。

$x > 0$ の範囲内で，x の値が増加すると，対応する y の値は減少する。

$x < 0$ の範囲内でも，x の値が増加すると，対応する y の値は減少する。

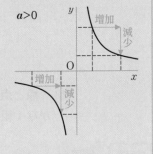

（比例定数が負の数のとき）

・$y = \dfrac{a}{x}$ で，比例定数 a が負の数のとき，次のように変化する。

$x > 0$ の範囲内で，x の値が増加すると，対応する y の値は増加する。

$x < 0$ の範囲内でも，x の値が増加すると，対応する y の値は増加する。

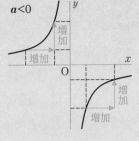

4章
3節 反比例

教科書
p.148

活動1　$y = \dfrac{12}{x}$ のグラフについて調べましょう。x の値が整数のとき，それに対応する y の値を求めると，次の表（教科書148ページ）のようになります。

(1) 上の表の対応する x，y の値の組を座標とする点を，次の座標平面上（教科書148ページ）にとりなさい。

(2) x の値を0.5きざみにして，x，y の値の組を座標とする点を，(1)の座標平面上にかき加えなさい。

(3) さらに x の値を小きざみにした点をとると，どのようなことがいえそうですか。

ガイド (2) 電卓を使うなどして，
x の値が -12.5，-11.5，-10.5，……，10.5，11.5，12.5 のときの
y の値を求め，x，y の値の組を座標とする点 (x, y) を座標平面上にとる。

解答 (1)

(2)

(3) 点と点の間はせまくなり，教科書149ページの**イ**のグラフのような，なめらかな1組の曲線になる。

教科書 p.148

活動2 $y = -\dfrac{12}{x}$ のグラフについて調べましょう。

(1) 次の表（教科書149ページ）を完成させなさい。

(2) (1)の表の対応するx，yの値の組を座標とする点を，**1**の座標平面上（教科書148ページ）にとりなさい。

(3) **1**の(2)，(3)と同じようにして点をとると，$y = -\dfrac{12}{x}$ のグラフはどのようになると考えられますか。

解答 (1) （左から順に）1，1.2，1.5，2，2.4，3，4，6，12，
　　　　　　　　　-12，-6，-4，-3，-2.4，-2，-1.5，-1.2，-1

(2)

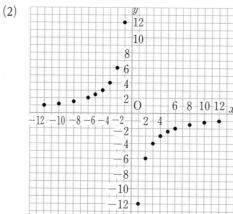

(3) 点と点の間はさらにせまくなり，なめらかな1組の曲線になる。

Q1 $y = \dfrac{6}{x}$, $y = -\dfrac{6}{x}$ のグラフをかきなさい。

ガイド x の値に対応する y の値を求めて表をつくり，その表から，座標平面上に点をとり，なめらかな曲線で結ぶ。

$y = \dfrac{6}{x}$

x	-6	-4	-3	-2	-1	0	1	2	3	4	6
y	-1	-1.5	-2	-3	-6	$\times$	6	3	2	1.5	1

$y = -\dfrac{6}{x}$

x	-6	-4	-3	-2	-1	0	1	2	3	4	6
y	1	1.5	2	3	6	$\times$	-6	-3	-2	-1.5	-1

解答 $y = \dfrac{6}{x}$

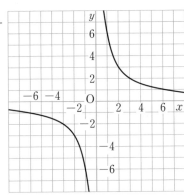

$y = -\dfrac{6}{x}$

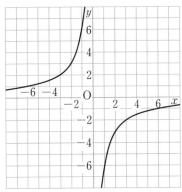

プラス・ワン $y = \dfrac{8}{x}$, $y = -\dfrac{8}{x}$ のグラフをかきなさい。

ガイド $y = \dfrac{8}{x}$

x	-8	-4	-2	-1	0	1	2	4	8
y	-1	-2	-4	-8	$\times$	8	4	2	1

$y = -\dfrac{8}{x}$

x	-8	-4	-2	-1	0	1	2	4	8
y	1	2	4	8	$\times$	-8	-4	-2	-1

解答 $y = \dfrac{8}{x}$

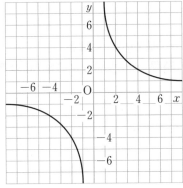

$y = -\dfrac{8}{x}$

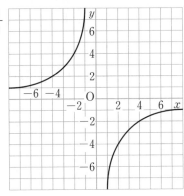

教科書 p.150

活動3 $y = \dfrac{12}{x}$, $y = -\dfrac{12}{x}$ のグラフ（教科書150ページ）の特徴について調べよう。

(1) それぞれのグラフで，$x > 0$ の範囲内で x の値が増加すると，対応する y の値はどのように変わりますか。

(2) それぞれのグラフで，$x < 0$ の範囲内で x の値が増加すると，対応する y の値はどのように変わりますか。

(3) $y = \dfrac{12}{x}$, $y = -\dfrac{12}{x}$ のグラフの共通点をいいなさい。

解答 (1) $y = \dfrac{12}{x}$ …**減少する**

$y = -\dfrac{12}{x}$ …**増加する**

(2) $y = \dfrac{12}{x}$ …**減少する**

$y = -\dfrac{12}{x}$ …**増加する**

(3) **どちらも1組のなめらかな曲線（双曲線）になる。** など。

❸ 反比例の式の求め方

CHECK!
確認したら
✓を書こう

教科書の要点

□反比例の式の決定	y が x に反比例するとわかっているとき，対応する x，y の値の組が1組わかれば，反比例の式が求められる。
□条件から式を求める	反比例の式を $y = \dfrac{a}{x}$ と表して，わかっている x の値，y の値を代入して，a の値を求める。
□グラフから式を求める	双曲線のグラフから x と y の関係を表す式を求めるには，双曲線が通る1つの点の座標を使って，比例定数を求める。

教科書 p.152

考えよう 満水の状態から毎分2Lずつ水を抜いていくと，3分で空になる水槽があります。この水槽で，毎分 x Lずつ水を抜いていくと y 分で空になるとき，x と y には，どのような関係があるでしょうか。

解答 ・x の値が大きくなると，y の値が小さくなる。

・（1分間に抜く水の量）×（時間）＝（水槽の水の量）なので，$xy = 6$ である。

など。

教科書 p.152

たしかめ1 y が x に反比例し，$x = 3$ のとき $y = 6$ です。このとき，y を x の式で表しなさい。

解答 y が x に反比例するから，比例定数を a とすると，$y = \dfrac{a}{x}$ と表される。

$y = \dfrac{a}{x}$ に $x = 3$, $y = 6$ を代入すると，$6 = \dfrac{a}{3}$ より $a = 18$ だから，$\boldsymbol{y = \dfrac{18}{x}}$

Q1 y が x に反比例しています。次の場合について，y を x の式で表しなさい。

(1) $x = 5$ のとき $y = -3$　　　　　(2) $x = -2$ のとき $y = -4$

ガイド y が x に反比例しているから，比例定数を a とすると，$y = \dfrac{a}{x}$ と表される。

この式に，x，y の値を代入して，a の値を求める。

または，反比例のとき，xy は一定で比例定数 a に等しいから，$a = xy$ を利用して a の値を求める。

解答 (1) y が x に反比例しているから，比例定数を a とすると，$y = \dfrac{a}{x}$ と表される。

$y = \dfrac{a}{x}$ に，$x = 5$，$y = -3$ を代入すると，

$-3 = \dfrac{a}{5}$ より $a = -15$ だから，$\boldsymbol{y = -\dfrac{15}{x}}$

別解 $a = xy$ に，$x = 5$，$y = -3$ を代入すると，

$a = 5 \times (-3) = -15$ より，$\boldsymbol{y = -\dfrac{15}{x}}$

(2) 同様に，$y = \dfrac{a}{x}$ に，$x = -2$，$y = -4$ を代入すると，

$-4 = \dfrac{a}{-2}$ より $a = 8$ だから，$\boldsymbol{y = \dfrac{8}{x}}$

プラス・ワン $x = 2$ のとき $y = \dfrac{1}{2}$

解答 y が x に反比例しているから，比例定数を a とすると，$y = \dfrac{a}{x}$ と表される。

$y = \dfrac{a}{x}$ に，$x = 2$，$y = \dfrac{1}{2}$ を代入すると，$\dfrac{1}{2} = \dfrac{a}{2}$ より $a = 1$ だから，$\boldsymbol{y = \dfrac{1}{x}}$

教科書 p.153

活動2 グラフが右のような双曲線(教科書153ページ)であるとき，x と y の関係を表す式を求めましょう。

(1) 次のあおいさんの考えで，式を求めなさい。

あおいさんの考え

> グラフが双曲線だから，
> $y = \dfrac{a}{x}$ と表される。
> 点 $(4, -2)$ を通るので，
> $y = \dfrac{a}{x}$ に $x = 4$，$y = -2$ を代入すればよい。

(2) 双曲線上のほかの点を選んで式を求め，(1)で求めた式と比べなさい。

4章

3節 反比例

解答 (1)　$-2 = \dfrac{a}{4}$ より $a = -8$ だから，$\boldsymbol{y = -\dfrac{8}{x}}$

(2)　グラフが双曲線だから，$y = \dfrac{a}{x}$ と表される。

点 $(-2,\ 4)$ を通るので，$y = \dfrac{a}{x}$ に $x = -2$，$y = 4$ を代入すると，

$4 = \dfrac{a}{-2}$ より $a = -8$ だから，$\boldsymbol{y = -\dfrac{8}{x}}$

(1)で求めた式と同じである。

 Q2 グラフが右の(1)，(2)の双曲線(教科書153ページ)であるとき，x と y の関係を表す式をそれぞれ求めなさい。

ガイド グラフは双曲線だから，反比例のグラフである。

比例定数を a とすると，求める式は，$y = \dfrac{a}{x}$ と表される。

それぞれの双曲線が通る点の座標を1つ読み取り，それを使って，a の値を求める。

解答 (1)　点 $(1,\ 5)$ を通るので，$y = \dfrac{a}{x}$ に $x = 1$，$y = 5$ を代入すると，

$5 = \dfrac{a}{1}$ より $a = 5$ だから，$\boldsymbol{y = \dfrac{5}{x}}$

(2)　点 $(-1,\ 4)$ を通るので，$y = \dfrac{a}{x}$ に $x = -1$，$y = 4$ を代入すると，

$4 = \dfrac{a}{-1}$ より $a = -4$ だから，$\boldsymbol{y = -\dfrac{4}{x}}$

た しかめよう

 1 底辺が x cm，高さが y cm で，面積が $10\,\text{cm}^2$ の平行四辺形があります。y を x の式で表し，y が x に反比例することを示しなさい。

ガイド (平行四辺形の面積) = (底辺) × (高さ)

解答 $10 = x \times y$ より，$\boldsymbol{y = \dfrac{10}{x}}$

y が x の関数であり，$y = \dfrac{a}{x}$ の式で表せるので，y が x に反比例するといえる。

2 次の表(教科書154ページ)を完成させなさい。

(1)　$y = \dfrac{24}{x}$　　　　　　　　(2)　$y = -\dfrac{16}{x}$

解答 (1)　(左から順に)-8，-12，-24，24，12，8
(2)　(左から順に)4，8，16，-16，-8，-4

教科書 p.154

③ 次の(1), (2)のグラフをかきなさい。

(1) $y = \dfrac{24}{x}$

(2) $y = -\dfrac{16}{x}$

(ガイド)(1)

x	-12	-8	-6	-4	-2	0	2	4	6	8	12
y	-2	-3	-4	-6	-12	$\times$	12	6	4	3	2

(2)

x	-8	-4	-2	0	2	4	8
y	2	4	8	$\times$	-8	-4	-2

解答 (1)

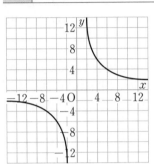

(2)

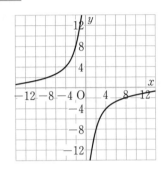

教科書 p.154

④ y が x に反比例しています。次の場合について、y を x の式で表しなさい。

(1) $x = 3$ のとき $y = 18$

(2) $x = -4$ のとき $y = 16$

(ガイド) y が x に反比例するから、比例定数を a とすると、$y = \dfrac{a}{x}$ と表される。

この式に、x、y の値をそれぞれ代入して、a の値を求める。

解答 (1) $y = \dfrac{a}{x}$ に、$x = 3$、$y = 18$ を代入すると、

$18 = \dfrac{a}{3}$ より $a = 54$ だから、$\boldsymbol{y = \dfrac{54}{x}}$

(2) $y = \dfrac{a}{x}$ に、$x = -4$、$y = 16$ を代入すると、

$16 = \dfrac{a}{-4}$ より $a = -64$ だから、$\boldsymbol{y = -\dfrac{64}{x}}$

教科書 p.154

⑤ グラフが右のような双曲線(教科書154ページ)であるとき、y を x の式で表しなさい。

解答 グラフが双曲線だから、$y = \dfrac{a}{x}$ と表される。

点 $(2, 4)$ を通るので、$y = \dfrac{a}{x}$ に $x = 2$、$y = 4$ を代入すると、

$4 = \dfrac{a}{2}$ より $a = 8$ だから、$\boldsymbol{y = \dfrac{8}{x}}$

4章

3節

反比例

4節 関数の利用

1 進行のようすを調べよう

CHECK!
確認したら
✓を書こう

教科書の要点

□比例と反比例
　の利用

身のまわりのことがらのなかには，比例や反比例の関係にあるものが多い。
比例や反比例の特徴を利用していろいろな問題を解けるようにする。

・式を利用する。比例 → $y = ax$　　反比例 → $y = \dfrac{a}{x}$

・2つの数量の変化の特徴を利用する → x の値と y の値の増減のしかたなど。

・グラフを利用する。比例 → 原点を通る直線　　反比例 → 双曲線

教科書
p.156

　学校から東へ2400m離れた東公園まで，同じ道をAさんは自転車で，Bさんは歩いて行きました。また，Aさんが学校を出発したのと同時に，Cさんは分速180mの速さのランニングで出発し，学校から西へ1800m離れた西公園に向かいました。
右のグラフ（教科書156ページ）は，AさんとBさんの進行のようすを示しています。
上（教科書156ページ）の場面について，3人の進行のようすを調べましょう。

(1) AさんとBさんが学校を出発してから x 分後に東へ y m進むとして，それぞれ y を x の式で表しなさい。また，このときの x，y の変域をそれぞれ求めなさい。

(2) Cさんが学校を出発してから x 分後に東へ y m進むとして，次の表（教科書157ページ）の表を完成させなさい。

(3) (2)で，Cさんの進行について，グラフ（教科書157ページ）に表しなさい。

(4) (2)で，Cさんの進行について，y を x の式で表しなさい。また，このときの x，y の変域をそれぞれ求めなさい。

(5) 学校を出発してから5分後に，AさんとBさん，AさんとCさん，BさんとCさんはそれぞれ何m離れていますか。

(6) 学校から東へ1200m離れた地点を，Aさんが通過してから何分後にBさんは通過しましたか。

(7) 学校を出発してから8分後に，AさんとCさん，BさんとCさんはそれぞれ何m離れていましたか。

ガイド （速さ）＝（道のり）÷（時間）の関係を使って速さを求める。

　　　グラフより，Aさんは10分間で2400m，Bさんは30分で2400m進んだことがわかる。

解答 (1) Aさんの速さ…2400÷10＝240 より，**分速240m**
　　　　Bさんの速さ…2400÷30＝80 より，**分速80m**

　　（道のり）＝（速さ）×（時間）　だから，

　　Aさん…**$y = 240x$**

　　Bさん…**$y = 80x$**

　　変域は，Aさん…**$0 \leqq x \leqq 10$，$0 \leqq y \leqq 2400$**

　　　　　　Bさん…**$0 \leqq x \leqq 30$，$0 \leqq y \leqq 2400$**

(2) （左から順に）**−360，−540，−720，−900，−1080，−1260，−1440，−1620，−1800**

(3)　Cさんは，分速180mで西へ進んでいるから，**右の図のようになる。**

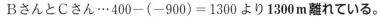

(4)　$y = -180x$　　$1800 \div 180 = 10$ だから，

　　x の変域…$0 \leqq x \leqq 10$

　　y の変域…$-1800 \leqq y \leqq 0$

(5)　5分後の3人の学校からの位置は，

　　A…$240 \times 5 = 1200$　学校から東へ1200m

　　B…$80 \times 5 = 400$　学校から東へ400m

　　C…$-180 \times 5 = -900$

　　　　　学校から西へ900m

　　AさんとBさん…$1200 - 400 = 800$ より

　　　　　　　　　800m 離れている。

　　AさんとCさん…$1200 - (-900) = 2100$

　　　　　　　より **2100m 離れている。**

　　BさんとCさん…$400 - (-900) = 1300$ より **1300m 離れている。**

(6)　AさんとBさんが1200m進むのにかかる時間を求めると，

　　$1200 \div 240 = 5$，$1200 \div 80 = 15$ だから，Aさんが5分，Bさんが15分かかる。

　　$15 - 5 = 10$ より，**10分後に通過した。**

(7)　それぞれの8分後の位置を求める。

　　A…$240 \times 8 = 1920$ より，学校から東へ1920m

　　B…$80 \times 8 = 640$ より，学校から東へ640m

　　C…$-180 \times 8 = -1440$ より，学校から西へ1440m

　　AさんとCさん…$1920 - (-1440) = 3360$ より，**3360m 離れていた。**

　　BさんとCさん…$640 - (-1440) = 2080$ より，**2080m 離れていた。**

学びにプラス　さらに読み取ろう

上の問題（教科書157ページ）の表，グラフ，式から，ほかにどのようなことが読み取れますか。
話し合ってみましょう。

解答　・AさんとBさん，BさんとCさん，AさんとCさんのそれぞれの離れている距離が時間とともにどんどん大きくなっていく。
　　　　・東公園には，Aさんが着いてから20分後にBさんが着く。
　　　　・Aさんが東公園に着いたとき，Cさんも西公園に着く。　など。

教科書 p.157　Cさんが西公園に到着したとき，AさんとBさんはどこにいるのかな。

解答　グラフより，Cさんが西公園に到着したとき，**Aさんは東公園に到着する。**
　　　　Cさんが西公園に到着するのは10分後なので，
　　　　Bさんは $y = 80 \times 10 = 800$ より，**学校から東へ800mのところにいる。**

② 身のまわりの問題を関数を使って解決しよう

教科書 p.158

活動1 Aさんは家の近くの店で，次（教科書158ページ）の**ア**，**イ**のような2種類の弁当を買いました。

Aさんの家の電子レンジの出力は800Wです。この電子レンジでそれぞれの弁当を温めるときの加熱時間を考えましょう。

(1) **ア**の弁当の表示（教科書158ページ）をもとにすると，電子レンジの出力と加熱時間にはどのような関係がありますか。

(2) (1)から，それぞれの弁当の加熱時間を求めなさい。

ガイド （出力）×（加熱時間）は，一定である。

解答 (1) （出力）×（加熱時間）を計算すると，

$500 \times 120 = 60000, \ 600 \times 100 = 60000, \ 1500 \times 40 = 60000$

つまり，出力を x W，加熱時間を y 秒とすると，

$x \times y = 60000, \ y = \dfrac{60000}{x}$ となるので，**y は x に反比例している。**

(2) **イ**の式は，$y = \dfrac{a}{x}$ に $x = 500$，$y = 160$ を代入すると，

$160 = \dfrac{a}{500}$ より，$a = 80000$ なので，$y = \dfrac{80000}{x}$

ア，**イ**の式にそれぞれ $x = 800$ を代入すると，

ア $y = \dfrac{60000}{800} = 75$ より，75秒だから，加熱時間は **1分15秒**

イ $y = \dfrac{80000}{800} = 100$ より，100秒だから，加熱時間は **1分40秒**

教科書 p.158

Q1 後輪のギア（歯車）を3段階で変えられる自転車があります。

この自転車の前輪と後輪のギア（A，B，C）の歯数は次のとおりです。

> 前輪のギアの歯数　　48
> 後輪のギアの歯数　A…16　B…24　C…32

(1) ペダルを回して前輪のギアを1回転させると，後輪のギアA，B，Cは，それぞれ何回転しますか。

(2) 後輪のギアの歯数と回転数の間にはどのような関係がありますか。

ガイド （前輪のギアの歯数）×（前輪の回転数）＝（後輪のギアの歯数）×（後輪の回転数）

解答 (1) 前輪のギアを1回転させると，$48 \times 1 = 48$ より，48の歯数だけ動く。

A $48 \div 16 = 3$ より，**3回転**

B $48 \div 24 = 2$ より，**2回転**

C $48 \div 32 = 1.5$ より，**1.5回転**

(2) 後輪のギアの歯数を x，回転数を y とすると，

$x \times y = 48$ より，$y = \dfrac{48}{x}$ となるので，**y は x に反比例している。**

❸ 図形の面積の変わり方を調べよう

CHECK!
確認したら
✓を書こう

教科書の要点

□**図形への利用**　図形の問題でも，比例や反比例の考えを利用できることがある。

例 $(三角形の面積) = \dfrac{1}{2} \times (底辺) \times (高さ)$

・底辺の長さが決まっているとき，三角形の面積は高さに比例する。
・三角形の面積が決まっているとき，底辺の長さは高さに反比例する。

教科書
p.159

WEB

活動① 右(教科書159ページ)のような長方形ABCDがあります。点Pは，辺BC上をBからCまで動きます。BPの長さが x cmのときの三角形ABPの面積を y cm² として，x と y の関係について調べましょう。

(1) x と y の関係を，表(教科書159ページ)をかいて調べなさい。
(2) y を x の式で表しなさい。
(3) x，y の変域をそれぞれ求めなさい。
(4) x と y の関係をグラフ(教科書159ページ)に表し，三角形ABPの面積の変わり方を説明しなさい。
(5) 三角形ABPの面積が30 cm² になるのは，BPの長さが何cmのときですか。

解答 (1)

x(cm)	0	1	2	3	4	5	6	7	8	9	10	11	12
y(cm²)	0	3	6	9	12	15	18	21	24	27	30	33	36

(2) 三角形ABPの面積は，$\dfrac{1}{2} \times BP \times 6$ だから，$y = \dfrac{1}{2} \times x \times 6$　　**$y = 3x$**

(3) 点PはBからCまで動く。BCの長さは12 cmだから，**$0 \leqq x \leqq 12$**
$x = 0$ のとき $y = 0$，$x = 12$ のとき $y = 36$ だから，**$0 \leqq y \leqq 36$**

(4)

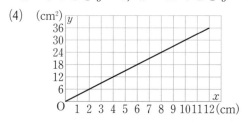

・**三角形ABPの面積は，一定の割合で増える。**
・**三角形ABPの面積は，BPの長さに比例する。**　　など。

(5) 表，あるいはグラフで考えて，$y = 30$ のとき，$x = 10$ より，**10 cm**

別解 (2)で求めた式に $y = 30$ を代入して，$30 = 3x$ より，$x = 10$ と求めてもよい。

教科書
p.159

Q1 ① で，三角形ABPの面積が10.5 cm² になるのは，BPの長さが何cmのときですか。

解答 ① の(2)で求めた式 $y = 3x$ に，$y = 10.5$ を代入すると，
$10.5 = 3x$ より，$x = 3.5$　　　　　　　　　　　**答 3.5 cm**

4
章

4
節

関数の利用

4章をふり返ろう

教科書 p.160

❶ 次の(1)～(4)のような x と y の関係を表す式を，下の**ア**～**カ**の中から選びなさい。
(1) y が x に比例する。　　　　　　(2) y が x に反比例する。
(3) x の値が $x>0$ の範囲内で増加すると，対応する y の値は減少する。
(4) グラフが原点を通る右上がりの直線である。

ア $y=2x$ 　　　　**イ** $y=-2x$ 　　　　**ウ** $y=\dfrac{1}{2}x$

エ $y=-\dfrac{1}{2}x$ 　　　　**オ** $y=\dfrac{2}{x}$ 　　　　**カ** $y=-\dfrac{2}{x}$

ガイド (1) $y=ax$（a は定数）の式を選ぶ。　(2) $y=\dfrac{a}{x}$（a は定数）の式を選ぶ。

(3) $y=ax\,(a<0)$ か，$y=\dfrac{a}{x}\,(a>0)$ の式を選ぶ。

(4) $y=ax\,(a>0)$ の式を選ぶ。

解答 (1) **ア，イ，ウ，エ**　　　　(2) **オ，カ**
(3) **イ，エ，オ**　　　　(4) **ア，ウ**

教科書 p.160

❷ 右の図（教科書160ページ）の点A，Oの座標をいいなさい。
また，B$(0,\ 4)$，C$(5,\ -2)$ を右の座標平面上に示しなさい。

ガイド 各点の座標を（x 座標，y 座標）で示す。
解答 $\mathbf{A(-4,\ 2)}$，$\mathbf{O(0,\ 0)}$

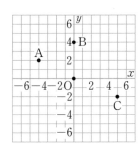

教科書 p.160

❸ 次の(1)，(2)について，y を x の式で表しなさい。
(1) y が x に比例し，$x=3$ のとき $y=-15$
(2) y が x に反比例し，$x=-4$ のとき $y=-6$

解答 (1) 求める式は $y=ax$ と表される。この式に $x=3$，$y=-15$ を代入すると，
$-15=a\times3$ より $a=-5$ だから，$\boldsymbol{y=-5x}$

(2) 求める式は $y=\dfrac{a}{x}$ と表される。この式に $x=-4$，$y=-6$ を代入すると，

$-6=\dfrac{a}{-4}$ より $a=24$ だから，$\boldsymbol{y=\dfrac{24}{x}}$

教科書 p.160

❹ 次のグラフをかきなさい。
(1) $y=\dfrac{3}{5}x$ 　　　　(2) $y=-4x$ 　　　　(3) $y=-\dfrac{10}{x}$

[ガイド] (1) 原点と点(5, 3)を通る直線をひいてかく。

(2) 原点と点(1, -4)を通る直線をひいてかく。

(3) (2, -5), (2.5, -4), (4, -2.5), (5, -2)などの点をとり，これらの点をなめらかな曲線で結ぶ。また，(-2, 5), (-2.5, 4), (-4, 2.5), (-5, 2)などの点をとり，これらの点をなめらかな曲線で結ぶ。

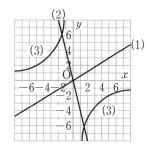

[解答] **右の図**

p.160

5 地点Aから3km離れた地点Bまで，自転車で分速200mの速さで走ったとき，出発してからx分後までに進んだ道のりをymとして，次の(1)~(5)に答えなさい。

(1) 表(教科書160ページ)の □ をうめなさい。

(2) yをxの式で表しなさい。

(3) 自転車が走った時間と道のりの関係をグラフに表しなさい。

(4) x，yの変域を不等号を使って表しなさい。

(5) 地点Aから2.5km進むのに，どれだけ時間がかかりますか。また，それは(3)のグラフ上のどこに現れますか。

[解答] (1) （左から順に）**0, 200, 400, 600, 800, 1000**

(2) （道のり）＝（速さ）×（時間）より，**$y = 200x$**

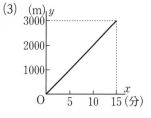

(4) 地点Bに着くのは，$3000 \div 200 = 15$ より，15分後だから，

xの変域は，**$0 \leqq x \leqq 15$**

yの変域は，**$0 \leqq y \leqq 3000$**

(5) $y = 200x$ に $y = 2500$ を代入すると，

$2500 = 200x$，$x = 12.5$ より，**12.5分**

$y = 200x$ と $y = 2500$ との交点のx座標に現れる。

p.160

6 比例と反比例を比べて，共通点やちがいをあげてみましょう。

[解答] **共通点**

・どちらも，一方の値を決めると，それに対応する値がただ1つに決まる。

・どちらの式にも比例定数がある。

ちがい

・比例定数をaとしたときの式がちがう。

比例の式…$y = ax$，反比例の式…$y = \dfrac{a}{x}$

・グラフの形がちがう。

比例のグラフ…原点を通る直線

反比例のグラフ…双曲線になる。（原点は通らない。x軸，y軸と交わらない）

など。

力をのばそう

教科書 p.161

❶ 右の図（教科書161ページ）の円柱状の容器**ア～ウ**に，毎秒同じ量の水を入れ，満水になったら水を止めます。水を入れ始めてからx秒後の水面の高さをy cmとして，xとyの関係をグラフに表すと，右（教科書161ページ）のようになりました。

(1) 3つのグラフA～Cに対応する容器をそれぞれ答えなさい。

(2) グラフから読み取れることをいいなさい。

ガイド (1) AとBは，満水のときの高さが同じなので，**ア**か**ウ**。

底面積の大きいほうが時間がかかるので，Aが**ア**でBが**ウ**となる。

解答 (1) A…**ア** B…**ウ** C…**イ**

(2)・**ア**と**イ**が同じ時間で満水になったので，**ア**と**イ**は入る水の量(容積)が同じ。

・**ア**と**ウ**は高さが同じ。 など。

教科書 p.161

❷ 右の図（教科書161ページ）のように，支点から5 cmのところに物をつるしておき，おもりの重さと支点からの距離をいろいろ変えてつり合うようにしました。そのときのおもりの重さx gと支点からの距離y cmの関係を調べたら，右の表（教科書161ページ）のようになりました。

(1) xとyの関係を式で表しなさい。

(2) 40 gのおもりをつるしたとき，おもりは支点からどれだけ離れていますか。

解答 (1) 表より，xの値が2倍，3倍，……になると，yの値は$\frac{1}{2}$倍，$\frac{1}{3}$倍，……

になっているから，yはxに反比例する。比例定数をaとすると，$y = \frac{a}{x}$

この式に$x = 5$，$y = 60$を代入すると，$60 = \frac{a}{5}$ $a = 300$ $\boldsymbol{y = \dfrac{300}{x}}$

(2) $y = \frac{300}{x}$に$x = 40$を代入すると，$y = \frac{300}{40} = 7.5$より，**7.5 cm**

教科書 p.161

❸ 右のグラフ（教科書161ページ）は，12時からの経過時間と時計の長針，短針それぞれが動いた角の大きさとの関係を表したものです。

(1) 12時からの経過時間をx分，動いた角の大きさをy度として，長針と短針それぞれのxとyの関係を式で表しなさい。

(2) 12時40分の時点で，長針と短針は何度離れていますか。

(3) 12時から1時までの間で，長針と短針が一直線になるおよその時刻を求めなさい。

解答 (1) 長針は10分で$60°$動くので1分間で，$60 \div 10 = 6$より，$6°$動く。

短針は60分で$30°$動くので1分間で，$30 \div 60 = \frac{1}{2}$より，$\frac{1}{2}°$動く。

よって，長針…$\boldsymbol{y = 6x}$ 短針…$\boldsymbol{y = \dfrac{1}{2}x}$

(2) (1)の式に$x = 40$を代入すると，

長針 $y = 6 \times 40 = 240$ 短針 $y = \frac{1}{2} \times 40 = 20$

$240-20 = 220$ より，**220° 離れている。**

(3)　一直線になるのは，180° 離れているときだから，

$$6x-\frac{1}{2}x = 180 \qquad \frac{11}{2}x = 180 \qquad x = 32\frac{8}{11}$$

$\frac{8}{11}$ 分は，$\frac{8}{11}\times 60 = \frac{480}{11} = 43.6\cdots$より，約44秒

よって，**およそ12時32分44秒。**

活用・探究 つながる・ひろがる・数学の世界

教科書 p.162

震源から何km離れているかな

　地震が起きると，その場所(震源)から速さの異なる2つの波(P波・S波)が同時に発生して，円状に一定の速さで伝わります。

　地震が発生してからP波による小さな揺れが伝わるまでの時間と，S波による大きな揺れが伝わるまでの時間の差を，初期微動継続時間といいます。

　ある地点での初期微動継続時間は，震源までの距離に比例します。

　P波の速さを秒速6km，S波の速さを秒速4kmとして考えましょう。

(1)　震源から60km離れた地点の初期微動継続時間は，何秒ですか。
　また，120km離れた地点では何秒ですか。

(2)　テレビやインターネットで発表される緊急地震速報は，P波とS波の伝わる速さのちがいを利用し，強い揺れが予想される地域などを知らせます。
　地震が起きたとき，ある地点では，P波が伝わるのと同時に速報が発表され，その2秒後にS波が伝わりました。この地点は，震源から何km離れていますか。

ガイド 各地点でP波とS波の到達する時間の差を考える。

解答 (1)　60kmの地点
$$60\div 4 - 60\div 6 = 15 - 10 = \mathbf{5}\text{(秒)}$$
　120kmの地点
$$120\div 4 - 120\div 6 = 30 - 20 = \mathbf{10}\text{(秒)}$$

(2)　震源までの距離を x km とすると，
$$\frac{x}{4}-\frac{x}{6} = 2 \qquad 3x-2x = 24 \qquad x = 24$$
よって，**震源から24km離れている。**

教科書 p.162

自分で課題をつくって取り組もう

(例)・初期微動継続時間が6秒の地点の震源からの距離を求めよう。

解答 震源までの距離を x km とすると，
$$\frac{x}{4}-\frac{x}{6} = 6 \qquad 3x-2x = 72 \qquad x = 72$$
よって，**震源から72km離れている。**

5章 平面の図形

棒は何本に見える

さくらさんとゆうとさんは，4本の棒を校庭の点A〜Dの位置（教科書165ページ）に立てて，棒を見渡す位置によって棒が何本に見えるかを調べることにしました。

(1) 点Pの位置から見渡すと，棒は何本に見えますか。

(2) 棒の本数が3本，2本，1本に見える位置はありますか。

(ガイド) (2) 点A〜Dのうち，2点を結ぶ直線上（ただし，2点ではさまれた部分を除く）では，2本の棒が重なって見える。また，2点を結ぶ直線が交わる点（右の図の点Eと点F）では，2組の2本の棒が重なって見えるので，棒の本数が2本に見える。

A〜Dの中の3点が一直線上に並ぶことはないので，棒の本数が1本に見えることはない。

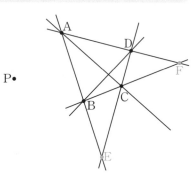

(解答) (1) **4本**

(2) **棒の本数が3本，2本に見える位置はあるが，1本に見える位置はない。**

1節 平面図形とその調べ方

1 直線，半直線，線分

CHECK!
確認したら
✓を書こう

教科書の要点

□交点 　鉛筆で線をかくように，点が動いた跡には線ができる。線には直線と曲線がある。線と線との交わりは点で，その点を交点という。

□直線，半直線，線分

直線…両方向に限りなく延びたまっすぐな線。

半直線…直線の一部分で，1点を端として一方にだけ延びたもの。

線分…直線の一部分で，2点を両端とするもの。

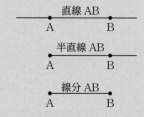

(?) Pさんとさんは，左の案内図（教科書166ページ）に示された公園にいます。2人はそれぞれどこにいるでしょうか。

(ガイド) Pさんの位置は，直線ADと桜並木との交点になり，Sさんの位置は，直線BCと直線EDとの交点になる。

解答 下の図で，Pさん，Sさんの位置。

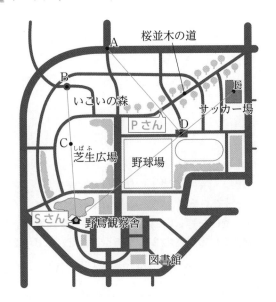

教科書
p.167

活動1 右の図（教科書167ページ）に，点Aを通る直線をいくつかひいてみましょう。
(1) 2点A，Bを通る直線はいくつひけますか。
(2) 2点A，Bを通る直線と2点C，Dを通る直線をひいて，交点Oをかきなさい。

ガイド 1点Aを通る直線はいくつもひけるが，
　2点A，Bを通る直線は1つしかない。

（例）

解答 (1) **1つ**
(2)

教科書
p.167

Q1 右の図（教科書167ページ）のように，点A，B，C，Dがあります。
(1) 直線ABと直線CDとは交わりますか。
(2) 直線ABと線分CDとは交わりますか。
(3) 半直線ADと半直線CBとは交わりますか。

ガイド (1) 直線は両方向に限りなく延びたまっすぐな線である。
(2) 線分は，直線の一部分で，2点を両端とするものである。
(3) 半直線ADは，線分ADをAからDの方向に延長したもので，半直線CBは，
　　線分CBをCからBの方向に延長したものである。

解答 (1) 交わる。　(2) 交わらない。　(3) 交わらない。

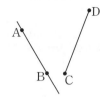
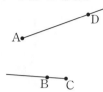

② 点と点の距離

CHECK!
確認したら
✓を書こう

教科書の要点

□2点間の距離　線分ABの長さを2点A，B間の距離といい，ABと表す。

□線分の長さの
　表し方
・線分ABの長さが5cmであることを，AB＝5cmと表す。
・線分ABと線分CDの長さが等しいことを，AB＝CDと表す。
・線分ABの長さが線分CDの長さの2倍であることを，AB＝2CDと表す。
・線分ABの長さが線分AEの長さの半分であるとき，$AB = \frac{1}{2}AE$と表す。

教科書 p.168

Q1 上の図（教科書168ページ）で，2点A，B間の距離を測りなさい。

解答 （実際に測る。）3cm

教科書 p.168

活動1 次の図（教科書168ページ）のように点A，Cがあります。
(1) 長さが3cmの線分ABをひきなさい。
(2) 線分ABと長さが等しい線分CDをひきなさい。
(3) 線分ABをAからBの方向に延長して，長さが6cmの線分AEをひきなさい。

解答 （例）

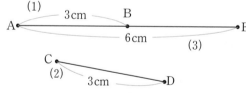

教科書 p.168

Q2 左の図（教科書168ページ）は，カシオペヤ座を表しています。直線ABと直線DEとの交点をFとして，線分FCをFからCの方向に延長して，FG＝6FCとなる点Gをとると，その点が北極星の位置です。北極星の位置を図に示しなさい。

ガイド コンパスを使ってFCの長さを写し取っていくとよい。

解答 右の図の点G

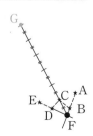

③ 直線がつくる角

教科書の要点

□角と角の表し方	1点からひいた2つの半直線のつくる図形が角であり、右の図のような半直線OA，OBのつくる角を∠AOB，∠BOA，あるいは∠O，∠aなどと表す。
□角の大きさ	角の大きさを∠AOB，∠aなどと表す。∠AOBが32°であることを，∠AOB＝32°と表す。
□角と辺	∠AOBにおいて，OA，OBを辺という。

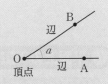

教科書 p.169

[活動1] 右の図（教科書169ページ）に，直線 ℓ と交わる直線 m をひきましょう。

(1) 角はどこにできますか。

解答 右の図

(1) 角は右の図のように，**4か所にできる。**

（例）

教科書 p.169

Q1 右の図（教科書169ページ）で，∠a，∠b，∠c，∠dを，A，B，C，D，Eを使って表しなさい。

解答 ∠a＝∠BAC　または，∠CAB
∠b＝∠ABC　または，∠CBA，∠ABD，∠DBA，∠ABE，∠EBA
∠c＝∠ACB　または，∠BCA
∠d＝∠ADE　または，∠EDA

注意 表し方は1通りだけではないので注意する。

教科書 p.169

[活動2] 右の図（教科書169ページ）で，点Oを中心として，矢印の向きに半直線OAを回転させましょう。

(1) 30°回転させた半直線OBをひきなさい。

解答 (1)

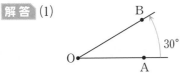

教科書 p.169

Q2 ∠a が45°であることはどのように表せますか。

解答 ∠a＝45°

教科書 p.169

Q3 大きさが90°の∠AOBをかきなさい。

ガイド 分度器を使う。あるいは，2枚の三角定規を使ってかいてもよい。

解答

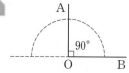

④ 平面上の2直線と距離

教科書の要点

□平行(記号 //)　2直線 ℓ，m が交わらないとき，直線 ℓ と m は平行であるといい，$\ell \,//\, m$ と表す。

□垂直(記号⊥)　2直線 ℓ，m が直角に交わっているとき，直線 ℓ と m は垂直であるといい，$\ell \perp m$ と表す。

□垂線　$\ell \perp m$ のとき，ℓ は m の垂線，m は ℓ の垂線であるという。

□点と直線の距離　直線 ℓ 上にない点Pから ℓ に垂線をひき，ℓ との交点をA とする。線分PAの長さを点Pと直線 ℓ との距離という。
※線分PAの長さを，点Pから直線 ℓ にひいた垂線の長さともいう。

□平行線間の距離　2直線 ℓ，m が平行であるとき，ℓ 上のどこに点をとっても，その点と直線 m との距離は一定である。
この一定の距離を平行線 ℓ，m 間の距離という。

教科書 p.170

活動1 次の図(教科書170ページ)に，点Aを通る直線をいくつかひいてみましょう。
(1) ひいた直線は，直線 m と交わりますか。
(2) 直線 m と直角に交わるように，点Aから直線 ℓ をひきなさい。

ガイド　点Aを通る直線は無数にひける。

解答　**右の図**

(例)

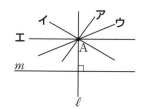

(1) **右の図で，ア，イ，ウの直線は，直線 m と交わる。直線 m に平行な直線エだけは直線 m と交わらない。**

(2) **右の図の直線 ℓ**

教科書 p.171

Q1 右のひし形(教科書171ページ)で，平行な線分や垂直な線分を記号 // や記号⊥を使って表しなさい。

解答　平行…**AB // DC，AD // BC**　　垂直…**AC ⊥ BD**

教科書 p.171

活動2 右の図(教科書171ページ)は，点Pから直線 ℓ に垂線をひき，ℓ との交点をAとしたものです。点Pと直線 ℓ との距離について考えましょう。
(1) ℓ 上に点A以外の点Bをとり，PAとPBの長さを比べなさい。

解答 (1)　（例）

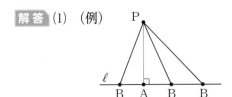

上の図より，**PA＜PB** である（PAが最も短い）。

教科書 p.171 **Q2** 右の図（教科書171ページ）で，点Aから2直線ℓ，mに，それぞれ垂線をひきなさい。また，点Aと直線ℓ，mとの距離を，それぞれ測りなさい。

ガイド 解答の図のように，点Aからℓ，mに垂線をひいて，その長さを測る。

解答

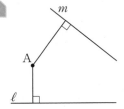

直線ℓとの距離…**1cm**

直線mとの距離…**1.5cm**

教科書 p.171 **活動3** 平行な2直線ℓ，m（教科書171ページ）があります。ℓ上の点と直線mとの距離を測りましょう。

(1)　ℓ上にいくつかの点をとって，それらの点と直線mとの距離を測りなさい。また，この結果からどのようなことがいえますか。

解答 (1)　右の図のようにして実際に測ると，**1.8cm** になる。

ℓ上のどの点をとっても，その点と直線mとの距離は同じである。

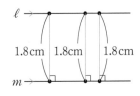

教科書 p.171 **Q3** 直線ℓをひき，ℓとの距離が4cmの直線mをひきなさい。

ガイド ℓとの距離が4cmの直線は，ℓの上と下の両側に2本かけることに注意する。

解答

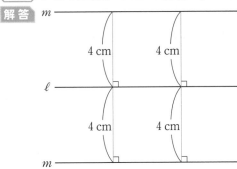

⑤ 円と直線

教科書の要点

□円, 半径	点Oを中心とする円を円Oという。 円は曲線で, 円周上のどこに点をとっても, 中心とその点との距離は一定である。 この一定の距離が半径である。 ※「円周」を, 単に「円」ということがある。 　　円は線対称な図形である。
□弧	円周の一部分を弧という。円周上の2点A, Bを両端とする弧を弧ABといい, $\overarc{AB}$と表す。
□弦	円周上の2点を結ぶ線分を弦といい, 2点A, Bを両端とする弦を弦ABという。
□円の接線	円と直線とが1点で交わるとき, 円と直線とは接するという。 この直線を円の接線, 交わる点を接点という。
□円の接線の性質	円の接線は, その接点を通る半径に垂直である。

教科書 p.172

活動1　円の中心から円周上の点までの距離を調べましょう。

(1)　左の図(教科書172ページ)に, 点Oを中心とする半径2cmの円を, コンパスを使ってかき, 円周上にいくつかの点をとりなさい。

(2)　点Oから(1)でとった点までの距離について, どのようなことがいえますか。

解答 (1) （例）

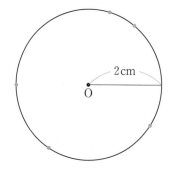

(2)　**どの点も2cmであるといえる。**

教科書 p.172

Q1　左の図(教科書172ページ)に, 次のような弦や弧をかいて示しなさい。

(1)　弦ABと長さが等しい弦AC

(2)　長さが最も長い弦ADとそのときの弧AD

ガイド (1)　AB＝ACとなる点Cを求めるにはコンパスを利用するとよい。

(2)　長さが最も長い弦は円の中心Oを通る弦, すなわちこの円の直径ADである。

解答 (1)

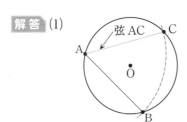

(2)

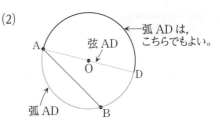

弧 AD は、こちらでもよい。

活動2 右の図(教科書173ページ)は，半径が 2 cm の円Oです。円と直線との位置の関係について調べましょう。

(1) 点Oからの距離が次の**ア〜ウ**である直線を，それぞれひきなさい。

　　ア 1 cm　　　**イ** 2 cm　　　**ウ** 3 cm

(2) (1)の**ア〜ウ**の直線は，それぞれ円Oといくつの点で交わっていますか。

解答 (1) （例）

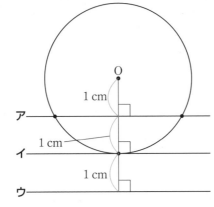

(2) **ア**…円Oと**2点で交わる**。

　　 イ…円Oと**1点で交わる(接する)**。

　　 ウ…円Oと**交わらない**。

Q2 **2**の**ア〜ウ**の直線で，接線はどれですか。また，接点を通る半径と接線は，どのような位置の関係になっていますか。

解答 接線は**イ**で，接点を通る半径と接線は**垂直**である。

Q3 右の図(教科書173ページ)の円Oに，円周上の点Pを接点とする接線をひきなさい。

ガイド 点Pを接点とする接線をひくには，半径OPと垂直になるように，定規と分度器を使ってひく。

解答

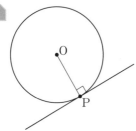

❻ 円とおうぎ形

CHECK!
確認したら
✓を書こう

教科書の要点

□円周の長さと 円の面積	どんな大きさの円でも，（円周）÷（直径）の値は一定で， その値が円周率である。 ふつう，円周率を π で表す。 半径 r の円で，円周の長さを ℓ，面積を S とすると， $\ell = 2\pi r \qquad S = \pi r^2$

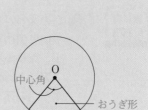

□おうぎ形	右の図で，$\overset{\frown}{AB}$ の両端を通る2つの半径 OA，OB と $\overset{\frown}{AB}$ で囲まれた図形をおうぎ形 OAB という。 ∠AOB を $\overset{\frown}{AB}$ に対する中心角， または，おうぎ形 OAB の中心角という。
□おうぎ形の弧 の長さと面積	1つの円では，おうぎ形の弧の長さや面積は， 中心角の大きさに比例する。 半径を r，弧の長さを ℓ，面積を S，中心角を $a°$ とすると， $\ell = 2\pi r \times \dfrac{a}{360} \qquad S = \pi r^2 \times \dfrac{a}{360}$

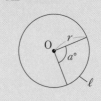

中心角

おうぎ形

$\overset{\frown}{AB}$

教科書 p.174

？ オリンピックやパラリンピックの競技で見られる図形（教科書174，175ページ）について考えてみましょう。
的の円の面積や円周の長さを求めてみましょう。
砲丸が着地しなければならない部分は，どのような形といえばよいでしょうか。

ガイド アーチェリーの的の円の直径は122cmなので，
半径は $122 \div 2 = 61$（cm）である。

解答 円の面積　$61 \times 61 \times 3.14 = 11683.94$ より，**11683.94 cm²**
円周の長さ　$122 \times 3.14 = 383.08$ より，**383.08 cm**
砲丸が着地しなければならない部分は，**おうぎ形**である。

教科書 p.174

Q1 直径が8cmの円で，円周の長さと面積を求めなさい。

ガイド 直径が8cmなので，半径は $8 \div 2 = 4$（cm）である。

解答 円周の長さ　$2\pi \times 4 = 8\pi$ より，**8 πcm**
円の面積　$\pi \times 4^2 = 16\pi$ より，**16 πcm²**

教科書 p.175

Q2 半径が3cmで，中心角が次の大きさのおうぎ形をかきなさい。
(1) 45° (2) 240°

解答 (1) 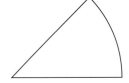　(2)

教科書 p.175

活動2 右の図(教科書175ページ)で，おうぎ形OABの半径OBを回転させて，中心角が，∠AOBの2倍，3倍，4倍，……のおうぎ形をつくります。
(1) 弧の長さはどのように変わりますか。
(2) 面積はどのように変わりますか。

ガイド 半径と中心角が等しい2つのおうぎ形はぴったりと重なるから，
弧の長さも，面積も等しい。
中心角が2倍，3倍，4倍，……になると，弧の長さや面積も増えていく。

解答 (1) 弧の長さも，**2倍，3倍，4倍，……になる。**
(2) 面積も，**2倍，3倍，4倍，……になる。**

教科書 p.175

Q3 1つの円で，おうぎ形の面積は，弧の長さに比例するといえますか。

解答 **いえる。**

教科書 p.176

活動3 右の図(教科書176ページ)で，半径が6cm，中心角が120°のおうぎ形の弧の長さと面積の求め方を考えましょう。
(1) 弧の長さは，円周の長さの何分のいくつですか。また，このことから，おうぎ形の弧の長さの求め方を説明しなさい。
(2) おうぎ形の面積の求め方を説明しなさい。

解答 (1) $120 \div 360 = \frac{1}{3}$ より，弧の長さは，**円周の長さの$\frac{1}{3}$になる。**

よって，おうぎ形の弧の長さは，**円周の長さ$\times \dfrac{\text{中心角}}{360}$** で求められる。

(2) 弧の長さと同じように，

おうぎ形の面積は，**円の面積$\times \dfrac{\text{中心角}}{360}$** で求められる。

教科書 p.176

Q4 中心角が60°のおうぎ形の弧の長さや面積は，同じ半径の円の周の長さや面積の何分のいくつですか。また，中心角が45°の場合はどうですか。

解答 中心角が $60°\cdots 60 \div 360 = \dfrac{60}{360} = \dfrac{1}{6}$

中心角が $45°\cdots 45 \div 360 = \dfrac{45}{360} = \dfrac{1}{8}$

教科書 p.176

Q5 次のおうぎ形の弧の長さと面積を求めなさい。
(1) 半径 5 cm，中心角 $72°$
(2) 半径 4 cm，中心角 $225°$

解答 (1) 弧の長さ $\cdots 2\pi \times 5 \times \dfrac{72}{360} = 2\pi$ より，**2πcm**

面積 $\cdots \pi \times 5^2 \times \dfrac{72}{360} = 5\pi$ より，**5πcm²**

(2) 弧の長さ $\cdots 2\pi \times 4 \times \dfrac{225}{360} = 5\pi$ より，**5πcm**

面積 $\cdots \pi \times 4^2 \times \dfrac{225}{360} = 10\pi$ より，**10πcm²**

教科書 p.177

活動5 半径が 6 cm，弧の長さが 8πcm のおうぎ形（教科書177ページ）があります。このおうぎ形の中心角の求め方を考えましょう。
(1) 次の2人の考えを，それぞれ説明しなさい。

ゆうとさんの考え

> おうぎ形の中心角を $x°$ とすると，
> $2\pi \times 6 \times \dfrac{x}{360} = 8\pi$

マイさんの考え

> おうぎ形の中心角を $x°$ とすると，
> 半径が 6 cm の円周の長さは 12πcm だから，
> $x = 360 \times \dfrac{8\pi}{12\pi}$

(2) おうぎ形の中心角を求めなさい。

解答 (1) ゆうとさんの考え$\cdots$**おうぎ形の中心角を $x°$ として弧の長さの公式にあてはめて，方程式をつくり，x を求めようと考えている。**

マイさんの考え$\cdots\cdots$**半径が 6 cm の円周の長さと比べて，その割合を使って中心角を求めようと考えている。**

(2) （ゆうとさんの解答の続き） （マイさんの解答の続き）

$$12\pi \times \dfrac{x}{360} = 8\pi \qquad\qquad x = 360 \times \dfrac{2}{3} = 240$$

$$x = 8\pi \times \dfrac{1}{12\pi} \times 360$$

$$x = 240$$

答 240°

教科書
p.177

Q6 **5** のおうぎ形の面積を求めなさい。

解答 $\pi \times 6^2 \times \dfrac{240}{360} = 24\pi$ より，**$24\pi\mathrm{cm}^2$**

教科書
p.177

Q7 半径が $9\,\mathrm{cm}$，弧の長さが $5\pi\mathrm{cm}$ のおうぎ形の中心角と面積を求めなさい。

解答 中心角を $x°$ とすると，

$$2\pi \times 9 \times \dfrac{x}{360} = 5\pi$$

$$18\pi \times \dfrac{x}{360} = 5\pi$$

$$x = 5\pi \times \dfrac{1}{18\pi} \times 360$$

$$x = 100$$

面積は，$\pi \times 9^2 \times \dfrac{100}{360} = \dfrac{45}{2}\pi$

別解 中心角は次のようにして求めることもできる。

$$360 \times \dfrac{5\pi}{2\pi \times 9} = 100$$

答 おうぎ形の中心角…$100°$

おうぎ形の面積……$\dfrac{45}{2}\pi\mathrm{cm}^2$

教科書
p.177

学びに プラス　おうぎ形の面積のほかの求め方を考えよう

半径が r，弧の長さが ℓ のおうぎ形の面積 S は，$S = \dfrac{1}{2}\ell r$ と表すこともできます。

そのわけを，次の図（教科書177ページ）を見て説明してみましょう。

解答 おうぎ形を図（教科書177ページ）のように細かく切り，組みかえると，底辺が $\dfrac{1}{2}\ell$，

高さが r の平行四辺形とみることができる。

よって，$\dfrac{1}{2}\ell \times r = \dfrac{1}{2}\ell r$ と表すことができる。

別解 おうぎ形の中心角を $x°$ とすると，おうぎ形の弧の長さは，

$$\ell = 2\pi r \times \dfrac{x}{360} \ \text{より，} \ \pi r \times \dfrac{x}{360} = \dfrac{\ell}{2}$$

おうぎ形の面積は，

$$S = \pi r^2 \times \dfrac{x}{360}$$

$$= \left(\pi r \times \dfrac{x}{360}\right) \times r = \dfrac{\ell}{2} \times r = \dfrac{1}{2}\ell r$$

5
章

1
節

平面図形とその調べ方

2節 図形と作図

① 条件を満たす点の集合

教科書の要点

□条件を満たす
　点の集合

1点Oから等しい距離にある点の集合は，
点Oを中心とする円である。

1つの直線ℓから等しい
距離にある点の集合は，
直線ℓに平行な2つの直
線である。

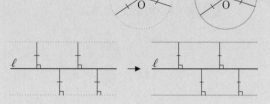

教科書 p.178

1組と2組の卒業生が，校庭にタイムカプセルを埋めました。その地点は，どの辺り
にあるでしょうか。

〈1組〉
点Aから50m，点Bから80m離れ
ているところにある。

〈2組〉
点Aから60m，校舎から20m離れ
ているところにある。

ガイド　1組…点Aを中心とする半径50mの円をかき，
　　　　　　　点Bを中心とする半径80mの円をかく。
　　　　　　　その交点にある。
　　　　　2組…点Aを中心とする半径60mの円をかき，
　　　　　　　校舎に平行で，距離が20mである直線
　　　　　　　をひく。その交点にある。

解答　**右の図**（1組は2点が考えられる。）

教科書 p.178

活動1 右の図（教科書178ページ）で，点A，B，Cは，点Oから2cmの距離にあります。
これらの点の集合について調べましょう。

(1) 点A，B，Cが点Oから2cmの距離にあることを確かめなさい。

(2) 点Oから2cmの距離にある点をさらに7個とりなさい。どのような線の上に並
んでいるとみることができますか。

解答　(1)　**線分OA，OB，OCの長さを測ると，
　　　　　どれも2cmである。**

　　　(2)　（例）　**右の図**
　　　　　**点Oを中心とする半径2cmの円周上に
　　　　　並んでいる。**

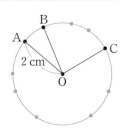

教科書 p.178 **Q1** 点Pを中心とする半径が5cmの円があります。
この円を，点の集合ということばを使っていい表しなさい。

解答 **点Pから5cmの距離にある点の集合。**

教科書 p.179 **Q2** 右の図(教科書179ページ)で，点Aから2cm，点Bから3cmの距離にある点は，どのようにすれば求められますか。また，実際にその点を図に示しなさい。

解答 **点Aを中心とする半径2cmの円と点Bを中心とする半径3cmの円をかき，その交点を求める。(右の図)**

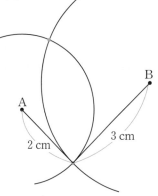

教科書 p.179 **活動2** 右の図(教科書179ページ)で，点A，B，Cは，直線ℓから2cmの距離にあります。これらの点の集合について調べましょう。
(1) 直線ℓから2cmの距離にある点をさらに7個とりなさい。どのような線の上に並んでいるとみることができますか。

解答 (1) (例) **右の図**
直線ℓから2cmの距離にある平行な2つの直線の上に並んでいる。

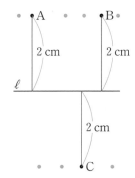

教科書 p.179 **Q3** 直線ℓから5cmの距離にある直線があります。
この直線を，点の集合ということばを使っていい表しなさい。

解答 **直線ℓから5cmの距離にある点の集合。**

教科書 p.179 **Q4** 右の図(教科書179ページ)で，点Oから2cm，直線ℓから1cmの距離にある点は，どのようにすれば求められますか。また，実際にその点を図に示しなさい。

解答 点Oを中心とする半径2cmの円
と直線ℓに平行で，距離が1cm
である直線を（上下に）かき，その
交点を求める。（右の図）

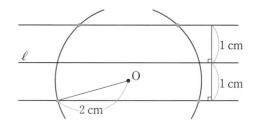

❷ 線分の垂直二等分線

CHECK! (･･)
確認したら
✓を書こう

教科書の要点

□中点　　　　　右の図のようにAM＝BMであるとき，点Mを
　　　　　　　線分ABの**中点**という。

□垂直二等分線　線分ABの中点Mを通り，ABに垂直な直線ℓを
　の性質　　　　線分ABの**垂直二等分線**という。

　　　　　　　線分ABの垂直二等分線上の点は，2点A，Bまでの距離が
　　　　　　　等しくなる。

　　　　　　　また，2点A，Bから等しい距離にある点は，
　　　　　　　いつでも線分ABの垂直二等分線上にある。

　　　例 右の図で，点Pが線分ABの垂直二等分線ℓ上の点な
　　　　　らば，PA＝PB
　　　　　QA＝QBならば，点Qは直線ℓ上にある。

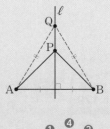

□作図　　　　　定規とコンパスだけを使って図をかくことを**作図**という。

□線分の垂直二　〈線分ABの垂直二等分線の作図のしかた〉
　等分線の作図　❶ 点Aを中心として，適当な半径の円をかく。
　　　　　　　❷ 点Bを中心として，❶と等しい半径の円をかく。
　　　　　　　❸ ❶，❷の交点をP，Qとする。
　　　　　　　❹ 直線PQをひく。

教科書
p.180
？ 紙に線分AB（教科書180ページ）をかき，点AとBが重なるように折ります。紙を開
いたときの折り目の線や線分ABについて，気づいたことをあげてみましょう。

解答 （例）・線分ABは折り目の線に垂直である。
　　　　・折り目の線と線分ABの交点をMとすると，
　　　　　AM＝BMが成り立つ。

実際に
やって
みよう。

教科書
p.180
活動1 ？考えよう で，できた折り目の線をℓ，ℓと線分ABとの交点をMとします。ℓ上の
点について調べましょう。
　(1) AM＝BM，ℓ⊥AMであることを確かめなさい。
　(2) 右の図（教科書180ページ）のようにℓ上に点Cをとったとき，線分ACと線分BC
　　の関係をいいなさい。また，ℓ上にC以外の点をとったときも，同じことがいえま
　　すか。

ガイド ℓは線分ABを線対称な図形とみなしたときの対称軸になっている。

解答 (1) 省略（コンパスや分度器を使って確かめてみよう。）

(2) **AC＝BC** となる。また，ℓ上にどの点をとっても同じこと（2点A，Bまでの距離が等しいこと）がいえる。

教科書 **p.180**

活動2 次の図（教科書180ページ）に，線分ABの点A，Bを中心とする2つの円をかき，円の交点の集合について調べましょう。

(1) 半径が2cmの円の交点P，Qをかきなさい。

(2) 半径が3cmの円の交点R，Sをかきなさい。

(3) 点P，Q，R，Sは，どんな線上にあるといえますか。

(4) 半径が4cmの円をかいたときも(3)と同じことがいえますか。

解答 (1)(2) **右の図**

(3) 4点P，Q，R，Sは，

線分ABの垂直二等分線上にある。

(4) 半径の長さが4cmと長くなっただけで，

同じこと（交点は線分ABの垂直二等分線上にあること）がいえる。

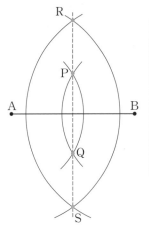

教科書 **p.181**

Q1 紙に線分をひき，垂直二等分線を作図しなさい。また，作図が正しいことを，紙を折って確かめなさい。

ガイド 実際にやってみる。線分ABの垂直二等分線ℓを作図する。直線ℓを折り目にして折ったとき，AとBが重なることを確かめる。

解答 省略

教科書 **p.181**

Q2 右の図（教科書181ページ）に，線分CDの中点を作図しなさい。また，その手順を説明しなさい。

ガイド 線分CDの垂直二等分線と線分CDの交点が求める中点である。

解答 **右の図の点M**

（作図の手順）

❶ 点Cを中心として，適当な半径の円をかく。

❷ 点Dを中心として，❶と等しい半径の円をかき，❶との交点をP，Qとする。

❸ 直線PQをひく。

❹ 直線PQと線分CDとの交点をMとする。

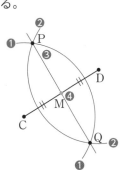

❸ 角の二等分線

CHECK!
確認したら
✓を書こう

教科書の要点

□角の二等分線　右の図のように，∠AOP＝∠BOPである半直線OPを，
∠AOBの二等分線という。

□角の二等分線の性質　角の二等分線上の点は，角をつくる2辺までの距離が等しくなる。

また，角の内部にあって角をつくる2辺から等しい距離にある点は，いつでも角の二等分線上にある。

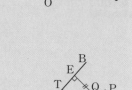

例　右の図のように，点Cが∠AOBの二等分線OP上の点であるとき，CS＝CT

逆に，QD＝QEのとき，点QはOP上にある。

□角の二等分線の作図　〈∠AOBの二等分線の作図のしかた〉

❶ 点Oを中心とする円をかき，半直線OA，OBとの交点をそれぞれC，Dとする。

❷ 点C，Dをそれぞれ中心とし，半径が等しい円を交わるようにかき，∠AOBの内部にあるその交点をPとする。

❸ 半直線OPをひく。

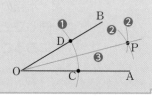

教科書
p.182

❓ 紙に∠AOBをかき，半直線OAとOBが重なるように折ります。紙を開いたときの折り目の線について，気づいたことをあげてみましょう。

ガイド 実際にやってみる。

解答 ・折り目の線は∠AOBを二等分している。

・折り目の線は点Oを通っている。　など。

教科書
p.182

活動❶ ❓考えよう でできた折り目の線上に，右の図（教科書182ページ）のように点Pをとります。折り目の線について調べましょう。

(1) ∠AOP＝∠BOPであることを確かめなさい。

(2) 点Pから半直線OA，OBに垂線をひいて，その交点をそれぞれS，Tとすると，PS＝PTとなりますか。また，折り目の線上に点P以外の点をとったときも，同じことがいえますか。

解答 (1) 省略（分度器を使って実際に確かめてみる。）

(2) PS＝PTとなる。

P以外の点をとったときも，同じこと（半直線OP上のどこに点をとっても半直線OA，OBまでの距離が等しくなること）がいえる。

教科書
p.182

活動2 次の図（教科書182ページ）に，∠AOBの半直線OA，OBから等しい距離にある点を
かき，その点の集合について調べましょう。

(1) OA，OBから1cmの距離にある点Pをかきなさい。

(2) OA，OBから2cm，3cmの距離にある点Q，Rをかきなさい。

(3) 点P，Q，Rは，どんな線上にあるといえますか。

(4) OA，OBから1.5cmの距離にある点Sも同じことがいえますか。

ガイド ∠AOBの内部で，辺OA，OBとの
距離が1cmの2本の平行線の交点が
点Pである。

解答 (1)(2) **右の図**

(3) **∠AOBの二等分線上にある。**

(4) **同じことがいえる。**

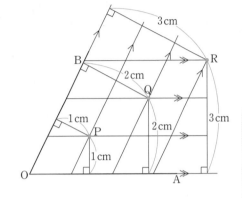

教科書
p.183

Q1 紙に∠AOBをかき，OA上に点C，OB上に点Dを，OC＝ODとなるようにとりな
さい。また，半直線OAとOBが重なるように折り，折り目の線上の点をPとしたと
き，CP＝DPとなることを確かめなさい。

ガイド 実際にやってみる。

解答 省略

教科書
p.183

Q2 次の図（教科書183ページ）に，∠CODの二等分線を作図しなさい。また，その手順
を説明しなさい。

解答 **右の図の半直線OR**

（作図の手順）

❶ 点Oを中心とする円をかき，半直線OC，ODとの交点
をそれぞれP，Qとする。

❷ 点P，Qをそれぞれ中心とし，半径が等しい円を交わ
るようにかき，∠CODの内部にある交点をRとする。

❸ 半直線ORをひく。

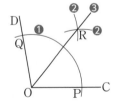

教科書
p.183

プラス・ワン ∠CODの $\frac{1}{4}$ の大きさの角を作図しなさい。

ガイド まず，∠CODの二等分線をひき，
さらに，できた角の一方の角を二等分すると，
∠CODの $\frac{1}{4}$ の大きさの角ができる。

解答 （例） **右の図の∠COE**

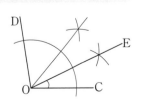

❹ いろいろな作図

教科書の要点

□ 垂線の作図

〈直線 ℓ 上の点 O を通る ℓ の垂線の作図のしかた〉

❶ 点 O を中心とする円をかき，ℓ との交点をそれぞれ A，B とする。

❷ 点 A，B をそれぞれ中心とし，半径が等しい円を交わるようにかき，その交点を P とする。

❸ 直線 OP をひく。

※ この作図は，∠AOB（＝ 180°）の角の二等分線を作図したものと同じである。

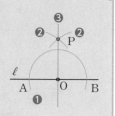

〈直線 ℓ 上にない点 P を通る ℓ の垂線の作図のしかた〉

❶ 点 P を中心として，ℓ と 2 点で交わるような円をかき，ℓ との交点をそれぞれ A，B とする。

❷ 点 A，B をそれぞれ中心とし，半径が等しい円を交わるようにかき，その交点を Q とする。

❸ 直線 PQ をひく。

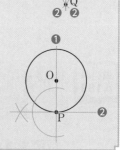

□ 接線の作図

〈円 O の円周上の点 P を通る接線の作図のしかた〉

❶ 直線 OP をひく。

❷ 点 P を通り，直線 OP に垂直な直線をひく。

教科書
p.184

❓ ∠AOB ＝ 180°（教科書 184 ページの図）です。∠AOB の二等分線は，どのような直線であるといえるでしょうか。

解答 180° の角を二等分した角の大きさは 90° だから，右の図のように，∠AOB ＝ 180° とすると，この角の二等分線は，**点 O を通る線分 AB に垂直な直線（垂線）である。**

教科書
p.184

活動1 直線 ℓ 上の点 O を通る ℓ の垂線は，右の ❶ ～ ❸ の手順（教科書 184 ページ）で作図することができます。この方法について考えましょう。

(1) 作図の手順を説明しなさい。

(2) この作図のしかたと，角の二等分線の作図のしかたを比べ，気づいたことをいいなさい。

解答 (1) ❶ 点 O を中心とする円をかき，ℓ との交点をそれぞれ A，B とする。

❷ 点 A，B をそれぞれ中心とし，半径が等しい円を交わるようにかき，その交点を P とする。

❸ 直線 OP をひく。

(2) （例）**この作図のしかたは，180° の角の二等分線の作図のしかたと同じである。**

教科書 p.184 **Q1** 次の図（教科書184ページ）に，点Aを通る線分ABの垂線を作図しなさい。

ガイド 線分ABをBからAの方向に延長させて，半直線BA上の
点Aを通る垂線を作図する。

解答 右の図の直線AP

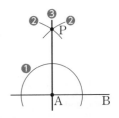

教科書 p.184 活動2 直線ℓ上にない点Pを通るℓの垂線は，右の❶〜❸の手順（教科書184ページ）で作図
することができます。この方法について考えましょう。

(1) 作図の手順を説明しなさい。

解答 (1) ❶ 点Pを中心として，ℓと2点で交わるような円をかき，ℓとの交点をそ
れぞれA，Bとする。

❷ 点A，Bをそれぞれ中心とし，半径が等しい円を交わるようにかき，そ
の交点をQとする。

❸ 直線PQをひく。

教科書 p.185 **Q2** 右の図（教科書185ページ）に，辺BCを底辺とみたときの三角形ABCの高さを作図し
なさい。

ガイド 頂点Aを通る辺BCの垂線を作図する。作図の手順は
活動2 を参考にする。

解答 右の図の線分AH

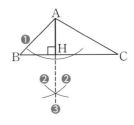

教科書 p.185 **プラス・ワン** 辺ABを底辺とみたときの三角形ABCの高さを作図しなさい。

ガイド 辺ABをBからAの方向に延長させて，
頂点Cを通る半直線BAの垂線を作図する。
作図の手順は 活動2 を参考にする。

解答 右の図の線分CD

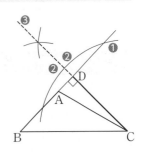

教科書 p.185 **Q3** 右の図（教科書185ページ）に，円Oの円周上の点Pを通る接線を作図しなさい。

ガイド 円の接線は，その接点を通る半径に垂直である。

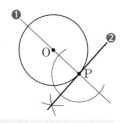

解答 右の図

（作図の手順）

❶ 直線OPをひく。

❷ 点Pを通り，直線OPに垂直な直線をひく。

教科書 p.185 **Q4** 次の図（教科書185ページ）に，線分ABを1辺とする正方形を作図しなさい。

ガイド 正方形は4つの角が90°であることから，垂線の作図を使うことができる。

解答 （例） 右の図

（作図の手順）

❶ 点Aを通る線分ABの垂線をひき，
AB＝DA となる点Dをとる。

❷ 点Bを通る線分ABの垂線をひき，AB＝BC となる点Cをとる。
（または，点Dを通る線分ADの垂線をひき，AB＝DC となる点Cをとる。）

❸ 点Cと点Dを結ぶ。（または，点Bと点Cを結ぶ。）

教科書 p.185 **Q5** 次の図（教科書185ページ）に，∠A＝45°，∠B＝30°となる三角形ABCを作図しなさい。

ガイド 45°は90°の半分，30°は60°の半分であることを使って考える。

解答 （例） 右の図

（作図の手順）

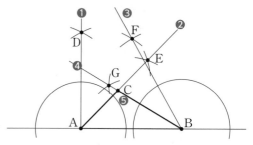

❶ 点Aを通る線分ABの垂線
ADをひく。

❷ ∠BADの二等分線AEをひく。

❸ △ABFが正三角形となる点F
をとる。

❹ ∠ABFの二等分線BGをひく。

❺ AEとBGの交点をCとする。

❺ 75°の角をつくろう

教科書 p.186 工夫して，75°の角を作図しよう。

(1) これまでに学んだ作図の方法を使うと，どんな大きさの角を作図できますか。

(2) (1)から，あおいさんは75°の角を作図する方法を次（教科書186ページ）のように考えました。あおいさんの考えで，∠AOB＝75°になるように作図しなさい。

(3) 次のカルロスさんの考え（教科書187ページ）で，∠AOB＝75°になるように作図しなさい。

(4) つばささんは，75°の角を次（教科書187ページ）のように作図しました。どのように考えて作図したのか，説明しなさい。

(5) 3人とはちがう方法で，75°の角を作図しなさい。

解答 (1) **90°, 45°, 60°, 30°** など。

(2) **右の図**

(作図の手順)

❶ 60°の∠AOCを作図する。

❷ ∠AOCの二等分線ODを作図する。

60°÷2 = 30° より，∠AOD = 30°

❸ 点Oを通るODの垂線OEをひく。

❹ ∠DOEの二等分線OBを作図する。

90°÷2 = 45° より，∠DOB = 45°

よって，∠AOB = ∠AOD+∠DOB = 75° となる。

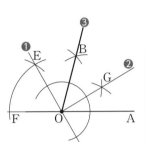

(3) 105° = ⬚ **60** °+ ⬚ **45** °

右の図

(作図の手順)

❶ 60°の∠FOEを作図する。

❷ 点Oを通るOEの垂線OGをひく。

∠EOG = 90°

❸ ∠EOGの二等分線OBを作図する。

90°÷2 = 45° より，∠EOB = 45°

よって，∠FOB = ∠FOE+∠EOB = 60°+45° = 105°

だから，∠AOB = 180°−∠FOB = 75° となる。

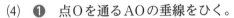

(4) ❶ 点Oを通るAOの垂線をひく。

❷ ❶でできた90°の角の二等分線をひくと，

90°÷2 = 45° より，45°の角ができる。

❸ ❷でひいた直線の一部を1辺とする正三角形をかき，60°の角をつくる。

❹ ❸でできた60°の角の二等分線をひくと，

60°÷2 = 30° より，30°の角ができる。

よって，❷，❹より，45°+30° = 75° だから，75°の角が作図できる。

(5) （例） **105° = 45°+60° を利用**

点Oを通るOAの垂線をひき，できた90°の角の二等分線をひいて45°の角を作図する。この直線を使って，60°の角を作図する。

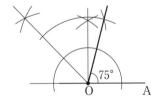

（例） **(180°−30°)÷2 を利用**

180°−30° = 150° の半分が75°だから，

150°の角を作図し，

さらにその角の二等分線を作図する。

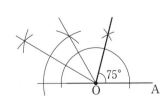

しかめよう

教科書 p.188

1 次の(1)，(2)を作図しなさい。
　(1)　辺BCの垂直二等分線
　(2)　∠ABCの二等分線

解答 (1)

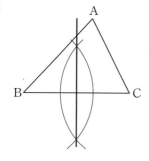

(2)

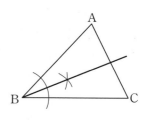

教科書 p.188

2 次の(1)，(2)を作図しなさい。
　(1)　点Aを通る辺BCの垂線
　(2)　点Pを通る辺BCの垂線

解答 (1)

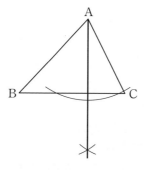

(2)

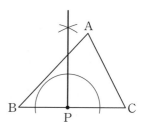

教科書 p.188

3 次の(1)，(2)を作図しなさい。
　(1)　線分OPの中点
　(2)　円Oの円周上の点Pを通る接線

ガイド (1)　線分OPの垂直二等分線とOPとの交点が，線分OPの中点である。
　(2)　点Pを通る直線OPの垂線が求める接線である。

解答

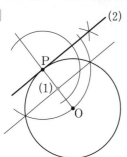

教科書 p.188

4 ∠AOB＝150°になるように作図しなさい。

ガイド 150°＝90°＋60° から考える。このほかに，150°＝180°－30° を利用して作図することもできる。

解答 （例）

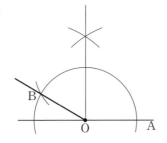

5章

2節 図形と作図

教科書の要点

□**外接円と外心**　三角形の３つの頂点を通る円を，その三角形の**外接円**といい，その中心を**外心**という。
　　三角形の３つの辺の垂直二等分線は，外心で交わる。

□**内接円と内心**　三角形の３つの辺に接する円を，その三角形の**内接円**といい，その中心を**内心**という。
　　三角形の３つの角の二等分線は，内心で交わる。

教科書 p.189

（発展）**学びにプラス　三角形と円**

三角形の３つの頂点を通る円について考えましょう。

(1)　次の手順で，三角形ABCの３つの頂点を通る円を作図しましょう。

❶ 辺AB，ACの垂直二等分線をひき，交点をOとする。

❷ 点Oを中心として，半径OAの円をかく。

(2)　(1)で作図した円が三角形ABCの３つの頂点を通る理由を，垂直二等分線の性質を使って説明しましょう。

三角形の３つの辺に接する円について考えましょう。

(3)　次の手順で，三角形DEFの３つの辺に接する円を作図しましょう。

❶ ∠D，∠Eの二等分線をひき，交点をIとする。

❷ 点Iから辺DEに垂線をひき，辺DEとの交点をQとする。

❸ 点Iを中心として，半径IQの円をかく。

(4)　(3)で作図した円が三角形DEFの３つの辺に接する理由を，角の二等分線の性質を使って説明しましょう。

解答 (1)　**右の図1**

(2)　**右の図2で，△OAB，△OCAは，どちらも二等辺三角形であるから，**
OA＝OB，OC＝OA
よって，OA＝OB＝OC
したがって，半径OAの円をかくと，
点B，Cもその円周上にあるので，三角形ABCの３つの頂点を通る。

図1
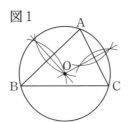

図2
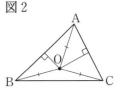

(3)

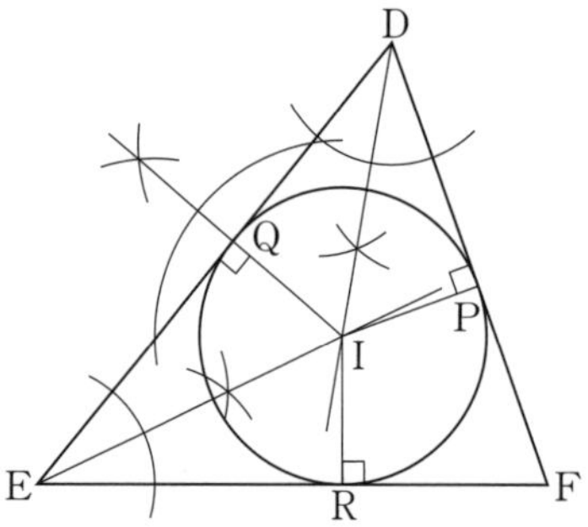

(4) **点Iから辺DF，EFにそれぞれ垂線IP，IRをひく。**
Iは，∠Dの二等分線上の点だから，IP＝IQ
また，∠Eの二等分線上の点だから，IQ＝IR
よって，IP＝IQ＝IR
したがって，半径IQの円をかくと，点P，Rもその円周上にあり，
IP，IQ，IRが三角形DEFの辺に垂直であることより，
円は三角形DEFの3つの辺に接する。

3節 図形の移動

1 いろいろな移動

CHECK! 確認したら✓を書こう

教科書の要点

□移動　平面上で，ある図形をその形や大きさを変えずにほかの位置に動かすことを，移動という。

□平行移動　図形をある方向に一定の長さだけずらす移動を，平行移動という。

□回転移動　図形をある定まった点Oを中心として，一定の角度だけ回す移動を，回転移動という。
この点Oを回転の中心という。
※回転の向きには，時計回りと反時計回りがあるので注意する。

□対称移動　図形をある定まった直線ℓを軸として裏返す移動を対称移動といい，この直線ℓを対称軸という。

教科書 p.190

考えよう 次の写真(教科書190ページ)の模様を「麻(あさ)の葉」といいます。
この模様は，1つの図形をもとに，それを次々に動かしてつくったものとみることができます。
どんな図形をどのように動かしたのでしょうか。

解答 (例)  **をずらしたり，裏返したり，回したりしながら動かした。**

教科書 p.190

活動1 右の図(教科書190ページ)は，「麻の葉」の一部です。図形**ア**～**エ**は，どのように動かすと重なるか考えましょう。

(1) 右の図(教科書190ページ)の中の図形**イ**～**エ**は，図形**ア**をそれぞれどのように動かしたものとみることができますか。

ガイド どのようにずらしたり，裏返したり，回したりしているのか考える。

回転させた場合には，時計回りか反時計回りかをはっきりさせ，回転した角度を
かく。

解答 (1)　イ　向きを変えずにずらしたもの。

ウ　図形アの1つの頂点を中心として，反時計回りに60°回転させたもの。

エ　図形アと図形エの間の直線を折り目として裏返したもの。

教科書
p.190
Q1 **1** で，図形アを図形イに移動させたのと同じように移動させて重なる図形は，図形
イのほかにもあります。その図形に斜線をひきなさい。

ガイド 向きが変わっていない三角形を見つける。

解答

教科書
p.191
Q2 図形①（教科書191ページ）を移動させて，右の図（教科書191ページ）のような模様を
つくりました。

(1)　図形①を平行移動させて重なる図形は，**ア〜キ**のうちどれですか。

(2)　図形①を対称移動させて重なる図形は，**ア〜キ**のうちどれですか。あてはまるも
のをすべてあげ，そのときの対称軸をいいなさい。

(3)　図形**カ**は，図形①をある点を中心として回転移動させたものです。どの点を中心
として何度回転させましたか。

ガイド (1)　平行移動なので，図形の向きが変わっていないものを見つける。

(2)　対称移動なので，裏返しになっているものから見つける。

なお，対称移動によって動かない頂点は，対称軸の上にある。

(3)　図形①をどのように回転したら図形**カ**に重なるか考える。

なお，動かない頂点は回転の中心である。

解答 (1)　**図形オ**

(2)　**図形キ　対称軸は線分OB**

図形ウ　対称軸は線分OD

(3)　**点Oを中心として時計回りに180°回転させた。**

教科書
p.191
プラス・ワン

図形①を回転移動させて重なる図形は，**ア〜キ**のうちどれですか。

ガイド どの点を回転の中心として図形①を回転移動させているかに着目する。

解答 **イ，カ**

5
章

3
節

図
形
の
移
動

② 移動させた図形ともとの図形

教科書の要点

□移動で成り立つ性質

平行移動
① 対応する辺は，平行で長さが等しい。
② 対応する点を結ぶ線分は，どれも平行で長さが等しい。

回転移動
① 回転の中心は対応する2点から等しい距離にある。
② 対応する2点と回転の中心を結んでできる角はすべて等しい。

対称移動
① 対応する点を結ぶ線分と対称軸は垂直になり，その交点から対応する点までの距離は等しい。

□点対称移動　180°の回転移動を点対称移動という。

教科書 p.192

活動1 平行移動について調べましょう。
左の図（教科書192ページ）で，△A'B'C'は，△ABCを矢印PQの方向に線分PQの長さだけ平行移動させたものです。
(1) 対応する頂点を結びなさい。
(2) AA'，BB'，CC'の関係はどのようになっていますか。
(3) 辺ABと平行な辺はどれですか。
(4) 点Xに対応する点X'をかきなさい。

ガイド (2) 対応する点を結ぶ線分はどれも平行で長さが等しい。
(3) 対応する辺は，平行で長さが等しい。
(4) 辺上の点は対応する辺上に移る。

解答 (1) 右の図
(2) **平行で長さが等しい。**
(3) **辺A'B'**
(4) **右の図の点X'**

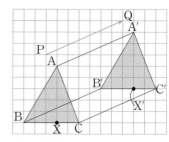

教科書 p.192

Q1 1 の(3)で調べた辺のほかに，平行な辺の組をいいなさい。

ガイド 対応する辺は平行で長さが等しいことから，三角形のほかの2辺をあげればよい。
解答 **辺BCと辺B'C'，辺CAと辺C'A'**

教科書 p.192

活動2 回転移動について調べましょう。左の図（教科書192ページ）で，△A'OB'は，△AOBを点Oを中心として，45°回転移動させたものです。
(1) ∠BOB'は何度ですか。
(2) 点Xに対応する点X'をかきなさい。
(3) ∠XOX'は，∠AOA'，∠BOB'とどのような関係にありますか。
(4) OXとOX'はどのような関係にありますか。

ガイド (1) 回転の角は一定である。

(2) 辺OB上の点は対応する辺OB′上に移る。

(3) 対応する2点と回転の中心を結んでできる角はすべて等しい。

(4) 回転の中心は対応する2点から等しい距離にある。

解答 (1) **45°**

(2)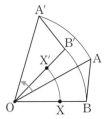

(3) ∠XOX′ = ∠AOA′ = ∠BOB′ = 45°

(4) OX = OX′

教科書 p.193 ②2 右の図(教科書193ページ)で，△A′B′C′は，△ABCを点Oを中心として，60°回転移動させたものです。

(1) ∠BOB′，∠COC′は何度ですか。

(2) 線分OAと長さが等しい線分はどれですか。

ガイド (1) 対応する2点と回転の中心を結んでできる角はすべて等しい。

(2) 回転の中心は対応する2点から等しい距離にある。

解答 (1) ∠BOB′ = **60°**，∠COC′ = **60°**

(2) **線分OA′**

教科書 p.193 ②3 右上の図(教科書193ページ)で，2直線AB，A′B′の位置の関係をいいなさい。

解答 **平行**（AB∥B′A′ または，AB∥A′B′）

教科書 p.193 活動3 対称移動について調べましょう。

右の図(教科書193ページ)で，△A′B′C′は，△ABCを直線ℓを対称軸として，対称移動させたものです。

(1) 直線ℓと垂直な線分をいいなさい。

(2) 線分APと長さの等しい線分はどれですか。

(3) 点Xに対応する点X′をかきなさい。

ガイド (1)(2) 対応する点を結ぶ線分は，対称軸によって垂直に二等分される。

(3) (1)(2)より，点Xから直線ℓに垂線をひき，線分A′B′と交わった点がX′となる。

解答 (1) **線分AA′，BB′，CC′**　　　(3)

(2) **線分A′P**

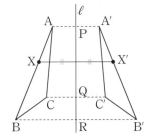

❸ 図形の移動

教科書の要点

□平行移動した
図形のかきか
た

次の図の△ABCを，矢印PQの方向に線分PQの長さだけ平行移動させる場合

⇨頂点を通り，直線PQと平行な直線をひき，矢印の方向に線分PQと同じ長さ
だけ頂点を移動させる。移動させた頂点を結んで三角形をかく。

できた三角形の頂点Aに対応する点をA′，点Bに対応する点をB′，点Cに対
応する点をC′とする。

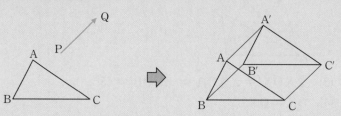

□回転移動した
図形のかきか
た

次の図の△ABCを，点Oを中心として反時計回りに90°回転移動させる場合

⇨各頂点と回転の中心Oをそれぞれ結び，その線分を，中心Oを中心として反時
計回りに90°回転させる。回転させたあとの線分の端の点が移動後の頂点であ
る。移動させた頂点を結んで三角形をかく。

できた三角形の頂点を点A′，点B′，点C′とする。

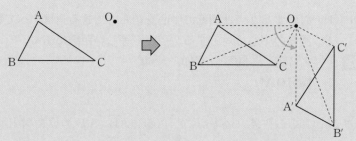

□対称移動した
図形のかきか
た

次の図の△ABCを，直線ℓを対称軸として対称移動させる場合

⇨頂点を通り直線ℓと垂直な直線上に，頂点と直線ℓまでの距離と等しくなるよ
うな点を，ℓに関して頂点と反対側にとる。ほかの2つの頂点も同じように移
動し，移動した頂点を結んで三角形をかく。

できた三角形の頂点を点A′，点B′，点C′とする。

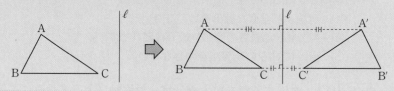

教科書
p.194

活動1 次の図（教科書194ページ）のように，回転移動，対称移動や平行移動を組み合わせて，
△ABCをウに移動させました。この移動について考えましょう。

(1) アは，△ABCをどのように移動させたものですか。

(2) イは，アをどのように移動させたものですか。

(3) ウは，イをどのように移動させたものですか。

(4) 3点A，B，Cは，それぞれウのどの点に移動しましたか。

解答 (1) **点Oを中心として，回転移動させた。**

(2) **直線 ℓ を対称軸として，対称移動させた。**

(3) **平行移動させた。**

(4) A…**R**, B…**Q**, C…**P**

教科書 p.194

Q1 次の図（教科書194ページ）で，△ABCを❶〜❸の順に移動させなさい。

❶ 矢印PQの方向に線分PQの長さだけ平行移動させる。

❷ ❶の図形を，点Oを中心として反時計回りに90°回転移動させる。

❸ ❷の図形を，直線 ℓ を対称軸として対称移動させる。

解答

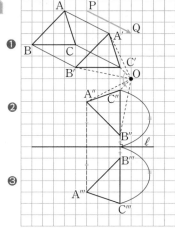

等しい長さは
コンパスでう
つしとろう。

5章

3節 図形の移動

教科書 p.195

Q2 右の図（教科書195ページ）の△ABCは，∠C＝90°の直角三角形です。
△ABCを，❶〜❸の順に移動させなさい。

❶ 直線BCを対称軸として対称移動させる。

❷ ❶の図形を，矢印PQの方向に線分PQの長さだけ平行移動させる。

❸ ❷の図形を，点Oを中心として点対称移動させる。

解答（移動前の図形を ▨，移動後の図形を ▨ で表す。）

❶対称移動

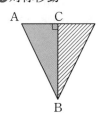

❷平行移動

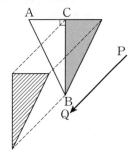

❸点対称移動

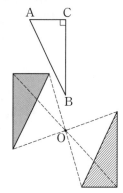

教科書
p.195

学びにプラス 移動と模様

右の図（教科書195ページ）は、「麻の葉」の模様の辺を延長してつくったものです。①を⑯に移動させるいろいろな方法を考えましょう。また、①を⑯以外の図形に移動させるいろいろな方法を考えましょう。

解答 ①→⑯…（例）　①を直線 ℓ を対称軸として対称移動させてから（②に重なる），点Aを中心として時計回りに60°回転移動させて（⑨に重なる），直線 m を対称軸として対称移動させる。　など。

①→㉖…（例）　①を直線 n を対称軸として対称移動させてから（③に重なる），BからCの方向に線分BCの長さだけ平行移動させる。

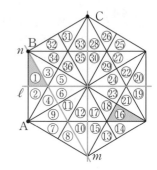

④ 万華鏡の模様の見え方を考えよう

教科書
p.196

活動1　さくらさんは、外国から来た友だちへの贈り物として万華鏡を作ることにしました。万華鏡の円柱状の筒の中には、底面が正三角形の角柱状の筒が入っています。その内側は鏡になっていて、穴から中をのぞくと、底面にある飾りがまわりの鏡に線対称に映って、美しい模様が見えます。模様の見え方について考えましょう。

(1)　さくらさんは、最初に三角形の飾り1枚を、次の図（教科書196ページ）のように入れました。右の図（教科書196ページ）は、このとき見えた模様を表そうとしたものです。
　　△ABE，△HFI，△DEGには、それぞれどのような模様が見えますか。図にかき入れなさい。

(2)　△ABE，△HFI，△DEGの模様は、△EBFの模様を移動させたものとみることができます。それぞれどのように移動しましたか。

(3)　さくらさんは次に、下の図（教科書196ページ）のようにいろいろな形の飾りを入れました。このとき、右の図（教科書196ページ）のような模様が見えました。
　　図の中の四角形KLPOの模様は、四角形MJKNをどのように移動させたものと考えられますか。

解答 (1)

 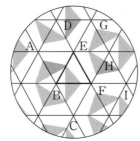

(2) △ABE … **BEを対称軸として対称移動させた。**

　　△HFI … **点Fを中心として，時計回りに120°回転移動させた。**

　　△DEG … **AEを対称軸として対称移動させた。**

(3) **点Kを中心として，時計回りに120°回転移動させた。**

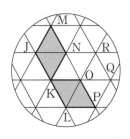

しかめよう

 p.197

1 次の△ABC（教科書197ページ）を，矢印PQの方向に，線分PQの長さだけ平行移動
させてできる△A′B′C′をかきなさい。

解答

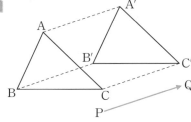

 p.197

2 △ABC（教科書197ページ）を，点Oを中心として時計回りに45°回転移動させてでき
る△A′B′C′をかきなさい。

解答

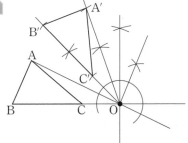

 p.197

3 △ABC（教科書197ページ）を，点Oを中心として点対称移動させてできる△A′B′C′
をかきなさい。

解答

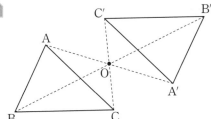

教科書
p.197

4 △ABC（教科書197ページ）を，直線 ℓ を対称軸として対称移動させてできる△A'B'C'
をかきなさい。

解答

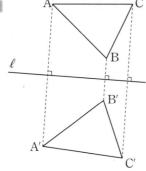

5章をふり返ろう

教科書
p.198

❶ 次のことがらを記号で表しなさい。
(1) 三角形ABC
(2) 直線 ℓ と m が垂直であること
(3) 直線ABとCDが平行であること
(4) 弧AB

解答 (1) △**ABC**

(2) $\boldsymbol{\ell \perp m}$

(3) **AB // CD**

(4) $\overset{\frown}{\mathbf{AB}}$

教科書
p.198

❷ 次の図（教科書198ページ）のように，方眼紙にかかれた四角形ABCDがあります。
(1) 辺ADをAからDの方向に延長して，AE＝3ADとなる点Eをとりなさい。
(2) 辺BCの中点Mをとりなさい。
(3) 辺BCをBからCの方向に延長して，BM＝CFとなる点Fをとりなさい。
(4) 2辺AD，BC間の距離を表す線分をかきなさい。

解答

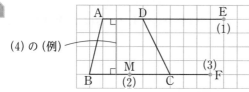

(4)の(例)

教科書
p.198

③ 次の(1), (2)に答えなさい。
(1) 半径が 6 cm，中心角が 150°のおうぎ形の弧の長さと面積を求めなさい。
(2) 半径が 15 cm，弧の長さが 10π cm のおうぎ形の中心角と面積を求めなさい。

解答 (1) 弧の長さは，$2\pi \times 6 \times \dfrac{150}{360} = 5\pi$ より，**5π cm**

面積は，$\pi \times 6^2 \times \dfrac{150}{360} = 15\pi$ より，**15π cm^2**

(2) おうぎ形の中心角を $x°$ とすると，

$$2\pi \times 15 \times \dfrac{x}{360} = 10\pi$$

$$x = 120 \text{ より，} \textbf{120°}$$

面積は，$\pi \times 15^2 \times \dfrac{120}{360} = 75\pi$ より，**75π cm^2**

教科書
p.198

④ 左の図（教科書198ページ）に，∠XOYの辺OXに点Aで接し，辺OYにも接する円P
を作図しなさい。

解答 **右の図**
（作図の手順）
❶ 辺OX上の点Aを通る辺OXの垂線をひく。
❷ ∠XOYの二等分線をひく。
❸ ❶と❷の交点をPとして，半径PAの円をかく。

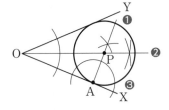

教科書
p.199

⑤ 右の図（教科書199ページ）は，図形**ア**を次々に移動させてつくったものとみることが
できます。
(1) 図形**ア**を平行移動させて重なる図形をすべてあげなさい。
(2) 図形**カ**は，図形**ア**をどのように移動させたものと考えられますか。
　2通りの方法をいいなさい。

解答 (1) **図形イ，エ，オ，キ，ケ**
(2) （例）・図1のように，図形**ア**と図形**カ**の対応す
　　　　る点を結んだ線分の交点をPとすると，
　　　　図形**カ**は，図形**ア**を点Pを中心にして点
　　　　対称移動させたもの。
　　　・図2のように，図形**ア**と図形**ウ**の共通す
　　　　る辺の中点をQとすると，図形**カ**は，図
　　　　形**ア**を点Qを中心として点対称移動させ
　　　　（図形**ウ**に重なる），さらにAからBの方
　　　　向に線分ABの長さだけ平行移動させた
　　　　もの。

図1

図2

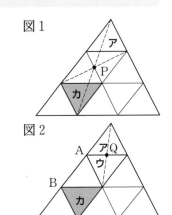

教科書
p.199

6 身のまわりのなかから，1つの図形をもとにして，それを移動させてつくったと考えられる図形をいろいろ探してみましょう。

ガイド 県章や市章，家紋，いろいろなマークなどのなかには，移動させてつくったと考えられる図形がたくさんある。探してみよう。

解答 省略

力をのばそう

教科書
p.199

❶ 右の図（教科書199ページ）は，長方形ABCDの紙を対角線BDで折ったものです。
(1) 線分C′Dは，線分BDを対称軸として，どの線分を対称移動させたものと考えられますか。
(2) △C′DBをどのように移動させると，△ABDに重なると考えられますか。

解答 (1) **線分CD**
(2) **△C′DBを，線分BDの垂直二等分線（右の図の直線EF）を対称軸として対称移動させる。** など。

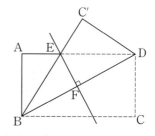

教科書
p.199

❷ 次の図（教科書199ページ）のように，直線ℓ上に点Aがあります。
直線ℓに点Aで接し，点Bを通る円Pを作図しなさい。

ガイド 点Aを通るℓの垂線と線分ABの垂直二等分線の交点が，円Pの中心となる。

解答

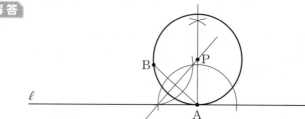

作図の意味を考えて，上手に組み合わせて作図をしていけばいいね。

つながる・ひろがる・数学の世界

エンブレムのしくみを解明しよう

東京2020オリンピックのエンブレムは, どのような図形をもとにつくられたのでしょうか。

(1) (教科書)200ページのエンブレムを観察してみましょう。

どのような図形でつくられているでしょうか。

(2) 右の図(教科書201ページ)のように, エンブレムは, 3種類のひし形や正方形が集まった図がもとになり, これらの四角形の各辺の中点を結んでできる図形を組み合わせてつくられています。**ア〜キ**の四角形の中に図形をかき, エンブレムを完成させましょう。

(3) エンブレムをつくる図形は, 同じ図形どうしが互いに移動した関係になっています。
上の図(教科書201ページ)の**ケ**のひし形の中の図形は, **ク**のひし形の中の図形をどのように移動させたものといえますか。同じように, **サ**の正方形の中の図形は, **コ**の正方形の中の図形をどのように移動させたものといえますか。

(4) エンブレムは, 上の図(教科書201ページ)の色をつけたAの部分を回転移動させた図形を組み合わせてできているとみることもできます。
図を使って, この見方を説明しなさい。

ガイド (2) それぞれの四角形の各辺の中点を結ぶ。

解答 (1) **正方形と2種類の長方形**

(2) 省略

(3) **ク→ケ**…クとケのひし形が共有している辺を対称軸として,
対称移動させた。 など。

コ→サ…コとサの正方形が共有している頂点を中心として,
回転移動させた。 など。

(4) (例) エンブレムのもとになる図形全体の形は, 正十二角形とみることができる。その正十二角形の対角線の交点をOとすると, Aの部分を点Oを中心として, 反時計回りに120°回転させ, さらに反時計回りに120°回転させるとエンブレムになる。

自分で課題をつくって取り組もう

(例)・東京2020パラリンピックのエンブレムのしくみを解明しよう。

解答 ・オリンピックのエンブレムと同じ正方形と2種類の長方形でつくられている。

・左右対称な図形になっている。 など。

5章

6章 空間の図形

1節 空間にある立体

① いろいろな立体

CHECK!
確認したら✓を書こう

教科書の要点

□立体と面の形 立体はいくつかの面で囲まれている。立体の面に着目して特徴を調べる。

・すべての面が平面であるもの

例 三角柱，四角柱　など

□多面体 ・曲面をふくんでいるもの

例 球，円柱　など

□角柱 いくつかの平面だけで囲まれた立体を，多面体という。特に，面の数が4つ，5つ，……である多面体を，それぞれ四面体，五面体，……という。

多面体のうち，2つの底面が平行で，その形が合同な多角形であり，側面がすべて長方形である立体を角柱という。

底面が正多角形である角柱を，正角柱という。

特に，底面が正三角形，正方形，……である角柱を，それぞれ正三角柱，正四角柱，……という。

正三角柱　正四角柱

教科書 p.202

WEB

図形をグループ分けしよう

(1) 次の**ア〜コ**の立体を，2つのグループに分けてみましょう。

(2) (1)で，何に着目して分けたのか説明してみましょう。

解答 教科書204ページ 活動1 を参照。

教科書 p.204

活動1 （教科書）202，203ページの**ア〜コ**の立体を，つばささんは次（教科書204ページ）の2つのグループA，Bに分けました。つばささんは，何に着目して分けたのでしょうか。

(1) グループA，Bの特徴をそれぞれいいなさい。

ガイド A，Bのそれぞれで共通している特徴を考える。

解答 (1) A…**平面だけで囲まれている立体である。**

B…**曲面をふくんでいる立体である。**

教科書 p.204

たしかめ1 1 のグループAの6つの立体は，それぞれ何面体ですか。

また，グループBのなかで，曲面だけで囲まれた立体はどれですか。

解答 ア　五面体　　イ　七面体　　ウ　八面体

カ　六面体　　キ　五面体　　ケ　四面体

曲面だけで囲まれた立体…**オ**

教科書 p.204

Q1 面の数が最も少ない多面体は何ですか。

解答 **四面体**

教科書 p.205

Q2 右の展開図（教科書205ページ）を組み立てると，どんな立体ができますか。また，その見取図をかきなさい。

解答 立体……**正三角柱**
見取図…**右の図**

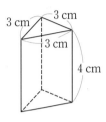

3 cm 3 cm
3 cm
4 cm

教科書 p.205

Q3 立方体と直方体は，それぞれ正角柱といえますか。

解答 立方体…**いえる。（正四角柱）**
直方体…正方形の面をふくんでいる場合は正角柱（正四角柱）といえるが，すべての面が長方形の場合は正角柱とは**いえない。**

教科書 p.205

Q4 角柱と円柱で，共通していることをいいなさい。また，ちがいをいいなさい。

解答 共通していること…**2つの底面が平行で，その形が合同である。**
ちがい…**側面が平面か，曲面かというちがいがある。**

CHECK!
確認したら
✓を書こう

6章

1節 空間にある立体

教科書の要点

□角錐　右の図1のような立体を角錐（かくすい）といい，底の多角形の面を底面，まわりの三角形の面を側面という。
底面が三角形，四角形，……である角錐を，それぞれ三角錐，四角錐，……という。
底面が正多角形で，側面がすべて合同な二等辺三角形である角錐を，正角錐という。
特に，底面が正三角形，正方形，……で，側面がすべて合同な二等辺三角形である角錐を，それぞれ正三角錐，正四角錐，……という。

図1 — 頂点
側面
辺
底面

□円錐　右の図2のような立体を円錐といい，底の円の面を底面，まわりの曲面を側面という。

図2 — 頂点
側面
底面

□高さ　角錐，円錐の頂点から底面に垂直におろした線分の長さを，角錐，円錐の高さという。（図3）

図3 — 高さ

教科書 p.205

活動2 次の**サ〜タ**の立体(教科書205ページ)を,あおいさんは2つのグループC,Dに分けました。あおいさんは何に着目して分けたのでしょうか。

(1) グループC,Dの特徴をそれぞれいいなさい。

(2) グループCの立体の底の面は,それぞれどんな形をしていますか。

(3) グループCと同じような形をした立体は,ほかにどんなものがありますか。見取図をかいて示しなさい。

解答 (1) C…**底面が1つである。**
　　　　　真横から見ると,二等辺三角形に見える。 など。
　　　D…**底面が2つである。**
　　　　　真横から見ると,長方形に見える。 など。

(2) **サ 三角形**　　**シ 四角形(正方形)**
　　ス 四角形(長方形)　セ 円

(3) **右の図**(例です)

教科書 p.206

Q5 四角錐について,次の(1),(2)に答えなさい。
(1) 正四角錐ではない四角錐の見取図を1つかきなさい。
(2) 四角錐は何面体ですか。

解答 (1) (例)

(2) **五面体**

教科書 p.206

Q6 角錐や円錐の高さを,工夫して測りなさい。

解答 **教科書206ページの写真のようにして,頂点をふくむ,底面に平行な面(線)をつくり,ものさしのめもりを読み取る。**

❷ 正多面体

CHECK! 確認したら ✓を書こう

教科書の要点

□**正多面体**　すべての面が合同な正多角形で,どの頂点のまわりの面の数も同じである,へこみのない多面体を,正多面体という。

正多面体は,下の図のような**5種類**しかない。

正四面体　　正六面体　　正八面体　　正十二面体　　正二十面体
　　　　　　(立方体)

教科書
p.207

活動1 次の**ア〜ウ**の立体（教科書207ページ）は，すべての面が合同な正三角形です。これらの多面体の特徴について調べましょう。

(1) どの頂点のまわりに集まる面の数も同じである立体はどれですか。

ガイド (1) **イ**は 3 つの面が集まる頂点と 4 つの面が集まる頂点がある。

解答 (1) **ア，ウ**

教科書
p.207

たしかめ**1** **1**で，**ア〜ウ**の多面体は，それぞれ正多面体といえますか。

ガイド すべての面が合同な正多角形で，どの頂点のまわりの面の数も同じで，へこみのない多面体であれば，正多面体といえる。

解答 **アとウは正多面体といえるが，イは頂点のまわりの面の数が3つと4つの場合があり，正多面体とはいえない。**

教科書
p.207

Q1 正多面体について，右の表（教科書207ページ）を完成させなさい。また，表から気づいたことをいいなさい。

解答

	1つの面の形	面の数	1つの頂点に集まる面の数
正四面体	**正三角形**	4	**3**
正六面体	**正方形**	6	**3**
正八面体	**正三角形**	8	**4**
正十二面体	**正五角形**	12	**3**
正二十面体	**正三角形**	20	**5**

・**面の形は，正三角形，正方形，正五角形の3種類しかない。**
・**面の数はどれも偶数である。** など。

2節 空間にある図形

1 平面の決定

CHECK! ☺☺
確認したら
✓を書こう

教科書の要点

□平面と直線 ｜ 平面というときには，どの方向にも限りなく広がっている平らな面を考える。平面上の 2 点を通る直線は，その平面にふくまれる。このとき，その直線は平面上にあるともいう。

□平面の決定 ｜ 次のものをふくむ平面は 1 つに決まる。
・一直線上にない 3 点（**例** 図の点 A，B，C ）
・1 直線とその上にない 1 点（**例** 図の直線 ℓ と点 C ）
・交わる 2 直線（**例** 図の直線 ℓ と直線 n ）
・平行な 2 直線（**例** 図の直線 ℓ と直線 m ）

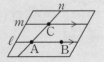

6
章

2
節

空間にある図形

教科書 p.208

？ 右の写真（教科書208ページ）のように，机や床の上で安定するものを，身のまわりからいろいろ探してみましょう。

ガイド 身のまわりの物で，力を加えなければ動くことのないものをあげてみましょう。

解答 （例） **ダイニングテーブル，テレビの台，ピアノ，将棋盤，冷蔵庫**

教科書 p.208

活動1 平面や曲面と，直線との関係について調べましょう。
(1) 平面上の2点を通る直線は，その平面にふくまれますか。
(2) 曲面上の2点を通る直線は，その曲面にふくまれますか。

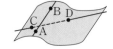

ガイド (2) 右の図のような曲面では，直線ABはその曲面にふくまれるが，直線CDはふくまれない。

解答 (1) **ふくまれる。**

(2) **ふくまれる場合とふくまれない場合がある。**

教科書 p.208

たしかめ1 円柱の側面上の2点を結ぶ線分は，その側面上にありますか。

解答 **ある場合とない場合がある。**

（右の図で，線分ABは側面上にあるが，線分CDは側面上にない。2点C，Dを側面上で結ぶと曲線になる。）

教科書 p.208

Q1 円錐の側面上の2点を結ぶ線分は，その側面上にありますか。

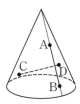

解答 **ある場合とない場合がある。**

（右の図で，円錐の母線上にとった線分ABは側面上にあるが，線分CDは側面上にない。2点C，Dを側面上で結ぶと曲線になる。）

教科書 p.209

活動2 点A，Bをふくむ平面を考えましょう。
(1) 2点A，Bをふくむ平面は，いくつありますか。
(2) 一直線上にない3点A，B，Cをふくむ平面は，いくつありますか。

ガイド (1) 直線ABをふくむ面を，直線ABを軸として1回転できる。

解答 (1) **たくさんある（無数にある）。**

(2) **1つ**

教科書 p.209

Q2 教室内に点や線をとり，それらをふくむ平面を示しなさい。

解答 （例） 教室内の窓のかど，黒板のかど，机のかどの3点を指定して，3点をふくむ平面を想像する。

（このほかにも，向かい合う2つの窓わくの1辺を利用したりして，いろいろな平面を考えてみよう。）

教科書 p.209 ## 学びにプラス　三脚

三脚（さんきゃく）を使ってカメラを立てると，安定するのはなぜでしょうか。
脚（あし）が4本の場合はどうでしょうか。

解答 三脚は，脚の先端（せんたん）の3つの点によって平面が1つに決まるので，安定する。
脚が4本の場合は，脚の先端の4つの点によって必ずしも平面が1つに決まるとは限らないので，安定しないこともある。

② 直線，平面の位置関係

CHECK!
確認したら
✓を書こう

6章

2節　空間にある図形

教科書の要点

□2直線の位置関係	空間にある2つの直線の位置関係は，右の⑦，⑦，⑨のどれかになる。
□ねじれの位置	図⑨のように，同じ平面上にない2直線は，ねじれの位置にあるという。
□直線と平面の位置関係	空間にある直線 ℓ と平面Pの位置関係は，右の⑦，⑦，⑨のどれかになる。図⑦の場合，点Aを直線 ℓ と平面Pとの交点という。図⑦の場合，直線 ℓ と平面Pとは平行であるといい，$\ell /\!/ P$ と表す。

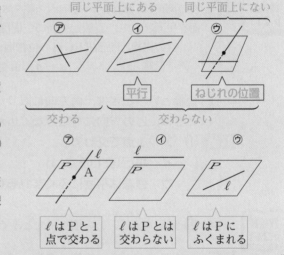

同じ平面上にある　　同じ平面上にない
⑦　　⑦　　⑨
平行　　ねじれの位置
交わる　　交わらない

⑦　　⑦　　⑨

ℓはPと1点で交わる　　ℓはPとは交わらない　　ℓはPにふくまれる

教科書 p.210 活動1 右の図（教科書210ページ）は，立方体から三角錐を切り取った立体です。辺を直線とみて，2直線の位置関係を調べましょう。

(1) 直線ADと直線ACは交わります。ほかに，直線ADと交わる直線はありますか。

(2) 直線ADと直線CFは平行です。ほかに，直線ADと平行な直線はありますか。

(3) 直線ADと平行ではなく，交わりもしない直線はありますか。

解答 (1) **ある。直線AG，AB，DG，DE**

(2) **ある。直線BE**

(3) **ある。直線EF，BC，GF，CG**

教科書
p.210

たしかめ ❶ 2本の鉛筆を直線とみて，ねじれの位置にあるようにしなさい。

解答

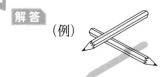

(例)

左の図のように，2本の鉛筆が同じ平面上にないように間をあける。

教科書
p.210

Q❶ 右の図の直方体(教科書210ページ)で，辺を直線とみて，次の直線をいいなさい。
(1) 直線ADと平行な直線
(2) 直線ADとねじれの位置にある直線

ガイド 右の図のように，印をつけていくと位置関係がわかりやすい。
((1)の辺…○，(2)の辺…×)

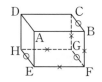

解答 (1) **直線BC，FG，EH**
(2) **直線BF，CG，EF，HG**

教科書
p.211

活動 ❷ 右の図(教科書211ページ)は，直方体から三角柱を切り取った立体です。辺を直線，面を平面とみて，直線と平面の位置関係を調べましょう。
(1) 次の直線と平面EFGHの位置関係をいいなさい。
　ア　直線AD　　　　　　イ　直線AB　　　　　　ウ　直線EF

ガイド 直線というときは，両方向に限りなく延びたまっすぐな線を，また，平面というときは，どの方向にも限りなく広がっている平らな面を考える。

解答 (1) ア　**1点で交わる。**
　　　　イ　**平行(交わらない)。**
　　　　ウ　**直線は平面にふくまれる(平面上の直線である)。**

教科書
p.211

たしかめ ❷ 鉛筆を直線，机の面を平面とみて，それらが平行になるようにしなさい。

解答 右の図のように，鉛筆を直線，机の面を平面とみて，実際にいろいろやってみる。

(例)

　　・鉛筆を机の上に置き，かたむけないでそのまま上にあげる。
　　・鉛筆を持ち上げ，机との距離が等しくなるようにものさしではかる。　など。

教科書
p.211

Q❷ 右の図の直方体(教科書211ページ)で，辺を直線，面を平面とみて，次の平面をいいなさい。
(1) 直線ADと平行な平面
(2) 直線ADがふくまれる平面

解答 (1) 　平面BCGF，EFGH

(2) 　平面ABCD，ADHE

③ 空間における垂直と距離

教科書の要点

□**直線と平面の垂直**

直線 ℓ が平面Pと交わり，その交点Oを通る平面上のすべての直線に垂直であるとき，直線 ℓ は平面Pに垂直であるといい，$\ell \perp P$ と表す。
このとき，直線 ℓ を平面Pの垂線という。
平面に交わる直線は，その交点を通る平面上の2直線に垂直ならば，その平面に垂直である。

□**点と平面の距離**

右の図で，線分ABの長さを，点Aと平面Pとの距離という。

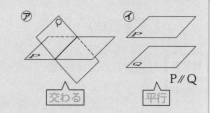

□**2平面の位置関係**

空間にある2平面P，Qの位置関係は，右の図の⑦のように交わる場合と，⑦のように平行になる場合のどちらかになる。

右の図1で，線分ABの長さを平行な2平面P，Q間の距離という。
右の図2のように，平面Pが平面Qに垂直な直線 ℓ をふくむとき，平面Pは平面Qに垂直であるといい，$P \perp Q$ と表す。

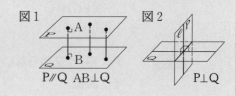

教科書 p.212

（?）イタリアにあるピサの斜塔は，写真ア(教科書212ページ)のように斜めに立っています。
しかし，写真イ(教科書212ページ)では，まっすぐに立っているように見えます。
なぜそう見えるのでしょうか。

解答 アとイでは見ている方向がちがうから。　など。

教科書 p.212

[活動1] 鉛筆を直線，机の面を平面とみて，三角定規を使って鉛筆が机の面に垂直になるようにしましょう。
(1) 三角定規は何枚あればよいですか。

[ガイド] 鉛筆を机の面に垂直な状態になるように固定するには，三角定規を何枚必要とするかを，実際にやって考えよう。

解答 (1) 　2枚

教科書 p.212

Q1 右の図(教科書212ページ)の直方体で，辺を直線，面を平面とみて，次の(1)，(2)に答えなさい。
(1) 直線AEに垂直な平面をいいなさい。
(2) 直線AEは，底面の対角線EGに垂直です。それはなぜですか。

[ガイド] (1) AE⊥AB，AE⊥AD だから，AE⊥平面ABCD
AE⊥EF，AE⊥EH だから，AE⊥平面EFGH

[解答] (1) **平面ABCD，平面EFGH**
(2) (1)から，**直線AEは平面EFGHに垂直である。**
つまり，直線AEは点Eを通る平面EFGH上のすべての直線に垂直だから，
直線AEは底面の対角線EGに垂直である。

教科書 p.212

Q2 Q1の図(教科書212ページ)で，点Cと平面EFGHとの距離を示している辺をいいなさい。

[解答] **辺CG**

教科書 p.213

活動2 右の図(教科書213ページ)の五角柱の面を平面とみて，平面と平面の位置関係を調べましょう。
(1) 次の平面と平面ABCDEの位置関係をいいなさい。
ア 平面FGHIJ
イ 平面AFGB

[解答] (1) ア **平行(交わらない。)**
イ **垂直**

教科書 p.213

Q3 2の図で，平行な2平面間の距離を示している辺をいいなさい。
また，その辺の長さは，五角柱の何を示していますか。

[解答] 平行な2平面間の距離を示している辺…**辺AF，BG，CH，DI，EJ**
辺の長さ…**五角柱の高さ**

教科書 p.213

Q4 右の図(教科書213ページ)のように，平行な2平面P，Qに平面Rが交わっています。
直線ℓとmは平行であることを説明しなさい。

[解答] **P∥Q より，それぞれの平面上にある直線ℓとmは交わらないので，**
平行またはねじれの位置にある。
また，直線ℓとmはどちらも平面R上にあるのでねじれの位置にあることはない。
よって，直線ℓとmは平行である。

3節 立体のいろいろな見方

① 動かしてできる立体

CHECK!
確認したら
✓を書こう

教科書の要点

□**角柱や円柱**　角柱や円柱は，底面の図形をそれと垂直な方向に一定の距離だけ動かしてできた立体とみることができる。

□**円錐や円柱**　円錐や円柱は，直角三角形，長方形を，それぞれある直線のまわりに1回転させてできた立体とみることができる。

□**回転体**　平面図形をある直線のまわりに1回転させてできる右の図のような立体を回転体という。
右の図で，直線ℓを回転の軸，回転体の側面をつくる線分ABを母線という。

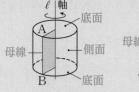

教科書 p.214

❓ 右の写真(教科書214ページ)のように，かるたの札を積み重ねたり，メモ帳を組み立てたりしました。どんな立体ができたといえるでしょうか。また，その立体は，どんな図形をどのように動かしたものといえるでしょうか。

解答　上毛かるた…**直方体**
長方形をそれと垂直な方向に一定の距離だけ動かしてできた立体。
メモ帳…**球**
半円を直線の辺のまわりに1回転させてできた立体。

教科書 p.214

WEB

活動1 角柱や円柱は，どんな図形がどのように動いた跡にできる立体といえるかを考えましょう。
(1) 動かす前の多角形や円は，それぞれ角柱，円柱の何にあたりますか。
(2) 動かした距離は，それぞれ角柱，円柱の何にあたりますか。

解答　(1) **底面**
(2) **高さ**

教科書 p.214

Q1 三角柱は，どんな図形を，どのように動かしてできた立体とみることができますか。

解答　**三角形をそれと垂直な方向に一定の距離だけ動かしてできた立体。**

教科書 p.215

WEB

活動2 図形を回転させると，どんな立体ができるかを調べましょう。
(1) 右の図(教科書215ページ)の直角三角形と長方形を，直線ℓのまわりに1回転させると，それぞれどんな立体ができますか。

解答 (1)　直角三角形…**円錐**　　　　　　　長方形…**円柱**

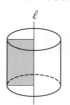

教科書 p.215

Q2 右の図形(教科書215ページ)を，直線 ℓ を回転の軸として 1 回転させます。このとき できる回転体の見取図をかきなさい。

解答 (1)

合同な 2つの 円錐を底面で 合わせた立体

(2)

円錐を底面に 平行な面で 切った立体

教科書 p.215

Q3 次の回転体(教科書215ページ)は，どんな図形を1回転させてできた立体とみること ができますか。

ガイド (1)

(2)

解答 (1)　**中心角が90°のおうぎ形**
　　　(2)　**台形(長方形から直角三角形を切り取った図形)**

② 立体の投影

CHECK! 確認したら ✓を書こう

教科書の要点

□立面図　　　正面から見たときの図を立面図(りつめんず)という。(下の図⑦)
□平面図　　　真上から見たときの図を平面図(へいめんず)という。(下の図④)
□投影図　　　立面図と平面図を合わせて投影図(とうえいず)という。

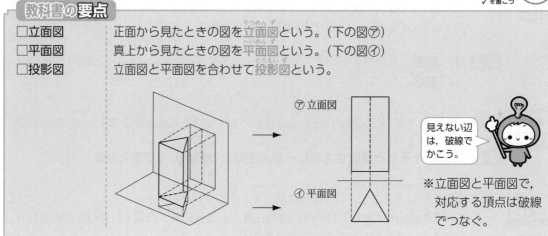

⑦ 立面図

④ 平面図

見えない辺 は，破線で かこう。

※立面図と平面図で， 対応する頂点は破線 でつなぐ。

教科書 p.216

考えよう ある方向から見たとき，右の図(教科書216ページ)のように，正三角形に見える立体はあるでしょうか。

解答 **ある。**〔 正三角柱(真上から見る。)，正三角錐(上から見る。)
正四面体(真下から見る。) など。 〕

教科書 p.216

活動1 右の図(教科書216ページ)の 3 つの柱体を比べましょう。
(1) 正面から見たとき，それぞれどんな形になりますか。
(2) 真上から見たとき，それぞれどんな形になりますか。

解答 (1) 正三角柱…**長方形** 正四角柱…**長方形** 円柱…**長方形**
(2) 正三角柱…**正三角形** 正四角柱…**正方形** 円柱…**円**

教科書 p.217

Q1 右の見取図(教科書217ページ)で表された立体の投影図をそれぞれかきなさい。

解答
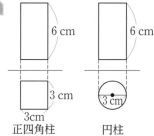

正四角柱   円柱

教科書 p.217

Q2 右の見取図(教科書217ページ)で表された立体の投影図をそれぞれかきなさい。ただし，高さはどちらも 6 cm とします。これらの立体の特徴はどこに現れていますか。

解答 投影図…**右の図**
特徴……**立面図では，どちらも二等辺三角形**
となって現れている。

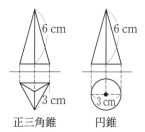

正三角錐   円錐

教科書 p.217

Q3 回転体を投影図に表したとき，共通していえることは何ですか。

解答 **立面図では，回転の軸を対称軸とした線対称な図形になること。**
平面図では，円になること。 など。

教科書 p.217

Q4 右の投影図(教科書217ページ)で表された立体について，次のように考えましたが，どちらもまちがっています。その理由を説明しなさい。

解答 円錐だと思う…**平面図が正方形になっているので底面は正方形である。**
四角柱だと思う…**立面図が二等辺三角形になっているので錐体である。**

教科書 **p.217**

Q5 右の投影図（教科書217ページ）で表される立体をいろいろ考え，その見取図をかきなさい。

ガイド 真上から見ても正面から見ても長方形になる立体を考える。破線がないことから，見えないところに辺がないことにも注意する。正四角柱や，正四角柱を半分に切った三角柱や，円柱などが考えられる。

解答 （例）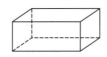

❸ 角錐，円錐の展開図

CHECK!
確認したら
✓を書こう

教科書の要点

□角錐の展開図　角錐の展開図は，側面の三角形と，底面の図形からできている。
□円錐の展開図　円錐の展開図は，おうぎ形と円からできている。
側面になるおうぎ形の弧の長さは底面の円周に等しく，おうぎ形の半径は円錐の母線の長さに等しくなっている。

教科書 **p.218**

❓ 小学校で，三角柱や円柱の展開図は，右の図（教科書218ページ）のようになることを学びました。三角錐や円錐の展開図は，どのようになるでしょうか。

ガイド 実際に三角錐や円錐を切り開いてみる。
解答 省略

教科書 **p.218**

活動1 角錐の展開図について調べましょう。
次の図（教科書218ページ）は，正四角錐の見取図と展開図です。
(1) 上（教科書218ページ）の展開図は，正四角錐のどの辺にそって切り開いたものですか。
(2) 上（教科書218ページ）の展開図を組み立てたとき，点Fと重なる点はどれですか。また，辺CHと重なる辺はどれですか。

解答 (1) **辺AB，AC，AD，AE**
(2) 点Fと重なる点…**点A，G，H**
辺CHと重なる辺…**辺CG**

教科書 **p.218**

Q1 **1**の正四角錐を，**1**や右の展開図（教科書218ページ）とは異なる展開図をかいて作りなさい。

解答 （例）

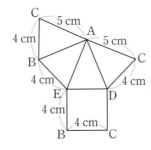

（辺AC，BE，BC，CDで切り開く。）

Q2 正三角錐の展開図をかきなさい。

解答 （例）

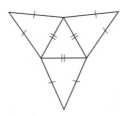

活動2 円錐の展開図について調べましょう。
(1) 円錐の展開図をかくと，側面はどんな図形になると考えられますか。
(2) 底面の円周の長さに等しいのは，側面のどの部分の長さですか。
(3) 円錐の母線は，展開図のどこにあたりますか。

解答 (1) **おうぎ形**
(2) **おうぎ形の弧の長さ**
(3) **おうぎ形の半径**

Q3 右の図（教科書219ページ）の円錐の展開図で，側面にあたるおうぎ形の弧と半径の長さをそれぞれ求めなさい。

解答 おうぎ形の弧の長さは，底面の円周に等しいので，
$2 \times \pi \times 2 = 4\pi$ より，**4π cm**
おうぎ形の半径は，円錐の母線の長さに等しいので，**8 cm**

た しかめよう

1 正四面体と正八面体の見取図を，それぞれかきなさい。

解答 （例） 正四面体   正八面体

教科書 p.220

2 右の図(教科書220ページ)は，立方体から三角錐を切り取った立体です。この立体の辺を直線とみて，これらの直線について答えなさい。
(1) 直線GHと交わる直線はどれですか。
(2) 直線GHと平行な直線はどれですか。
(3) 直線GHとねじれの位置にある直線はどれですか。
(4) 4点G，H，D，Fを通る平面はありますか。

ガイド (3) 同じ平面上にない2直線は，ねじれの位置にあるという。
解答 (1) **直線 AG，BH，GJ，HI**
(2) **直線 AB，DE，IJ**
(3) **直線 AE，BC，CD，CF，DF，EJ，FI**
(4) **ない**

教科書 p.220

3 右の図(教科書220ページ)の三角錐ABCDで，AHは高さを表しています。
△ABH，△ACH，△ADHは，どんな三角形ですか。

ガイド AH⊥△BCD なので，AH⊥BH，AH⊥CH，AH⊥DH になる。
解答 **直角三角形**

教科書 p.220

4 次の図形(教科書220ページ)を，直線 ℓ を回転の軸として1回転させてできる立体をいいなさい。

解答 **円錐**

教科書 p.220

5 右の図(教科書220ページ)は，ある立体の投影図をかいている途中のものです。この投影図を完成させなさい。また，この投影図で表される立体の見取図をかきなさい。

ガイド この投影図で表される立体は，正三角錐である。
解答

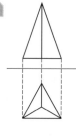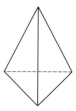

教科書 p.220

6 底面の半径が3cm，母線の長さが12cm，側面になるおうぎ形の中心角が90°の円錐の展開図をかきなさい。

解答

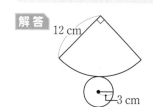
12 cm
3 cm

4節 立体の表面積と体積

① 角柱，円柱の表面積

教科書の要点

□ **表面積**　　　　立体の表面全体の面積を表面積という。

□ **側面積**　　　　立体の側面全体の面積を側面積という。

□ **角柱や円柱の**　角柱や円柱は底面が**2**つあるから，
　表面積　　　　(角柱や円柱の表面積)＝(側面積)＋(底面積)×2

側面積や表面積を
求めるには展開図
をかくといいよ。

教科書 p.221

❓ 次の図(教科書221ページ)の立方体と円柱の表面全体をペンキで塗ります。どちらの
ほうがペンキをたくさん使うでしょうか。

ガイド 表面全体の面積を比べる。予想してみよう。(実際は次の **1** で計算する。)

解答 省略(次の **1** を参照。)

教科書 p.221

活動1 ❓ 考えよう で，**ア**，**イ** の表面積をそれぞれ求めましょう。

(1) **ア**の表面積を求めなさい。

(2) **イ**の展開図をかくと，右の図(教科書221ページ)のようになります。側面積は，
　　どのように求めればよいですか。

(3) **イ**の底面積の合計を求めなさい。

(4) **イ**の表面積を求めなさい。

解答 (1)　$10×10×6 = 600$ より，**$600\,\mathrm{m}^2$**

(2)　側面は縦10m，横10πmの長方形だから，側面積は，$10×10\pi = 100\pi$ より，
　　$100\pi\,\mathrm{m}^2$

(3)　底面積の合計は，半径5mの円が2つだから，
　　$\pi×5^2×2 = 50\pi$ より，**$50\pi\,\mathrm{m}^2$**

(4)　(2)，(3)より，表面積は，$100\pi+50\pi = 150\pi$ より，**$150\pi\,\mathrm{m}^2$**
　　πを3.14とすると，$150\pi = 471$ で，$600>471$ だから，❓考えよう の解答とし
　　ては，**ア**のほうがペンキをたくさん使うといえる。

教科書 p.221

たしかめ1 底面の半径が5cm，高さが5cmの円柱の表面積を求めなさい。

解答 側面積は，
　　　$5×(2\pi×4) = 40\pi$
底面積の合計は，
　　　$\pi×4^2×2 = 32\pi$
よって，表面積は，$40\pi+32\pi = 72\pi$ より，**$72\pi\,\mathrm{cm}^2$**

教科書 p.221

Q1 右の図(教科書221ページ)の三角柱の側面積と表面積を求めなさい。

ガイド 側面積は側面の全体の面積，表面積は底面が2つあることに注意する。側面の展開図は，右のような長方形になる。

解答 側面は，縦8cm，横(3+5+4)cmの長方形である。

側面積…$8×(3+5+4)=96$ より，**96cm²**

表面積は，側面積と三角形の形をした底面が2つ分の面積との和で求める。

表面積…$96+\dfrac{1}{2}×3×4×2=108$ より，**108cm²**

教科書 p.221

Q2 底面の半径が3cm，高さが8cmの円柱の側面積と表面積を求めなさい。

ガイド 展開図で，側面にあたる長方形は，縦が8cm，横は底面の円周に等しいから，6πcmである。

解答 側面積…$8×6\pi=48\pi$ より，**48πcm²**

表面積…$48\pi+\pi×3^2×2=48\pi+18\pi=66\pi$ より，**66πcm²**

---

② 角錐・円錐の表面積

CHECK!
確認したら✓を書こう

教科書の要点

□ 角錐の表面積 　角錐は底面が**1**つだから，

　　　　　　　　　（角錐の表面積）＝（側面積）＋（底面積）

□ 円錐の表面積 　（円錐の表面積）＝（側面積）＋（底面積）

　　　　　　　　　　　　　　　　　　おうぎ形の面積　　円の面積

> 円錐の展開図で，おうぎ形の半径は，母線の長さと等しくなるよ。

教科書 p.222

活動1 右の図(教科書222ページ)の正四角錐の表面積を求めましょう。

(1) 次の図(教科書222ページ)は，右の正四角錐(教科書222ページ)の展開図を途中までかいたものです。この展開図を完成させなさい。

(2) 側面積を求めなさい。

(3) 表面積を求めなさい。

ガイド 側面積は，面積が，$\dfrac{1}{2}×3×4=6$ の

二等辺三角形の4つ分である。

解答 (1) **右の図**

(2) $\dfrac{1}{2}×3×4×4=24$ より，**24cm²**

(3) $24+3×3=33$ より，**33cm²**

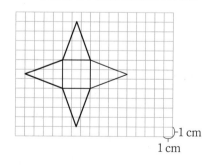

1cm
1cm

教科書 p.222

たしかめ1 右の図(教科書222ページ)の正四角錐の表面積を求めなさい。

解答 側面積は，$\dfrac{1}{2}×5×6×4=60$

底面積は，$5 \times 5 = 25$

よって，表面積は，$60 + 25 = 85$ より，**$85\,\mathrm{cm}^2$**

 教科書 p.222

Q1 右の図（教科書222ページ）の正三角錐の底面積を $43.3\,\mathrm{cm}^2$ として，表面積を求めなさい。

ガイド 底面は正三角形なので，底面の3辺の長さは同じである。

側面は，底辺が $10\,\mathrm{cm}$，高さが $18\,\mathrm{cm}$ の二等辺三角形3つからできている。

よって，（表面積）＝（側面である二等辺三角形3つ分の面積）＋（底面積）として求める。

解答 $\dfrac{1}{2} \times 10 \times 18 \times 3 + 43.3 = 270 + 43.3 = 313.3$ より，**$313.3\,\mathrm{cm}^2$**

教科書 p.222

プラス・ワン 次の図（教科書222ページ）の立体の表面積を求めなさい。

ガイド この立体は，

底辺が $3\,\mathrm{cm}$，高さが $4\,\mathrm{cm}$ の三角形が4つ，

縦が $5\,\mathrm{cm}$，横が $3\,\mathrm{cm}$ の長方形が4つ，

1辺が $3\,\mathrm{cm}$ の正方形が1つ

の面からできている立体である。

解答 $\dfrac{1}{2} \times 3 \times 4 \times 4 + 4 \times 5 \times 3 + 3 \times 3 = 24 + 60 + 9 = 93$ より，**$93\,\mathrm{cm}^2$**

教科書 p.223

活動2 右の図（教科書223ページ）の円錐の表面積を求めましょう。

(1) つばささんとマイさんは，右の展開図（教科書223ページ）をかき，次のようにして側面積を求めました。

つばささんの考え

> おうぎ形の中心角は，$360° \times \dfrac{2 \times \pi \times 3}{2 \times \pi \times 5} = 216°$ ……①
>
> だから，側面積は，$\pi \times 5^2 \times \dfrac{216}{360} = 15\pi\,(\mathrm{cm}^2)$ ……②

マイさんの考え

> 側面積は，$\pi \times 5^2 \times \dfrac{2 \times \pi \times 3}{2 \times \pi \times 5} = \pi \times 5 \times 3$ ……③
>
> $\qquad\qquad = 15\pi\,(\mathrm{cm}^2)$

式①で，$2 \times \pi \times 3$ と $2 \times \pi \times 5$ は，それぞれ何を表していますか。また，式②，③はそれぞれどのように考えたのか，説明しなさい。

(2) 表面積を求めなさい。

6 章

4 節

立体の表面積と体積

解答 (1) $2\times\pi\times3\cdots$**底面の円周の長さ**

$2\times\pi\times5\cdots$**母線を半径とした円の円周の長さ**

式②は,「**おうぎ形の面積は中心角の大きさに比例する**」と考えて求めた。

式③は,「**おうぎ形の面積は弧の長さに比例する**」と考えて求めた。

(2) 底面積は, $\pi\times3^2=9\pi$

よって,表面積は,$15\pi+9\pi=24\pi$ より,**24π cm²**

 たしかめ② 右の図(教科書223ページ)の円錐の表面積を求めなさい。

解答 側面積は,

$$\pi\times9^2\times\frac{2\times\pi\times3}{2\times\pi\times9}=27\pi$$

底面積は,

$$\pi\times3^2=9\pi$$

よって,$27\pi+9\pi=36\pi$ より,**36π cm²**

 Q2 次の円錐の表面積を求めなさい。

(1) 底面の半径 6 cm,母線の長さ15 cm

(2) 底面の半径 9 cm,母線の長さ18 cm

解答 (1) 側面積は,

$$\pi\times15^2\times\frac{2\times\pi\times6}{2\times\pi\times15}=90\pi$$

底面積は,

$$\pi\times6^2=36\pi$$

よって,表面積は,$90\pi+36\pi=126\pi$ より,**126π cm²**

(2) 側面積は,

$$\pi\times18^2\times\frac{2\times\pi\times9}{2\times\pi\times18}=162\pi$$

底面積は,

$$\pi\times9^2=81\pi$$

よって,表面積は,$162\pi+81\pi=243\pi$ より,**243π cm²**

教科書 p.224 **Q3** 次の図(教科書224ページ)の△ABCを,直線ACとBCをそれぞれ回転の軸として1回転させ,2つの回転体を作りました。

(1) ACを軸として作った回転体の見取図をかき,(教科書)223ページの **2** の円錐になることを確かめなさい。また,この回転体の表面積をいいなさい。

(2) BCを軸として作った回転体の見取図をかき,この回転体の表面積を求めなさい。

(3) (1)と(2)の表面積を比べなさい。

ガイド (1) 底面の半径が $3\,\mathrm{cm}$，母線の長さが $5\,\mathrm{cm}$ の円錐になる。

(2) 底面の半径が $4\,\mathrm{cm}$，母線の長さが $5\,\mathrm{cm}$ の円錐になる。

解答 (1) 見取図…**右の図**

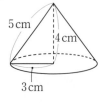

側面積は，

$$\pi\times5^2\times\frac{2\times\pi\times3}{2\times\pi\times5}=15\pi$$

底面積は，

$$\pi\times3^2=9\pi$$

よって，表面積は，

$$15\pi+9\pi=24\pi \text{ より，} \ \mathbf{24\pi\,cm^2}$$

(2) 見取図…**右の図**

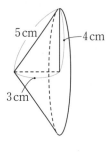

側面積は，

$$\pi\times5^2\times\frac{2\times\pi\times4}{2\times\pi\times5}=20\pi$$

底面積は，

$$\pi\times4^2=16\pi$$

よって，表面積は，

$$20\pi+16\pi=36\pi \text{ より，} \ \mathbf{36\pi\,cm^2}$$

(3) **(2)のほうが大きい。**

教科書 p.224

学びにプラス 円錐の側面積のほかの求め方

(教科書)223ページの **2** のマイさんの考えの式③

$$\pi\times5^2\times\frac{2\times\pi\times3}{2\times\pi\times5}=\pi\times5\times3$$

で，5は円錐の母線の長さ，3は底面の円の半径だから，

（円錐の側面積）$=\pi\times$（円錐の母線の長さ）$\times$（底面の円の半径）

と表すことができそうです。

(1) ほかの円錐でも，上と同じことがいえるかどうかを，マイさんの考え方で確かめてみましょう。

(2) 円錐の側面積 S を，右の図（教科書224ページ）の文字を使って式で表してみましょう。

解答 (1) （例） **底面の半径 $4\,\mathrm{cm}$，母線の長さ $6\,\mathrm{cm}$ の円錐の側面積は，**

マイさんの考え方 … $\pi\times6^2\times\dfrac{2\times\pi\times4}{2\times\pi\times6}=24\pi$

ほかの求め方 … $\pi\times6\times4=24\pi$ **より，**

同じことがいえる。

(2) （円錐の側面積）$=\pi\times$（円錐の母線の長さ）$\times$（底面の円の半径）より，

$$S=\pi Rr$$

6 章

4 節 立体の表面積と体積

❸ 角柱，円柱の体積

教科書の要点

□**角柱の体積**　角柱の体積は，(底面積)×(高さ)で求められる。

角柱の体積をV，底面積をS，高さをhとすると，

$$V = Sh$$

□**円柱の体積**　円柱の体積は，(底面積)×(高さ)で求められる。

円柱の体積をV，底面積をS，高さをh，底面の半径をrとすると，

$$V = Sh = \pi r^2 h$$

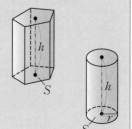

教科書 p.225

Q1 次の立体の体積を求めなさい。
  (1) 右の図(教科書225ページ)の三角柱
  (2) 底面の半径が$3\,\mathrm{cm}$，高さが$8\,\mathrm{cm}$の円柱

解答 (1) 底面積は，$\dfrac{1}{2} \times 3 \times 4 = 6$ だから，

　　　　体積は，$6 \times 6 = 36$ より，**$36\,\mathrm{cm}^3$**

(2) 底面積は，$\pi \times 3^2 = 9\pi$ だから，

　　体積は，$9\pi \times 8 = 72\pi$ より，**$72\pi\,\mathrm{cm}^3$**

(円柱の体積)
=(底面積)×
(高さ)だよ。

❹ 角錐，円錐の体積

教科書の要点

□**角錐の体積**　角錐の体積は，底面と高さが等しい角柱の体積の$\dfrac{1}{3}$になる。

角錐の体積をV，底面積をS，高さをhとすると，

$$V = \dfrac{1}{3} Sh$$

□**円錐の体積**　円錐の体積は，底面と高さが等しい円柱の体積の$\dfrac{1}{3}$になる。

円錐の体積をV，底面積をS，高さをh，底面の半径をrとすると，

$$V = \dfrac{1}{3} Sh = \dfrac{1}{3} \pi r^2 h$$

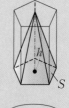

教科書 p.226

? 三角形の面積は，底辺と高さがそれぞれ等しい長方形の面積の$\dfrac{1}{2}$です。四角錐の体積も，底面積と高さがそれぞれ等しい四角柱の体積の$\dfrac{1}{2}$といってよいでしょうか。

ガイド 教科書226ページの図のような，底面積と高さが等しい四角錐を2つ組み合わせても四角柱にはならない。

解答 **よくない。**（半分よりも小さいと予想できる。）

教科書 p.226

活動1 角錐と角柱の体積の関係について調べましょう。
角錐状の容器に満杯に入れた水を，底面積と高さの等しい角柱状の容器に移す実験をします。
(1) 何杯で角柱状の容器が満杯になりそうですか。

ガイド 実際に高さと底面がそれぞれ等しい角柱と角錐を作って実験してみる。

解答 (1) **3杯**

教科書 p.227

活動2 円錐の体積の求め方を調べましょう。
底面の半径が4cm，高さが9cmの円錐状の容器に満杯に入れた水を，底面の半径と高さの等しい円柱状の容器に移したところ，3杯で円柱状の容器が満杯になりました。
(1) 円錐の体積を求めなさい。

ガイド 3杯で円柱状の容器が満杯になったことから，

$3 \times (円錐の体積) = (円柱の体積)$

だから，$(円錐の体積) = \dfrac{1}{3} \times (円柱の体積)$ で求められる。

解答 (1) 円柱の体積は，$\pi \times 4^2 \times 9 = 144\pi$ だから，

円錐の体積は，$\dfrac{1}{3} \times 144\pi = 48\pi$ より，**$48\pi\,\text{cm}^3$**

教科書 p.227

Q1 次の図（教科書227ページ）の立体の体積を求めなさい。

解答 (1) $\dfrac{1}{3} \times \dfrac{1}{2} \times 8 \times 7 \times 9 = 84$ より，**$84\,\text{cm}^3$**

(2) $\dfrac{1}{3} \times \pi \times 10^2 \times 24 = 800\pi$ より，**$800\pi\,\text{cm}^3$**

(3) $\dfrac{1}{3} \times \dfrac{1}{2} \times 6 \times 5 \times 8 = 40$ より，**$40\,\text{cm}^3$**

教科書 p.227

Q2 円錐の体積Vは，底面の半径をr，高さをhとすると，
$V = \dfrac{1}{3}\pi r^2 h$ となることを説明しなさい。

解答 教科書227ページの **2** より

$(円錐の体積) = \dfrac{1}{3} \times (底面の半径と高さがそれぞれ等しい円柱の体積)$ となる。

よって，$V = \dfrac{1}{3} \times \pi r^2 h = \dfrac{1}{3}\pi r^2 h$ となる。

6章

4節 立体の表面積と体積

❺ 球の表面積と体積

教科書の要点

□球の表面積　球の半径を r，表面積を S とすると，$S = 4\pi r^2$

□球の体積　球の半径を r，体積を V とすると，$V = \dfrac{4}{3}\pi r^3$

教科書 p.228

活動1 次の写真ア(教科書228ページ)のように，半径が r の球にひもを巻きつけます。巻きつけたひもを，写真イ(教科書228ページ)のように平面上で巻いて円を作ると，その半径は $2r$ になります。

このことを利用して，球の表面積の求め方を考えましょう。

(1) 実験の結果から，球の表面積 S を，半径 r を使って表しなさい。

(2) 半径が r の球の表面積は，半径が等しい円の面積の何倍といえますか。

ガイド (1) 半径 r の球の表面積は，半径が $2r$ の円の面積に等しいことを表している。

解答 (1) $\pi \times (2r)^2 = 4\pi r^2$ より，$\boldsymbol{S = 4\pi r^2}$

(2) $4\pi r^2 \div \pi r^2 = 4$ より，**4倍**

教科書 p.228

Q1 次の球の表面積を求めなさい。

(1) 半径 $3\,\mathrm{cm}$ の球　　　　　　(2) 直径 $10\,\mathrm{cm}$ の球

ガイド (1) 球の表面積を求める公式に，$r = 3$ を代入する。

(2) 直径が $10\,\mathrm{cm}$ だから，半径は $5\,\mathrm{cm}$ である。

解答 (1) $4 \times \pi \times 3^2 = 36\pi$ より，$\boldsymbol{36\pi\,\mathrm{cm}^2}$

(2) $4 \times \pi \times 5^2 = 100\pi$ より，$\boldsymbol{100\pi\,\mathrm{cm}^2}$

教科書 p.228

Q2 半径が $8\,\mathrm{cm}$ の半球の表面積を求めなさい。。

ガイド 半球なので，切り口の円の面積をたし忘れないように注意する。

解答 $4 \times \pi \times 8^2 \times \dfrac{1}{2} + \pi \times 8^2 = 192\pi$ より，$\boldsymbol{192\pi\,\mathrm{cm}^2}$

教科書 p.229

活動2 右の図(教科書229ページ)のような，円柱状の容器アと半球状の容器イがあります。容器イに満杯に入れた水を容器アに移したところ，3杯で容器アが満杯になりました。

このことを利用して，球の体積を求めましょう。

(1) 半径が $5\,\mathrm{cm}$ の球と等しい体積の水を容器アに入れると，どの高さまで水が入りますか。

(2) (1)から，半径が $5\,\mathrm{cm}$ の球の体積を求めなさい。

解答 (1) $10\,\mathrm{cm}$ の $\dfrac{2}{3}$ の高さ

(2) $\pi \times 5^2 \times 10 \times \dfrac{2}{3} = \dfrac{500}{3}\pi$ より，$\boldsymbol{\dfrac{500}{3}\pi\,\mathrm{cm}^3}$

p.229

Q3 次の球の体積を求めなさい。
(1) 半径3cmの球　　　　　　　(2) 直径12cmの球

解答 (1) $\dfrac{4}{3}\times\pi\times3^3=36\pi$ より，**$36\pi\,\text{cm}^3$**

(2) $\dfrac{4}{3}\times\pi\times6^3=288\pi$ より，**$288\pi\,\text{cm}^3$**

 p.229

Q4 右の図(教科書229ページ)のような，半径が4cm，中心角が90°のおうぎ形を，直線 ℓ を回転の軸として1回転させます。このときできる回転体の表面積と体積を求めなさい。

ガイド できる回転体は，半径が4cmの半球である。

解答 表面積は，$4\times\pi\times4^2\times\dfrac{1}{2}+\pi\times4^2=48\pi$ より，**$48\pi\,\text{cm}^2$**

体積は，$\dfrac{4}{3}\times\pi\times4^3\times\dfrac{1}{2}=\dfrac{128}{3}\pi$ より，**$\dfrac{128}{3}\pi\,\text{cm}^3$**

た しかめよう

 p.230

1 次の図(教科書230ページ)の立体の表面積を求めなさい。

ガイド それぞれの展開図を考えてみる。

解答 (1) 側面積は，$10\times6\pi=60\pi$
底面積は，$\pi\times3^2=9\pi$
したがって，表面積は，
$60\pi+9\pi\times2=78\pi$ より，**$78\pi\,\text{cm}^2$**

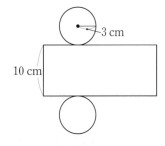

(2) 側面積は，$\pi\times10^2\times\dfrac{2\times\pi\times6}{2\times\pi\times10}=60\pi$

底面積は，$\pi\times6^2=36\pi$
したがって，表面積は，
$60\pi+36\pi=96\pi$ より，**$96\pi\,\text{cm}^2$**

(3) 側面積は，$6\times(3+4+5)=72$

底面積は，$\dfrac{1}{2}\times3\times4=6$

したがって，表面積は，
$72+6\times2=84$ より，**$84\,\text{cm}^2$**

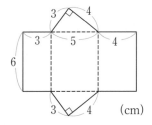

 p.230

2 次の図(教科書230ページ)の立体の体積を求めなさい。

ガイド (2) 底面が直角三角形で高さが3cmの三角柱と考える。

解答 (1) $\pi\times2^2\times8=32\pi$ より，**$32\pi\,\text{cm}^3$**

(2) $\dfrac{1}{2}\times2\times4\times3=12$ より，**$12\,\text{cm}^3$**

教科書 p.230

3 次の図(教科書230ページ)の立体の体積を求めなさい。

ガイド (1) 底面は1辺が5cmの正方形
(2) 底面は半径5cmの円

解答 (1) $\dfrac{1}{3} \times 5^2 \times 6 = 50$ より，**50 cm³**

(2) $\dfrac{1}{3} \times \pi \times 5^2 \times 15 = 125\pi$ より，**125π cm³**

教科書 p.230

4 次の立体の表面積と体積をそれぞれ求めなさい。
(1) 半径10cmの球
(2) 直径8cmの半球

解答 (1) 表面積は，$4 \times \pi \times 10^2 = 400\pi$ より，**400π cm²**

体積は，$\dfrac{4}{3} \times \pi \times 10^3 = \dfrac{4000}{3}\pi$ より，$\dfrac{4000}{3}$**π cm³**

(2) 直径が8cmより半径は4cm，半球は球の半分だから，

球の表面積の半分は，$4 \times \pi \times 4^2 \times \dfrac{1}{2} = 32\pi$

切り口の円の面積は，$\pi \times 4^2 = 16\pi$
したがって，半球の表面積は，
$32\pi + 16\pi = 48\pi$ より，**48π cm²**
半球は球の半分だから，体積は，
$\dfrac{4}{3} \times \pi \times 4^3 \times \dfrac{1}{2} = \dfrac{128}{3}\pi$ より，$\dfrac{128}{3}$**π cm³**

5節 図形の性質の利用

❶ アイスクリームの体積を比べよう

教科書 p.231

　A，Bの商品(教科書231ページ)で，アイスクリームの体積はどちらがどれだけ大きいかを調べましょう。
(1) A，Bの商品のアイスクリームを，それぞれどのような形とみれば，体積を求められそうですか。
(2) A，Bの商品のアイスクリームの部分は，次の図(教科書232ページ)のようになっています。Aのアイスクリームの形を円錐，Bのアイスクリーム1つを半球とみて，それぞれの体積を求めなさい。
(3) A，Bの商品で，アイスクリームの体積はどちらがどれだけ大きいですか。

解答 (1) A… 円錐 とみればよい。
B…半球2つとみることができる。

(2)　A　半径は $8 \div 2 = 4$(cm) なので,

体積は, $\dfrac{1}{3} \times \pi \times 4^2 \times 12 = 64\pi$ より, **$64\pi\,\mathrm{cm}^3$**

B　半径は $6 \div 2 = 3$(cm) なので,

体積は, $\dfrac{4}{3}\pi \times 3^3 \times \dfrac{1}{2} \times 2 = 36\pi$ より, **$36\pi\,\mathrm{cm}^3$**

(3)　$64\pi - 36\pi = 28\pi$ より,

Aの商品がBの商品より $28\pi\,\mathrm{cm}^3$ 大きい。

教科書 **p.232**

Q1 アイスクリーム店には，次の図(教科書232ページ)のような商品もあります。
この商品のアイスクリームの体積を求め，上の問題のA，Bのアイスクリームの体積と比べなさい。

解答 このアイスクリームは，円錐と半球を組み合わせた形とみることができるので，

体積は, $\dfrac{1}{3} \times \pi \times 3^2 \times 9 + \dfrac{4}{3} \times \pi \times 3^3 \times \dfrac{1}{2} = 27\pi + 18\pi = 45\pi$

AとC　$64\pi - 45\pi = 19\pi$ より,

Aの商品がCの商品より $19\pi\,\mathrm{cm}^3$ 大きい。

BとC　$45\pi - 36\pi = 9\pi$ より,

Cの商品がBの商品より $9\pi\,\mathrm{cm}^3$ 大きい。

② 最短の長さを考えよう

CHECK!
確認したら
✓を書こう

教科書の要点

□最短の長さ　空間の図形の性質を利用して問題を解く。
立体の表面で最短の長さを求めるには，その立体の展開図を利用する。

教科書 **p.233**

活1 右の図(教科書233ページ)のように，正四角錐の点Bから辺ACを通って点Dまで糸をかけます。このとき，糸の長さを最短にするには，どのように糸をかければよいかを考えましょう。

(1)　右の図(教科書233ページ)は上の四角錐の展開図です。糸のかけ方を展開図に示しなさい。

解答 (1)

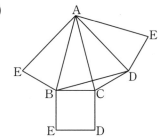

教科書 p.233

Q1 ①で，点Bから辺AC，ADを通って点Eまで，糸の長さが最短になるように糸をかけます。次のPさんの考えは正しいですか。

Pさんの考え

> 右の図（教科書233ページ）のように，辺AC，ADの中点M，Nを通るとき，糸の長さは最短になる。

解答 **正しくない。**
右の図のように，長さが最短になる糸のかけ方を展開図に示すと，点M，Nは通らないことがわかる。

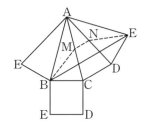

教科書 p.233

Q2 右の図（教科書233ページ）の円錐で，底面の円周上の点Aから円錐の側面にそって，1周するように糸をかけます。糸の長さが最短になるとき，その長さを求めなさい。

解答 円錐の展開図で側面になるおうぎ形の中心角の大きさは，$360° \times \dfrac{2 \times \pi \times 3}{2 \times \pi \times 18} = 60°$

よって，△OAA′は正三角形になるので，
最短の糸の長さAA′は18cmである。

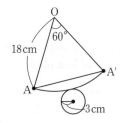

6章をふり返ろう

教科書 p.234

① 右の図（教科書234ページ）の立体は，面AEHDと面BFGCがどちらも台形で，そのほかの面はどれも長方形です。辺を直線，面を平面とみて，次の(1)〜(6)を示しなさい。
(1) 直線AEと平行な直線
(2) 直線ADがふくまれる平面
(3) 直線ADとねじれの位置にある直線
(4) 直線DHと交わる平面
(5) 平面EFGHと垂直な平面
(6) 2平面ABCDとEFGHとの距離を示している辺

解答 (1) **直線BF**
(2) **平面ABCD，AEHD**
(3) **直線EF，BF，CG，HG**
(4) **平面AEFB，ABCD，EFGH**
(5) **平面AEHD，DHGC，BFGC**
(6) **辺DH，CG**

❷ 右の見取図（教科書234ページ）で表された立体の投影図をかきなさい。

解答

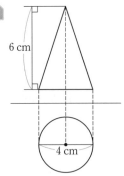

6 cm

4 cm

❸ 次の立体（教科書234ページ）の表面積と体積をそれぞれ求めなさい。
(1) 円柱 (2) 正四角錐

解答 (1) 表面積…$6 \times 2\pi \times 12 + \pi \times 12^2 \times 2 = 432\pi$ より，**$432\pi\,\mathrm{cm}^2$**
体積…$\pi \times 12^2 \times 6 = 864\pi$ より，**$864\pi\,\mathrm{cm}^3$**

(2) 表面積…$\dfrac{1}{2} \times 16 \times 17 \times 4 + 16 \times 16 = 800$ より，**$800\,\mathrm{cm}^2$**

体積…$\dfrac{1}{3} \times 16 \times 16 \times 15 = 1280$ より，**$1280\,\mathrm{cm}^3$**

6章

❹ 右の図形（教科書234ページ）は，直角三角形とおうぎ形からできています。直線 ℓ を回転の軸として，この図形を1回転させてできる回転体の，表面積と体積を求めなさい。

ガイド 下の図のような円錐と球の半分を組み合わせた立体ができる。

解答 表面積…半球の表面積は，$4 \times \pi \times 6^2 \times \dfrac{1}{2} = 72\pi$

円錐の側面積は，$\pi \times 10^2 \times \dfrac{2 \times \pi \times 6}{2 \times \pi \times 10} = 60\pi$

よって，$72\pi + 60\pi = 132\pi$ より，**$132\pi\,\mathrm{cm}^2$**

体積…半球の体積は，$\dfrac{4}{3} \times \pi \times 6^3 \times \dfrac{1}{2} = 144\pi$

円錐の体積は，$\dfrac{1}{3} \times \pi \times 6^2 \times 8 = 96\pi$

よって，$144\pi + 96\pi = 240\pi$ より，**$240\pi\,\mathrm{cm}^3$**

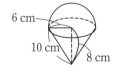

6 cm

10 cm

8 cm

❺ 地球の表面のおよそ $\dfrac{7}{10}$ は海です。地球を球と考え，半径を6400kmとして，海面のおよその面積を求めなさい。

(ガイド) 半径6400kmの球の表面積の $\dfrac{7}{10}$ を求める。

(解答) $4\times\pi\times6400^2\times\dfrac{7}{10}=114688000\pi$ より，**114688000πkm²**

6 身のまわりから，平行や垂直である平面や直線を見つけてみましょう。

(ガイド) 建物や家庭にある身近な物などについていろいろ考えてみよう。
(解答) 省略

力をのばそう

❶ 空間に3直線 ℓ，m，n と3平面P，Q，Rがあります。次のことがらは，いつも成り立ちますか。
(1) $\ell\perp m$，$m\perp n$ ならば，$\ell /\!/ n$ である。
(2) P⊥Q，Q⊥R ならば，P//R である。
(3) P⊥ℓ，P//Q ならば，Q⊥ℓ である。
(4) P//ℓ，$\ell\perp m$ ならば，P⊥m である。

(解答) (1) **いつも成り立つとは限らない。**（図1参照） 図1

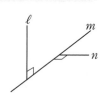

(2) **いつも成り立つとは限らない。**（図2参照） 図2
(3) **いつも成り立つ。**

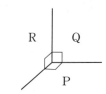

(4) **いつも成り立つとは限らない。**（図3参照） 図3

❷ 右の図（教科書235ページ）の直方体の中にある3つの四角錐AEFGH，ABFGC，ACGHDの体積をそれぞれ求めなさい。また，その結果からわかることをいいなさい。

(解答) 四角錐AEFGHの体積は，
底面が長方形EFGH，高さがAEより，
$\dfrac{1}{3}\times4\times3\times2=8$ より，**8cm³**

四角錐ABFGCの体積は，
底面が長方形BFGC，高さがABより，
$\dfrac{1}{3}\times2\times3\times4=8$ より，**8cm³**

四角錐ACGHDの体積は，底面が長方形CGHD，高さがADより，

$\dfrac{1}{3} \times 2 \times 4 \times 3 = 8$ より，**8cm³**

（例）　3つの四角錐の体積は等しい。

教科書 p.235

❸ 右の展開図（教科書235ページ）からできる立体の体積を求めなさい。

ガイド　右の図のような，三角錐になる。

解答　$\dfrac{1}{3} \times \dfrac{1}{2} \times 6 \times 6 \times 6 = 36$ より，**36cm³**

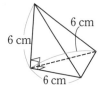

教科書 p.235

❹ 右の図（教科書235ページ）のような円柱と円錐と球があります。
(1)　球の表面積と円柱の側面積をそれぞれ求めなさい。
(2)　円柱と円錐の体積の比，円錐と球の体積の比をそれぞれ求めなさい。

ガイド　(2)　それぞれの体積を求めて比べる。

解答　(1)　球の半径は5cm，円柱の底面の半径は5cmである。円柱の展開図の側面は長方形で，縦の長さが10cm，横の長さは底面の円周の長さに等しいから，
$2\pi \times 5 = 10\pi$ である。
　　　球の表面積…$4 \times \pi \times 5^2 = 100\pi$ より，**100πcm²**
　　　円柱の側面積…$10 \times 10\pi = 100\pi$ より，**100πcm²**

(2)　円柱の体積…$\pi \times 5^2 \times 10 = 250\pi$，円錐の体積…$\dfrac{1}{3} \times \pi \times 5^2 \times 10 = \dfrac{250}{3}\pi$

（円柱の体積）：（円錐の体積）$= 250\pi : \dfrac{250}{3}\pi$ より，

円柱と円錐の体積の比は，**3：1**

球の体積…$\dfrac{4}{3} \times \pi \times 5^3 = \dfrac{500}{3}\pi$

（円錐の体積）：（球の体積）$= \dfrac{250}{3}\pi : \dfrac{500}{3}\pi$ より，

円錐と球の体積の比は，**1：2**

活用・探究　つながる・ひろがる・数学の世界

教科書 p.236

ヒンメリを作ろう
　右の写真（教科書236ページ）は，フィンランドの伝統的な飾り「ヒンメリ」で，複数の多面体を組み合わせて作られています。
(1)　ストローと糸を使って，正八面体の飾りを作ろう。

解答　省略（教科書236ページ参照）

自分で課題をつくって取り組もう

（例）・いろいろな多面体の飾りを作ってみよう。

解答 （例）　**正四面体，正六面体，五面体をつくる。**

用意するもの

ストローを適当な長さに切り，多面体の辺の数だけ用意する。他に，糸，はさみ。

正四面体

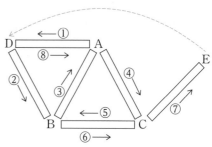

❶　右の図のように，Aから①，②，③の順に糸を通し，Aで結ぶ。

❷　④，⑤の順に糸を通し，Bで結び，⑥でもう一度Cに戻る。

❸　⑦に糸を通し，EとDを結ぶ。

❹　⑧に糸を通し，Aに糸を出す。

❺　2本の糸を結び，形を整える。

正六面体

❶　下の図のように，Aから①，②，③，④の順に糸を通して，Aで結ぶ。

❷　⑤，⑥，⑦の順に糸を通し，Bで結ぶ。

❸　⑧，⑨，⑩の順に糸を通し，HとCを結ぶ。

❹　⑪，⑫，⑬の順に糸を通し，JとDを結ぶ。

❺　⑭，⑮の順に糸を通し，KとEを結ぶ。

❻　⑯に糸を通し，Aに糸を出す。

❼　2本の糸を結び，形を整える。

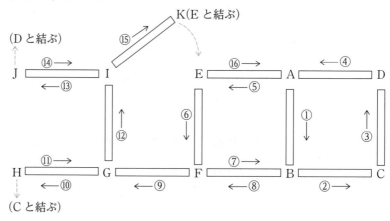

五面体

※五面体は正多面体ではないので長さの違うストローが必要になる。ここでは，右のような立体を作る。

❶　次の図のように，Aから①，②，③，④の順に糸を通し，Aで結ぶ。

❷　⑤，⑥の順に糸を通し，Bで結ぶ。

❸　⑦，⑧，⑨の順に糸を通し，GとCを結ぶ。

❹　⑩，⑪の順に糸を通し，HとDを結ぶ。

❺　Dから，⑫に糸を通し，Aに糸を出す。

❻　2本の糸を結び，形を整える。

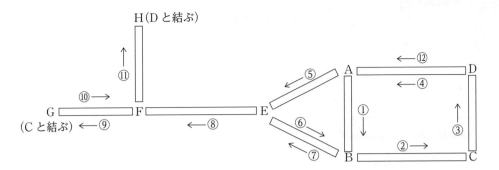

学びにプラス 立方体の切り口にできる図形

教科書 p.237 発展

立方体をいくつかの点を通るいろいろな平面で切ると，切り口には三角形や四角形が現れます。

(1) 頂点A，Cを通り，次(教科書237ページ)の**ア**，**イ**のような平面で切ると，切り口はどんな図形になりますか。

(2) 次(教科書237ページ)の**ウ**，**エ**のような3点P，Q，Rを通る平面で切ると，切り口はどんな図形になりますか。

ガイド (1) **ア** 下の図で，点A，C，Fを通る平面の線分AC，AF，CFは，どれも正方形の対角線だから，AC＝AF＝CF になるので正三角形になる。

イ 点A，C，Eを通る平面で切ると，下の図のように点Gを通る。AEとCGは面ABCD，面EFGHに垂直だから，
AE⊥AC，AE⊥EG，CG⊥AC，CG⊥EG となるので，
四角形AEGCは長方形になる。

(2) **ウ** 下の図で，立方体の向かい合う2つの面は平行だから，それと交わる平面上の線PRとQSは平行になる。よって，四角形PQSRは台形になる。

エ 下の図で，3点P，Q，Rを通る平面で切ると，辺UWの中点Sも通る。
PT＝VR＝RW＝PU，TQ＝VQ＝WS＝US より，
△QPT，△QRV，△SRW，△SPUは，合同な直角三角形だから，
QP＝QR＝SR＝SP となる。
よって，四角形PQRSはひし形になる。

解答 (1) **ア** 正三角形　　　**イ** 長方形

(2) **ウ** 台形　　　**エ** ひし形

　　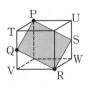

7章 データの分析

1節 データの分析

① 範囲と度数分布

CHECK!
確認したら
✓を書こう

教科書の要点

□範囲　　　データの最大値と最小値との差を範囲(レンジ)という。
　　　　　　(範囲)＝(最大値)－(最小値)

□階級の幅　階級として区切った区間の幅のことを階級の幅という。

教科書 p.240

❓ (教科書)238, 239ページの実験で, 1年1組の生徒の1回目と2回目の長さのデータを集め, 小さい順に並べました(教科書240ページ)。2つのデータの傾向を読み取るには, どのようにすればよいでしょうか。

解答 それぞれの回の平均値を求める。
最大の値, 最小の値を比べる。　など。

教科書 p.241

たしかめ ① ❓ 考えよう で, 2回目のデータの範囲を求めなさい。

解答 最大値が13.1cm, 最小値が8.6cmであるから, 13.1－8.6＝**4.5(cm)**

教科書 p.241

活動2 表1(教科書241ページ)は, ❓ 考えよう で集めた長さのデータを2cmずつの幅に区切り, それぞれの階級に入るデータの数を調べて, 度数分布表に表したものです。この表からデータの傾向を読み取ってみましょう。

(1) 1回目のデータの, 6.8cm, 8.0cmは, それぞれ表1のどの階級に入りますか。
(2) 1回目のデータで, 度数が最も多い階級をいいなさい。
(3) 2回目のデータについても, 1回目と同じように調べて, 表1を完成させなさい。また, 度数が最も多い階級をいいなさい。
(4) 2つのデータの傾向についてどのようなことがわかりますか。

解答
(1) 6.8cm…**5.0cm以上7.0cm未満の階級**
　　8.0cm…**7.0cm以上9.0cm未満の階級**
(2) **9.0cm以上11.0cm未満の階級**
(3) **右の表**
　　9.0cm以上11.0cm未満の階級
(4) **2回目のほうが, データのちらばりが小さい。**　など。

表1　1組の1回目と2回目の長さ

長さ(cm)	1回目 度数(人)	2回目 度数(人)
以上　未満 5.0～ 7.0	1	0
7.0～ 9.0	9	2
9.0～11.0	12	**20**
11.0～13.0	6	**9**
13.0～15.0	3	**1**
15.0～17.0	1	**0**
計	32	32

教科書 p.241 **Q1** **②考えよう** で集めた1回目の長さのデータをもとにして，表2（教科書241ページ）を完成させなさい。また，表2の階級の幅は何cmですか。

解答 表2 　1組の1回目の長さ

長さ(cm)	度数(人)
以上　未満	
4.0〜 8.0	**5**
8.0〜12.0	**20**
12.0〜16.0	**7**
計	**32**

階級の幅…8.0－4.0＝**4.0(cm)**

② ヒストグラムと度数分布多角形

CHECK! (・・)
確認したら
✓を書こう

教科書の要点

□ヒストグラム　柱状グラフをヒストグラムともいう。
□度数分布多角形　ヒストグラムの各階級の長方形の上の辺の中点を，順に折れ線で結んだグラフを度数分布多角形（度数折れ線）という。ヒストグラムから度数分布多角形をかくとき，左右の両端には度数が0の階級があるものと考える。

7章

1節 データの分析

教科書 p.242 **活動1** 図1（教科書242ページ）は，（教科書）241ページの表1の1回目のデータの度数分布表をもとにして，柱状グラフをかいたものです。データの傾向を読み取りましょう。
(1) 図1をもとに，1回目のデータの傾向をいいなさい。

ガイド (1)　柱状グラフ（ヒストグラム）をかくことによって，度数が最も大きい階級，度数のちらばり方などのデータの傾向が見やすくなる。

解答 (1)　**9.0cm以上11.0cm未満の階級を頂点にして山型に分布している。**　など。

教科書 p.243 **Q1** （教科書）241ページの表1の2回目の度数分布表をもとにして，図5（教科書243ページ）にヒストグラムをかきなさい。また，このデータの傾向をいいなさい。

解答 図5

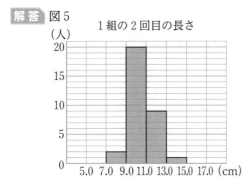

1組の2回目の長さ

(例)　**9.0cm以上11.0cm未満の階級を頂点にして
その右側に多く分布している。**

教科書
p.243 **Q2** 図5（教科書243ページ）をもとにして，図6（教科書243ページ）に2回目のデータの度数分布多角形をかき加えなさい。また，1回目と2回目の度数分布多角形を比べて，データの傾向のちがいをいいなさい。

解答 図6

1組の1回目と2回目の長さ

（例） 2回目のほうがデータのちらばりが小さく，9.0cm以上11.0cm未満の階級に集まっている。

教科書
p.243 **学びにプラス** **ヒストグラムの面積と度数分布多角形の面積**

右の図（教科書243ページ）は，図6（教科書243ページ）の一部です。ヒストグラムの各階級の長方形の面積の合計と度数分布多角形の面積には，どのような関係があるでしょうか。

解答 1つの折れ線でけずられた三角形とつけ加えられた三角形の面積は，同じになるので，全体としての面積は，**等しくなる。**

③ 相対度数

CHECK! (･･)
確認したら
✓を書こう

教科書の要点

□相対度数　各階級の度数の，全体に対する割合を，その階級の相対度数という。

$$（相対度数）= \frac{（階級の度数）}{（度数の合計）}$$

教科書
p.244 A中学校とB中学校の生徒の通学時間を調べたら，表3（教科書244ページ）のようになりました。2つの学校で，各階級の度数や全体の生徒数を比べて，気づいたことをいいましょう。

ガイド データの総数のちがいが大きいので，度数だけを比べて，2つの中学校の傾向を正しく述べることはできない。

解答 **度数が最も大きい階級は，A中学校が15分以上20分未満の階級で，B中学校が20分以上25分未満の階級である。A中学校のほうが全体的に通学時間は短そうであるが，全体の数がちがうので，はっきりしたことはいえない。** など。

活動1 ❓考えよう で，2つの学校のデータの傾向を比べる方法について考えましょう。

(1) 通学時間が10分未満の生徒は，それぞれ何人ですか。

(2) 通学時間が10分未満の生徒は，各学校の全体の生徒に対して，それぞれどれくらいの割合になりますか。

(3) (1)，(2)から，どのようなことがいえますか。

(4) 生徒数の異なる2つの学校のデータの傾向を比べるときは，どのようにすればよいですか。

ガイド (1) 5分以上10分未満の階級の度数になる。

(2) それぞれの中学校で，$\dfrac{(10分未満の階級の度数)}{(度数の合計)}$ を求める。

(4) データの総数が違うので，実際の数ではなく全体との割合で判断する。

解答 (1) A中学校… **6人**，B中学校… **6人**

(2) A中学校…**0.15**，B中学校…**0.06**

(3) **通学時間が10分未満の生徒の数は，どちらの中学校も同じであるが，割合はA中学校のほうが大きい。** など。

(4) **全体に対する割合を比べる。** など。

Q1 表3（教科書244ページ）をもとにして，B中学校の各階級の相対度数を求め，表4（教科書244ページ）を完成させなさい。

ガイド 階級ごとに $\dfrac{(階級の度数)}{(度数の合計)}$ を計算する。

解答 表4　A中学校とB中学校の生徒の
　　　　通学時間の相対度数

時間(分)	A中学校	B中学校
	相対度数	相対度数
以上　未満		
5〜10	0.15	**0.06**
10〜15	0.25	**0.10**
15〜20	0.30	**0.32**
20〜25	0.20	**0.34**
25〜30	0.10	**0.18**
計	1	**1**

Q2 A中学校で，20分以上30分未満の生徒の割合を求めなさい。

解答 表4より，20分以上25分未満の相対度数と25分以上30分未満の相対度数をたすと，

$0.20+0.10=0.30$

答 **0.3（3割，30%）**

7章

1節 データの分析

教科書
p.245

活動2　2つのデータの傾向を，グラフを使って比べましょう。

(1) 図7（教科書245ページ）は，表4（教科書244ページ）のA中学校の相対度数の分布をグラフに表したものです。
B中学校の相対度数の分布を表すグラフを図7にかき加えなさい。

(2) 2つのデータの傾向のちがいをいいなさい。

解答 (1) **右の図**

(2) **B中学校のグラフのほうが全体的に右に寄っていることから，データの傾向として，通学時間が長いことがわかる。**　など。

図7　生徒の通学時間の相対度数

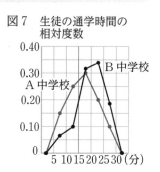

教科書
p.245

Q3　表5（教科書245ページ）は，C中学校の生徒80人とD中学校の生徒120人の通学距離を調べて度数分布表に表したものです。D中学校の各階級の相対度数を求めなさい。
また，C中学校とD中学校の相対度数の分布を表すグラフを図8（教科書245ページ）にかき，データの傾向を比べなさい。

ガイド　相対度数は，各階級ごとに $\dfrac{（階級の度数）}{（度数の合計）}$ を計算すればよい。データの傾向を比べるには，相対度数のグラフをかくと比べやすくなる。

解答　相対度数…**左下の表**　　グラフ…**右下の図**
C中学校のほうが，通学距離がやや短い傾向がある。　など。

表5　C中学校とD中学校の生徒の通学距離

距離(km)	C中学校		D中学校	
	度数(人)	相対度数	度数(人)	相対度数
以上　未満				
0〜1	12	0.15	12	**0.10**
1〜2	38	0.47	42	**0.35**
2〜3	26	0.33	48	**0.40**
3〜4	4	0.05	18	**0.15**
計	80	1	120	**1**

図8　生徒の通学距離の相対度数

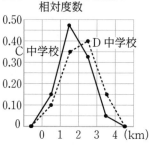

注意　相対度数の合計が1にならないときは，相対度数の一番大きい値で調整する。

❹ 累積度数と累積相対度数

CHECK!
確認したら
✓を書こう

教科書の要点

□**累積度数**　最小の階級から各階級までの度数の総和を累積度数という。

□**累積相対度数**　最小の階級から各階級までの相対度数の総和を累積相対度数という。

教科書
p.246

活動1 表6（教科書246ページ）は，（教科書）244ページで調べたA中学校の生徒の通学時間のデータをもとにして，度数と相対度数を表したものです。
各階級までの度数の総和と，相対度数の総和を求めてみましょう。
(1) 通学時間が20分未満の生徒は何人ですか。また，その全体に対する割合をいいなさい。
(2) 表6を完成させなさい。

解答 (1) $6+10+12 = $ **28(人)**

$28÷40 = $ **0.7**

(2) 表6　A中学校の生徒の通学時間

時間(分)	度数(人)	その階級までの度数の総和(ア)	相対度数	その階級までの相対度数の総和(イ)
以上 未満 5〜10	6	6	0.15	0.15
10〜15	10	16	0.25	0.40
15〜20	12	**28**	0.30	**0.70**
20〜25	8	**36**	0.20	**0.90**
25〜30	4	**40**	0.10	**1**
計	40		1	

教科書
p.246

Q1 表6（教科書246ページ）から，通学時間が25分未満の生徒の累積度数とその累積相対度数をいいなさい。

解答 累積度数…**36人**

累積相対度数…**0.90**

教科書
p.247

Q2 （教科書）244ページのB中学校の生徒の通学時間のデータをもとにして，表7（教科書247ページ）を完成させなさい。

解答 表7　B中学校の生徒の通学時間

時間(分)	度数(人)	累積度数(人)	相対度数	累積相対度数
以上 未満 5〜10	6	**6**	**0.06**	**0.06**
10〜15	10	**16**	**0.10**	**0.16**
15〜20	32	48	0.32	0.48
20〜25	34	82	0.34	0.82
25〜30	18	**100**	**0.18**	**1**
計	100		**1**	

教科書
p.247

Q3 表7（教科書247ページ）のB中学校の生徒の通学時間の累積相対度数のグラフを図10（教科書247ページ）にかき加えて，次の(1), (2)に答えなさい。
(1) グラフから，それぞれの中央値がふくまれる階級を読み取りなさい。
(2) 2つのグラフを比べて，データの傾向のちがいをいいなさい。

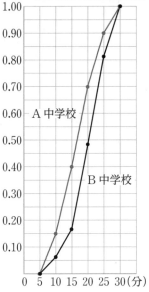

図10 A中学校の生徒の
通学時間の累積相対度数

ガイド (1) 累積相対度数が0.5になるところが，
中央値がふくまれる階級になる。

解答 (1) A中学校…**15分以上20分未満の階級**
B中学校…**20分以上25分未満の階級**

(2) **A中学校のほうが，通学時間が短い**
傾向にある。 など。

⑤ 分布のようすと代表値

CHECK!
確認したら
✓を書こう

教科書の要点

□階級値 　階級の中央の値を階級値という。
□最頻値 　最大の度数をもつ階級の階級値を最頻値（モード）という。

教科書
p.248

？ 考えよう 表8（教科書248ページ）は，12人のバスケットボール選手の身長を度数分布表に表したものです。平均値を求めるためには，どのようにすればよいでしょうか。

解答 （例） **12人の身長の合計を調べる。**

教科書
p.248

活動1 ？ 考えよう で，選手の身長のおよその平均値を求めましょう。
つばささんは，次のように考えて求めようとしています。

つばささんの考え

155cm以上165cm未満の階級の度数2人は，
160cmの選手が2人いるとみなすことにする。

(1) 160cmは，155cm以上165cm未満の階級のどんな値ですか。

(2) つばささんと同じように考えると，165cm以上175cm未満の階級に入る選手の身長は，何cmとみなせばよいですか。

(3) つばささんの考えで，選手の身長のおよその平均値を，小数第1位を四捨五入して求めなさい。

解答 (1) 階級の中央の値（階級値）

(2) **170cm**

(3) $160 \times 2 + 170 \times 3 + 180 \times 5 + 190 \times 2 = 2110$

$2110 \div 12 = 175.8\cdots$　より，**約176cm**

教科書 p.249

たしかめ① 表9（教科書249ページ）は，15人のバスケットボール選手の身長を度数分布表に表したものです。

(1) 選手の身長のおよその平均値を求めなさい。

(2) 最頻値をいいなさい。

ガイド (1) （階級値）×（度数）をそれぞれの階級で求めて，その合計を身長の合計とみなす。

(2) 最も度数が大きいのは，165cm以上175cm未満の階級なので，その階級値が最頻値となる。

解答 (1) $150 \times 1 + 160 \times 3 + 170 \times 5 + 180 \times 4 + 190 \times 2 = 2580$

よって，平均値は，$2580 \div 15 = 172$ より，**172cm**

(2) **170cm**

教科書 p.249

Q① 表10（教科書249ページ）は，ある弁当店で1週間に販売した弁当の値段と販売個数のデータを度数分布表に表したものです。

(1) 最頻値をいいなさい。

(2) 図11（教科書249ページ）は，表10をヒストグラムと度数分布多角形に表したものです。

図11に，最頻値を示しなさい。また，最頻値，中央値，平均値はどのような関係になっているかを説明しなさい。

解答 (1) 最も度数が大きいのは，300円以上600円未満の階級なので，

最頻値は，$\dfrac{300 + 600}{2} = 450$（円）

(2) 図11　　弁当の値段と販売個数

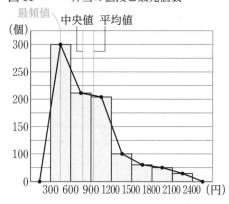

最頻値＜中央値＜平均値となっている。　　など。

教科書
p.250

活動2 表11(教科書250ページ)は，都道府県別に中学校の数を調べたデータです。このデータをもとに，階級の幅を70校として図12(教科書250ページ)のようなヒストグラムに表し，代表値を調べました。都道府県ごとの学校数の傾向について調べましょう。

(1) 自分たちが住んでいる都道府県の学校数は多いほうですか，少ないほうですか。それを判断するには，どの代表値を使って判断すればよいですか。

(2) ほかの都道府県を1つ選び，(1)と同じように調べなさい。

ガイド (1) 自分の県の学校数は，教科書250ページの表11から探す。

代表値は，教科書250ページの図12より，70校以上140校未満の階級に多くのデータが集まっていて分布が左右対称でないことや，560校以上630校未満と770校以上840校未満の階級にそれぞれ1つずつデータがあり，これらがかけ離れている値であることから，平均値よりも中央値や最頻値を代表値として用いるとよい。

解答 (1) （例） **長野県に住んでいる場合**

学校数は196校で，中央値の167校より大きいので，学校数は多いほうである。

(2) （例） **大阪府に住んでいる場合**

学校数は527校で，中央値の167校より大きいので，学校数は多いほうである。

た しかめよう

教科書
p.251

1 次の表(教科書251ページ)は，ある中学校の1年男子40人のハンドボール投げのデータを度数分布表に表したものです。

(1) 階級の幅をいいなさい。

(2) 距離が20mの生徒はどの階級にふくまれますか。

(3) ヒストグラムと度数分布多角形を，右の図(教科書251ページ)にかきなさい。

(4) 上の表(教科書251ページ)を完成させなさい。ただし，相対度数は，小数第3位を四捨五入して小数第2位まで求めなさい。

解答 (1) $14 - 12 = 2 \, (\text{m})$

(2) **20 m以上22 m未満の階級**

(3) （人）

(4)

距離(m)	度数(人)	累積度数(人)	相対度数	累積相対度数
以上　未満				
12〜14	2	2	0.05	0.05
14〜16	6	8	0.15	0.20
16〜18	10	18	0.25	0.45
18〜20	12	30	0.29	0.74
20〜22	5	35	0.13	0.87
22〜24	4	39	0.10	0.97
24〜26	1	40	0.03	1
計	40		1	

教科書 p.251

2 右の表(教科書251ページ)は，あるゲーム大会の参加者10人の得点を，度数分布表に表したものです。

(1) およその平均値を求めなさい。

(2) 中央値はどの階級にふくまれますか。

(3) 最頻値を求めなさい。

解答 (1) $10 \times 2 + 30 \times 5 + 50 \times 0 + 70 \times 1 + 90 \times 2 = 420$

よって，平均値は，$420 \div 10 = \mathbf{42(点)}$

(2) 記録の小さいほうから数えて5番目と6番目の記録の平均値である。

5番目も6番目も20点以上40点未満の階級だから，

中央値は，**20点以上40点未満の階級に**ふくまれる。

(3) 最も度数が大きいのは，20点以上40点未満の階級なので，最頻値は，

$\dfrac{20+40}{2} = \mathbf{30(点)}$

2節 データにもとづく確率

① 起こりやすさ

CHECK!
確認したら
✓を書こう

教科書の要点

□ **起こりやすさ** 起こりやすさの程度を数で表すには，相対度数を使う。

$$（Aが起こる相対度数）＝\frac{（Aが起こった回数）}{（全体の回数）}$$

教科書 p.252

❓ サッカーの試合では，コインを投げてキックオフの順番を決めています。コインの代わりにびんのふたを投げて決めてもよいでしょうか。

解答 ふたには，くぼみや溝があり，表と裏の出やすさがちがうので，よくない。

教科書 p.252

活動1 コイン，びんのふた，ペットボトルのふたをそれぞれ投げるとき，表向きになる場合の起こりやすさについて調べましょう。

(1) コイン，びんのふた，ペットボトルのふたの形から，どれが最も表向きになりやすいかを判断できますか。

(2) 実験を行ったところ，表向きになった回数は表12（教科書252ページ）のようになりました。表から，どれが最も表向きになりやすいと判断できますか。

解答 (1) コインが最も表向きになりやすいと予想できるが，実験をしていない段階では，正確には**判断できない**。

(2) 表向きになる回数は，投げた回数に比例する。500，800，1000の最小公倍数は4000なので，4000回に換算すると，

コイン…242×8＝1936　約1936回

びんのふた…325×5＝1625　約1625回

ペットボトルのふた…207×4＝828　約828回

よって，**コインが最も表向きになりやすいと考えられる。**

教科書 p.253

Q1 1のコイン，びんのふた，ペットボトルのふたについて，表向きになる相対度数を，それぞれ小数第3位を四捨五入して小数第2位まで求めなさい。このことから，どれが最も表向きになりやすいと考えられますか。

ガイド $（表向きになる相対度数）＝\frac{（表向きになった回数）}{（投げた回数）}$ で求める。

解答 $\frac{242}{500}＝0.484$　より，およそ0.48

$\frac{325}{800}＝0.40625$　より，およそ0.41

$\frac{207}{1000}＝0.207$　より，およそ0.21

以上より，**コインが最も表向きになりやすい。**

教科書
p.253

活動2 表13（教科書253ページ）は，2008年から2017年までの日本の男女別出生数を示したものです。このデータを使って，男子が生まれることと女子が生まれることの起こりやすさを調べましょう。

2008年における女子が生まれる相対度数は，

$$\frac{（女子の出生数）}{（総出生数）} = \frac{531643}{1091156} = 0.487\cdots$$

で，小数第3位を四捨五入して小数第2位まで求めると，およそ0.49であることがわかります。

(1) 2008年における男子が生まれる相対度数を求めなさい。

(2) 2009年以後のそれぞれの年次について，男子が生まれる相対度数と女子が生まれる相対度数を求めなさい。

(3) (1)，(2)から，男子が生まれることと女子が生まれることの起こりやすさについて，どんなことがいえそうですか。

解答 (1) $\dfrac{（男子の出生数）}{（総出生数）} = \dfrac{559513}{1091156} = 0.512\cdots$ より，およそ **0.51**

(2) 表13 日本の男女別出生数

年次(年)	総出生数 (人)	男子の出生数(人)	女子の出生数(人)	男子が生まれる相対度数	女子が生まれる相対度数
2008	1091156	559513	531643	**0.51**	0.49
2009	1070035	548993	521042	**0.51**	**0.49**
2010	1071304	550742	520562	**0.51**	**0.49**
2011	1050806	538271	512535	**0.51**	**0.49**
⋮	⋮	⋮	⋮	⋮	⋮
2016	976978	501880	475098	**0.51**	**0.49**
2017	946065	484449	461616	**0.51**	**0.49**

(3) **年次がちがっても，四捨五入するとどれも**
男子が生まれることの割合が0.51，
女子が生まれることの割合が0.49
で，男子が生まれる可能性がわずかに高いといえる。

② 相対度数と確率

CHECK! ☺☺
確認したら
✓を書こう

教科書の要点

□**確率** 実験や観察を行うとき，あることがらの起こりやすさの程度を表す数を，そのことがらの起こる**確率**という。

教科書
p.254

⚲ Aさんは，さいころを投げるとき，3の目と6の目では，どちらの目が出やすいかを調べようとしています。6回投げた結果で，判断してよいでしょうか。

解答 6回投げただけで**判断することはできない。**

教科書 p.254

活動1 さいころを投げて，3の目が出るようすを調べましょう。

(1) 表14（教科書254ページ）は，同じさいころを同じ方法で1000回投げる実験を行い，3の目が出た回数を表したものです。3の目が出る相対度数を，小数第4位を四捨五入して小数第3位まで求めなさい。

解答 (1) **0.167**

表14 さいころを投げた結果

投げた回数（回）	3の目が出た回数（回）	相対度数
50	9	**0.180**
100	17	**0.170**
150	29	**0.193**
200	41	**0.205**
250	49	**0.196**
300	55	**0.183**
350	65	**0.186**
400	76	**0.190**
450	82	**0.182**
500	86	**0.172**

550	90	**0.164**
600	101	**0.168**
650	110	**0.169**
700	114	**0.163**
750	123	**0.164**
800	132	**0.165**
850	142	**0.167**
900	151	**0.168**
950	159	**0.167**
1000	167	**0.167**

教科書 p.254

Q1 6の目が出るようすについても，**1**と同じようにして調べなさい。

解答 実験回数が増すにしたがって，**1**の表のように一定の値に近づく傾向がみられる。

教科書 p.255

活動2 図13（教科書255ページ）は，**1**の実験結果をグラフに表したものです。相対度数の変化のようすを読み取りましょう。

(1) 投げる回数を増やしていくと，3の目が出る相対度数は，どのように変化するといえますか。

解答 (1) **相対度数は，一定の値（0.167）に近づく傾向にあるといえる。**

教科書 p.255

Q2 あるペットボトルのふたを投げる実験をして，表向きになる回数を調べたところ，結果は図14（教科書255ページ）のようになりました。このことから，表向きになる確率は，およそいくつになると考えられますか。

ガイド 実験回数が増えるにつれて，0.20に近づくと思われる。

解答 確率は，**およそ0.20**であると考えられる。

3節 データの利用

❶ 自動車の燃費を比べよう

教科書の要点

□データの利用　身のまわりのデータの傾向を度数分布表をつくって代表値を調べたり，ヒストグラムや度数分布多角形をつくって調べたりする。データの数にちがいがあるときは，相対度数を求めてグラフに表すと，データの傾向をとらえやすい。

教科書
p.256

調べたいこと▶ガソリン自動車の燃費は，どのように変化したのだろうか。

(1) 表15，16（教科書256ページ）の2つのデータをどのような方法で分析すれば，データの傾向を調べられそうですか。

(2) これまでに学習したことを使って，2つのデータを分析しなさい。

(3) (2)の結果をもとに，ガソリン軽自動車の燃費の変化について説明しなさい。

(4) (2)，(3)で調べたことをふり返り，気づいたことをいいなさい。

ガイド 階級の幅を5km/Lとし，度数分布表に整理してから考える。ただし，中央値はデータの値で考える。

燃費 (km/L)	度数(台)	
	2007年	2017年
以上　未満		
10〜15	1	1
15〜20	19	8
20〜25	20	7
25〜30	2	19
30〜35	0	10
35〜40	0	2
計	42	47

燃費 (km/L)	相対度数	
	2007年	2017年
以上　未満		
10〜15	0.02	0.02
15〜20	0.45	0.17
20〜25	0.48	0.15
25〜30	0.05	0.41
30〜35	0	0.21
35〜40	0	0.04
計	1	1

※相対度数の和が1にならない場合は，相対度数の最大値を加減して1にする。

平均値　2007年$\cdots \dfrac{12.5\times1+17.5\times19+22.5\times20+27.5\times2}{42}=20.238\cdots(\mathrm{km/L})$

2017年$\cdots \dfrac{12.5\times1+17.5\times8+22.5\times7+27.5\times19+32.5\times10+37.5\times2}{47}$
$=26.223\cdots(\mathrm{km/L})$

中央値　2007年$\cdots$データが偶数なので，
$(20.0+20.5)\div2=20.25(\mathrm{km/L})$

2017年$\cdots$データが奇数なので，24番目の27.2km/L

最頻値　2007年$\cdots$20km/L以上25km/L未満の階級値22.5km/L

2017年$\cdots$25km/L以上30km/L未満の階級値27.5km/L

解答 (1) **度数分布表に表す。**
相対度数を求める。　など。

(2) 代表値をまとめると，下の表のようになる。また，相対度数をグラフにすると，下のようになる。

	2007年	2017年
平均値(km/L)	20.2	26.2
中央値(km/L)	20.25	27.2
最頻値(km/L)	22.5	27.5

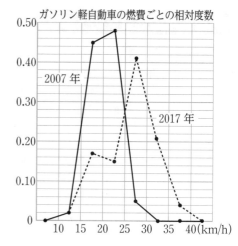

(3) 2017年のほうが，3つの代表値は増えており，相対度数のグラフでも山型が右に寄っていることから，燃費がよくなっている傾向があるといえる。　など。

(4) ガソリン軽自動車の燃費は2007年から2017年の10年間でよくなっている。
　　　　　　　　　　　　　　　　　　　　　　　　　　　　　　　　　　　など。

教科書 p.257

学びにプラス　データを集めて調べよう

上の問題(教科書257ページ)の調べ方を参考にして，身のまわりのことがらや社会のことがらで疑問に思ったことを調べてみましょう。調べたことをレポートにまとめたり，発表したりして，まわりの人に伝えてみましょう。

解答 (例)　トラックやバスなどの燃費を調べる。

❷ ダイビングツアーを選ぼう

教科書 p.258

ツアーでウミガメに出会いやすい会社を判断しよう。
あおいさんが，ウミガメダイビングツアーを企画しているA社とB社のデータを集めると，表17(教科書258ページ)のようになっていました。

(1) A社とB社でウミガメに出会う相対度数をそれぞれ求めなさい。
(2) (1)の相対度数を確率とみなすと，どちらの会社のツアーのほうが，ウミガメに出会う確率が高いといえますか。

ガイド (1)　ウミガメに出会う相対度数は，$\dfrac{(\text{ウミガメに出会った回数})}{(\text{ツアーの実施回数})}$ で求める。

解答 (1)　A社…$\dfrac{720}{800} = \mathbf{0.9}$

　　　　　B社…$\dfrac{735}{840} = \mathbf{0.875}$

(2)　**A社**

教科書 p.258

Q① 次の日，あおいさんはインターネットでC社の広告（教科書258ページ）を見つけました。
C社と，上のA社，B社のうち，あなたならどの会社のツアーを選びますか。選んだ会社とその理由を説明しなさい。

解答 （例） **C社…ウミガメに出会う確率が一番高いから。**

（例） **A社…C社より確率は低いが，ツアーの実施回数が多いほうが，確率が正確と考えられるから。**

7章をふり返ろう

教科書 p.260

① 右の表（教科書260ページ）は，ある中学校の野球部とサッカー部の生徒の握力のデータをまとめたものです。
(1) データの範囲が大きいのはどちらの部ですか。
(2) 最頻値をそれぞれいいなさい。
(3) 中央値はそれぞれどの階級にふくまれますか。
(4) およその平均値を，それぞれ求めなさい。
(5) 右の図（教科書260ページ）は，野球部のデータを度数分布多角形に表したものです。この図にサッカー部のデータの度数分布多角形をかき加えなさい。

ガイド (1) データの最大値と最小値の差が範囲である。

(3) データの数が偶数であることに注意する。

小さいほうから数えて10番目と11番目の平均値を求める。

解答 (1) 野球部………$45-25=20$（kg）
サッカー部…$50-20=30$（kg）
より，**サッカー部のほうが大きい。**

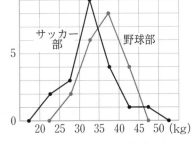

(2) 野球部………$\dfrac{35+40}{2}=$ **37.5（kg）**

サッカー部…$\dfrac{30+35}{2}=$ **32.5（kg）**

(3) 野球部………**35kg以上40kg未満の階級**
サッカー部…**30kg以上35kg未満の階級**

(4) 野球部………$\dfrac{22.5\times0+27.5\times2+32.5\times6+37.5\times8+42.5\times4+47.5\times0}{20}$

$=$ **36kg**

サッカー部…$\dfrac{22.5\times2+27.5\times3+32.5\times9+37.5\times4+42.5\times1+47.5\times1}{20}$

$=$ **33kg**

(5) **右上の図**

7 章

教科書
p.260

❷ 次の表（教科書260ページ）は，ある日の午前と午後にA病院を利用した人の診察までの待ち時間を調べたものです。
(1) 表を完成させなさい。
(2) 午前と午後の待ち時間の傾向のちがいを説明しなさい。

解答 (1)

待ち時間（分）	午前				午後			
	度数（人）	累積度数（人）	相対度数	累積相対度数	度数（人）	累積度数（人）	相対度数	累積相対度数
以上　未満 0〜10	6	6	0.24	0.24	4	4	0.10	0.10
10〜20	11	17	0.44	0.68	8	12	0.20	0.30
20〜30	6	23	0.24	0.92	8	20	0.20	0.50
30〜40	1	24	0.04	0.96	14	34	0.35	0.85
40〜50	1	25	0.04	1	6	40	0.15	1
計	25		1		40		1	

(2) 午前は待ち時間が30分未満の人が92％いるのに対して，午後は50％しかない。したがって，**午前のほうが待ち時間が短いことがわかる。** など。

教科書
p.261

❸ 右の表（教科書261ページ）は，びんのふたを投げる実験をして，表が出る回数を調べたものです。
次の(1), (2)に答えなさい。
(1) 表が出る相対度数を，小数第4位を四捨五入して小数第3位まで求めなさい。
(2) 表が出る確率と裏が出る確率は，どちらのほうが大きいと考えられますか。

解答 (1)

投げた回数（回）	表が出た回数(回)	相対度数
400	162	**0.405**
600	254	**0.423**
800	335	**0.419**
1000	421	**0.421**

(2) **裏が出る確率のほうが大きい。**

教科書
p.261

❹ 2つのデータの傾向を比較する方法を説明してみましょう。

解答 ① 2つのデータの範囲をそれぞれ求める。
② それぞれについて，度数分布表をつくり，代表値（平均値，中央値，最頻値）を求める。
③ データの数が同じ場合は，②をもとにヒストグラムや度数分布多角形をかく。データの数がちがう場合は，それぞれについて，相対度数を求めて表をつくり，ひとつのグラフ用紙に表す。
④ ①〜③をもとにして，2つのデータの傾向を比較する。

力をのばそう

教科書 p.261

❶ 走り幅跳びで，A選手とB選手が代表候補になっています。最近の練習での2人の記録をヒストグラムに表すと，次(教科書261ページ)のようになりました。

(1) 2つのヒストグラムから，2人の跳んだ回数が同じであることがわかります。その回数を求めなさい。

(2) あなたはどちらの選手を代表に選びますか。2つのヒストグラムの特徴を比較して，説明しなさい。

解答 (1) 度数をたすと，
A選手…2＋4＋5＋7＋2＝20(回)
B選手…3＋7＋6＋4＝20(回)
よって，**20回**

(2) (例) A選手を選ぶ…**最大値がB選手より大きいことから，よい記録を出す可能性があると考えられるから。**
B選手を選ぶ…**記録の範囲が小さく，平均値がA選手より大きいことから，安定してよい記録を出すと考えられるから。**

活用・探究 つながる・ひろがる・数学の世界

7章

教科書 p.262

ライバルチームの投手の攻略方法を考えよう

あなたは野球選手だとします。いま，ライバルチームのA投手の攻略法を考えています。A投手が試合で投げた球(101球)の速さを分析するために，球の速さの平均値を求めたり，ヒストグラムに表したりしました。

この結果(教科書262ページ)をもとに，同じチームの仲間は，次(教科書262ページ)のように話しています。

A投手の球の速さについて攻略できるようにするとき，あなたはどのような練習をすればよいと考えますか。

解答 (例) **A投手の球速のデータをみると山が2つある。1つの山の中心は110km/hで，もう1つの山の中心が134km/hである。この2つの球速の球を打つ練習をすれば，遅い変化球にも速いストレートにも対応できるようになる。**

自分で課題をつくって取り組もう

教科書 p.262

(例)・部活動で記録を分析し，練習に役立てよう。

ガイド 数値化できるものを探して分析する。
解答 省略

課題1 鉛筆の芯はどれだけ使える？

　ゆうきさんは，鉛筆を削ると，芯もたくさん削られてしまうことに気づきました。実際に使うことのできる芯の割合はどれくらいでしょうか。

鉛筆について，使用前（**ア**），**ア**を削ったとき（**イ**），**イ**を使った後（**ウ**）の鉛筆の形を調べると，次（教科書266ページ）のようになっていました。

❶ 実際に使うことのできる芯の体積の割合を，予想してみましょう。

まず，鉛筆の芯を1回削った場合について考えましょう。

❷ **ア**の状態の芯は，どんな立体とみることができますか。また，**イ**の状態で，芯の見える部分は，どんな立体とみることができますか。

❸ **イ**の状態から**ウ**の状態になるまで芯を使ったとき，使った芯の体積を求めましょう。

❹ ❸の体積は，**ア**の状態の長さ3mmの芯の体積の何分のいくつですか。

次に，鉛筆を30回削って9cm分の芯を使った場合について考えましょう。

❺ **ア**の状態の長さ9cmの芯の体積を求めなさい。

❻ **ウ**の状態から鉛筆を削って**イ**の状態にし，再び**ウ**の状態になるまで鉛筆を使います。このことをくり返し行い，全部で30回削り，9cm分の芯を使いました。このとき使った芯の体積は，**ア**の状態の芯の何分のいくつになりますか。

解答 ❶ 省略

❷ **ア**…円柱　　**イ**…円錐

❸ 使った芯の形は円錐で，底面の直径が1mm，高さが3mmだから，
使った芯の体積は，

$$\frac{1}{3}\times\pi\times\left(\frac{1}{2}\right)^2\times3=\frac{\pi}{4} \quad \text{より，} \quad \frac{\pi}{4}\,\mathbf{mm}^3$$

❹ **ア**の状態の円柱（長さ3mmの芯）の体積は，$\pi\times1^2\times3=3\pi\,(\text{mm}^3)$
求める割合は，

$$\frac{\pi}{4}\div3\pi=\frac{\pi}{4}\times\frac{1}{3\pi}=\frac{1}{12}$$

❺ $\pi\times1^2\times90=90\pi \quad \text{より，} \quad \mathbf{90\pi\,mm}^3$

❻ 3mmの長さのときに，使える部分は$\frac{1}{12}$

長さが9cmになっても3mmの円柱が30個分集まったと考えればよい。

使った量は増えても割合は変わらないので，$\frac{1}{12}$

課題2 テーブルは何人で使うことができる？

教科書 p.268

右の図（教科書268ページ）のように，6人で使うことができるテーブルがあります。
このテーブルを，次の図（教科書268ページ）のように並べて使います。

① テーブルを5個並べるとき，何人で使うことができますか。
② 次のみほさんとさとしさんの考え（教科書268ページ）をもとにして，テーブルを n 個並べるときに，テーブルを使うことができる人数を，文字 n を使った式で表しましょう。
③ ゆかさんは，$6n-2(n-1)$ という式をつくりました。どのように考えたのか，次の図（教科書268ページ）に示しましょう。
④ 38人でテーブルを使うとき，テーブルは何個必要ですか。
⑤ テーブルの並べ方をほかにも考え，その並べ方で n 個並べたときに，テーブルを使うことができる人数を，文字 n を使った式で表しましょう。

解答 ① テーブル1個のときは6人で，その後テーブルが1つ増えると使える人数は4人ずつ増えていくから，$6+4\times(5-1)=22$ より，**22人**

② みほさん…テーブルの上の列と下の列はともにテーブルの数の2倍の人が座れ，左右両端には1人ずつ座れるので，$2n+2n+2$

さとしさん…最初と最後のテーブルには5人が座れ，それ以外のテーブルには4人座れるから，$5+5+4(n-2)$

③

1つのテーブルが6人で使用できると考えた場合から，
テーブルの間の $(n-1)$ 個分のところの2人分の人数を除いて
考えている。

④ $2n+2n+2=38$　　$4n=36$　　$n=9$ より，**9個必要である。**

⑤ （例）n 個のテーブルを右の図のように縦方向に並べると，$2n+4$

巻末 課題学習

課題3 2つのエレベーターの距離はどうなる？

教科書 p.269

あるタワーには，右の図（教科書269ページ）のように2つの展望台①，②と2つのエレベーターA，Bがあります。エレベーターAは入口フロアと展望台①の間，Bは展望台①，②の間を動きます。

① エレベーターA，Bの速さを一定であるとみなして，それぞれの速さを求めましょう。
② 展望台①から，エレベーターAは入口フロア，Bは展望台②に向けて，同時に出発したとします。展望台①の高さを基準の0mとし，A，Bが x 秒後に高さ y mの位置にあるとして，2つのエレベーターが到着するまでのようすを式とグラフに表しましょう。
③ ②のとき，出発してから10秒後にエレベーターAとBは何m離れていますか。
④ ②のとき，エレベーターAとBが240m離れるのは，出発してから何秒後ですか。

解答 ① A…350÷50＝7 より，**7 m/s**
　　　　B…150÷30＝5 より，**5 m/s**

② **右の図**
　　　A…**$y＝-7x(0≦x≦50)$**
　　　B…**$y＝5x(0≦x≦30)$**

③ A…$-7×10＝-70$
　　B…$5×10＝50$
　　　　$50-(-70)＝120$ より，**120 m**

④ 1秒間に12m離れるから，
　　$240÷12＝20$ より，**20秒後**

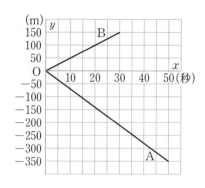

MATHFUL　数と式　素数の力で生き抜いてきたセミ

教科書
p.270

★ 2つの説について，周期が素数でない場合と比べてみましょう。

ガイド 大量発生が重なるときの年は，公倍数の年であると考える。

解答 ・敵から身を守るためという説について
　　　周期が素数でない場合，周期が素数である場合に比べて，鳥とセミの大量発生
　　　の周期が重なりやすくなるので，セミにとっては敵が増えることになる。
　　・雑種が生まれることによる絶滅を防ぐためという説について
　　　周期が素数でない場合，周期が素数である場合に比べて，ほかのセミと大量発
　　　生の周期が重なりやすくなるので，ほかのセミとの交配が増え，同じ種類の子
　　　孫を残すのが難しくなる。

MATHFUL　数と式　身のまわりのマイナス

教科書
p.271

★ 雨で琵琶湖の水位が-21cmから76cmになりました。水位は何cm上がったといえ
ますか。

解答 $76-(-21)＝97$ より，**97 cm**

MATHFUL　数と式　私たちの食料とフード・マイレージ

教科書
p.273

★ Aさんは，大根0.5kgを使って料理をつくろうとしています。次の表（教科書273ペー
ジ）を使って，地元産の大根を使ったときと，中国産の大根を使ったときのフード・
マイレージを計算してみましょう。

解答 地元産　$0.5×3＝1.5$ より，**1.5 kg・km**
　　　中国産　$0.5×2800＝1400$ より，**1400 kg・km**

MATHFUL ┃ 関数 ┃ ┃関┃数で健康管理！

教科書 p.275

★ ランドルト環の切れ目の長さを x mm，それを判定できる視力を y とするとき，x と y の関係を調べて，式に表してみましょう。

解答 ランドルト環の切れ目の長さを x mm とする。切れ目の長さと視力は反比例の関係にあるから，切れ目の長さが x mm ということは，$y = \dfrac{a}{x}$ とかける。

$x = 1.5$ のとき $y = 1.0$ なので，$1.0 = \dfrac{a}{1.5}$ より，$a = 1.5$

よって，$y = \dfrac{1.5}{x}$

 MATHFUL ┃ 図形 ┃ ┃船┃が安全に進むための工夫

教科書 p.276

★ 船**ア**が関門海峡の西から侵入するときの安全な通り道を，「大瀬戸第1号導灯」，「大瀬戸第2号導灯」，「大瀬戸第3号導灯」を利用して，図の中（教科書276ページ）にかき込んでみましょう。

┃ガイド┃ 船**ア**と大瀬戸第1号導灯の2個1組を直線で結び，次に，大瀬戸第2号導灯の2個1組と大瀬戸第3号導灯の2個1組をそれぞれ直線で結ぶ。それらの直線が交わったところで，向きを変えるようにする。

解答 教科書306ページの図を参照。

 MATHFUL ┃ 図形 ┃ ┃手┃まり模様の秘密

教科書 p.277

★ **ウ**の手まりの模様（教科書277ページ）を，**エ**や**オ**（教科書277ページ）のようにみると，それぞれどのような多面体をもとにしたものと考えることができるでしょうか。

解答 **エ** 1つの面を正五角形とみることができるから，**正十二面体**。
オ 1つの面を正三角形とみることができるから，正四面体，正八面体，正二十面体が考えられるが，1つの頂点に5つの面が集まっていることから**正二十面体**。

MATHFUL ┃ データの活用 ┃ ┃デー┃タを正しく活用するには

教科書 p.278

★ 図3（教科書278ページ）の折れ線グラフには，人気が急上昇している印象を強めるしかけがされています。どのようなしかけがされているのでしょうか。

解答 横軸が，1月から6月までは1か月ごとだが，その次は12月となっていて，等間隔ではない。

巻末

マスフル

小学校算数のふり返り

教科書 p.280

1　倍数，約数

(1)　7の倍数を，小さいほうから順に5つ書きましょう。

(2)　5と8の公倍数を，3つ書きましょう。また，最小公倍数はいくつですか。

(3)　36の約数を，すべて書きましょう。

(4)　12と18の公約数を，すべて書きましょう。また，最大公約数はいくつですか。

解答 (1)　**7，14，21，28，35**

(2)　（例）　**40，80，120**

　　　最小公倍数…**40**

(3)　**1，2，3，4，6，9，12，18，36**

(4)　**1，2，3，6**

　　　最大公約数…**6**

教科書 p.280

2　分数の計算

(5)　$\dfrac{3}{8}$ と $\dfrac{1}{6}$ を通分しましょう。

(6)　$\dfrac{36}{48}$ を約分しましょう。

(7)　次の数の逆数を求めましょう。

①　$\dfrac{5}{7}$　　　　　　　　　　　　　②　$\dfrac{8}{3}$

③　4　　　　　　　　　　　　　　　④　0.7

(8)　次の計算をしましょう。

①　$\dfrac{3}{4}+\dfrac{2}{3}$　　　　　　　　　　②　$\dfrac{7}{8}-\dfrac{2}{5}$

(9)　次の計算をしましょう。

①　$\dfrac{5}{8}\times\dfrac{1}{3}$　　　　　　　　　②　$\dfrac{8}{9}\times\dfrac{3}{4}$

(10)　次の計算をしましょう。

①　$\dfrac{3}{8}\div\dfrac{2}{3}$　　　　　　　　　②　$\dfrac{5}{6}\div\dfrac{3}{4}$

ガイド (7)　④　$0.7=\dfrac{7}{10}$ として考える。

解答 (5)　$\dfrac{9}{24}$ と $\dfrac{4}{24}$

(6)　$\dfrac{3}{4}$

(7)　①　$\dfrac{7}{5}$　　　②　$\dfrac{3}{8}$　　　③　$\dfrac{1}{4}$　　　④　$\dfrac{10}{7}$

(8)　①　$\dfrac{3}{4}+\dfrac{2}{3}=\dfrac{9}{12}+\dfrac{8}{12}=\dfrac{17}{12}\left(1\dfrac{5}{12}\right)$

② $\dfrac{7}{8}-\dfrac{2}{5}=\dfrac{35}{40}-\dfrac{16}{40}=\boldsymbol{\dfrac{19}{40}}$

(9) ① $\dfrac{5}{8}\times\dfrac{1}{3}=\boldsymbol{\dfrac{5}{24}}$

② $\dfrac{8}{9}\times\dfrac{3}{4}=\dfrac{\overset{2}{8}\times\overset{1}{3}}{\underset{3}{9}\times\underset{1}{4}}=\boldsymbol{\dfrac{2}{3}}$

(10) ① $\dfrac{3}{8}\div\dfrac{2}{3}=\dfrac{3}{8}\times\dfrac{3}{2}=\boldsymbol{\dfrac{9}{16}}$

② $\dfrac{5}{6}\div\dfrac{3}{4}=\dfrac{5}{6}\times\dfrac{4}{3}=\dfrac{5\times\overset{2}{4}}{\underset{3}{6}\times3}=\boldsymbol{\dfrac{10}{9}}$

教科書 p.281

3 計算のきまり

(11) 次の計算をしましょう。

① $12-2\times5$ ② $18\div3+2\times7$

③ $24\div(6+2\times3)$

(12) 次の計算をしましょう。

① $(37+86)+63$ ② $(125\times3.14)\times8$

③ $\left(\dfrac{5}{8}+\dfrac{1}{6}\right)\times24$ ④ $27\times6.5-7\times6.5$

解答

(11) ① $12-2\times5=12-10=\boldsymbol{2}$

② $18\div3+2\times7=6+14=\boldsymbol{20}$

③ $24\div(6+2\times3)=24\div(6+6)$

$=24\div12=\boldsymbol{2}$

(12) ① $(37+86)+63=(86+37)+63$

$=86+(37+63)$

$=86+100=\boldsymbol{186}$

② $(125\times3.14)\times8=(3.14\times125)\times8$

$=3.14\times(125\times8)$

$=3.14\times1000=\boldsymbol{3140}$

③ $\left(\dfrac{5}{8}+\dfrac{1}{6}\right)\times24=\dfrac{5}{8}\times24+\dfrac{1}{6}\times24$

$=15+4=\boldsymbol{19}$

④ $27\times6.5-7\times6.5=(27-7)\times6.5$

$=20\times6.5=\boldsymbol{130}$

教科書 p.281

4 速さ

(13) 時速60kmで走るバスが240km進むには，何時間かかりますか。

解答 (13) $240\div60=\boldsymbol{4}$（時間）

教科書 p.281

5 割合

⑭ 20問のクイズで，8問正解したときの，正解した割合を求めましょう。

⑮ 定員85人の車両の乗客が68人のとき，乗客数は定員の何％ですか。

⑯ 定価2500円の靴が2割引きで売られているとき，靴の値段はいくらですか。

ガイド ⑯ 売り値＝定価×（1－割引率）

解答 ⑭ $8 \div 20 = \mathbf{0.4}$

⑮ $68 \div 85 \times 100 = \mathbf{80(\%)}$

⑯ $2500 \times (1 - 0.2) = \mathbf{2000(円)}$

教科書 p.282

6 比と比の値

⑰ ☐ にあてはまる数を書きましょう。

① $4 : 5 = 8 : \boxed{}$ ② $8 : 4 = \boxed{} : 1$

③ $72 : 96 = 3 : \boxed{}$

⑱ 次の比を簡単にしましょう。

① $20 : 25$ ② $12 : 36$

③ $1.2 : 0.8$ ④ $\dfrac{8}{3} : \dfrac{4}{5}$

解答 ⑰ ① $\overset{\times 2}{4 : 5 = 8 : \boxed{\mathbf{10}}}$ ② $\overset{\div 4}{8 : 4 = \boxed{\mathbf{2}} : 1}$ ③ $\overset{\div 24}{72 : 96 = 3 : \boxed{\mathbf{4}}}$

⑱ 比の値で考える。

① $\dfrac{20}{25} = \dfrac{4}{5}$ より，

$20 : 25 = \mathbf{4 : 5}$

② $\dfrac{12}{36} = \dfrac{1}{3}$ より，

$12 : 36 = \mathbf{1 : 3}$

③ $\dfrac{1.2}{0.8} = \dfrac{3}{2}$ より，

$1.2 : 0.8 = \mathbf{3 : 2}$

④ $\dfrac{8}{3} \div \dfrac{4}{5} = \dfrac{8}{3} \times \dfrac{5}{4} = \dfrac{10}{3}$

より，$\dfrac{8}{3} : \dfrac{4}{5} = \mathbf{10 : 3}$

別解 ① $\overset{\div 5}{20 : 25 = \mathbf{4 : 5}}$

② $\overset{\div 12}{12 : 36 = \mathbf{1 : 3}}$

③ $\overset{\div 4}{1.2 : 0.8 = 12 : 8 = \mathbf{3 : 2}}$

④ $\dfrac{8}{3} : \dfrac{4}{5} = \dfrac{40}{15} : \dfrac{12}{15}$

$\overset{\div 4}{= 40 : 12 = \mathbf{10 : 3}}$

教科書 p.282

7 文字を使った式

⑲ x cmのひもを4等分したら，1つ分は15cmになりました。xにあてはまる数を求めましょう。

⑳ 片道 x kmの道のりを時速 y kmの速さで往復したら，5時間かかりました。このことがらを，x，yを使った式で表しましょう。

解答 (19)　$x \div 4 = 15$　　$x = 15 \times 4$　　$x = \mathbf{60}$

(20)　$\boldsymbol{x \times 2 \div y = 5}$

8　比例と反比例

(21)　次の表は，底辺が4cmの三角形の高さ
$x$cmと面積$y$cm^{2}の関係を表しています。
xとyの関係を式に表しましょう。

高さ x (cm)	1	2	3	4
面積 y (cm^2)	2	4	6	8

(22)　次の表は，面積が24cm^{2}の長方形の横
$x$cmと縦$y$cmの関係を表しています。
xとyの関係を式に表しましょう。

横 x (cm)	1	2	3	4
縦 y (cm)	24	12	8	6

解答 (21)　$\boldsymbol{y = 2 \times x}$

(22)　(縦)×(横) = (長方形の面積)なので，
$\boldsymbol{x \times y = 24}$　または　$\boldsymbol{y = 24 \div x}$

9　垂直と平行

(23)　次の図で，垂直な直線は，どれとどれですか。
また，平行な直線は，どれとどれですか。

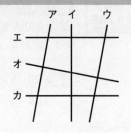

解答 (23)　垂直な直線…**アとオ，イとエ，イとカ，ウとオ**
平行な直線…**アとウ，エとカ**

10　合同

(24)　次の2つの四角形は合同です。下の①〜④をいいましょう。

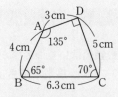

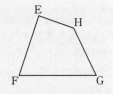

①辺ABに対応する辺
③辺EFの長さ

②頂点Cに対応する頂点
④角Hの大きさ

ガイド ③　辺EFに対応するのは辺DC
④　角Hに対応するのは角A

解答 (24)　①　**辺HG**
②　**頂点F**
③　**5cm**
④　**135°**

教科書 p.284

11 対称な図形

⑳ 左の図(教科書284ページ)は線対称な図形です。対応する頂点，辺，角をすべていいましょう。

㉖ 左の図(教科書284ページ)は，点対称な図形です。次の①，②をいいましょう。
- ① 辺CDと長さが等しい辺
- ② 角Eと大きさが等しい角

ガイド ⑳ 線対称な図形は，対称の軸で折るとぴったり重なることから，対応する頂点，辺，角を考える。

解答 ⑳ 対応する頂点…**頂点Bと頂点F，頂点Cと頂点E**
対応する辺…**辺ABと辺AF，辺BCと辺FE，辺CDと辺ED**
対応する角…**角Bと角F，角Cと角E**

㉖ ① **辺FA**
② **角B**

教科書 p.285

12 図形の面積と体積

㉗ 底辺が8cm，高さが12cmの三角形の面積を求めましょう。

㉘ 縦が5cm，横が6cm，高さが4cmの直方体の体積を求めましょう。

解答 ㉗ $8 \times 12 \div 2 = \mathbf{48(cm^2)}$
㉘ $5 \times 6 \times 4 = \mathbf{120(cm^3)}$

教科書 p.285

13 円の円周の長さと面積

㉙ 半径5cmの円の円周の長さと面積を求めましょう。

解答 ㉙ 円周の長さ…$5 \times 2 \times 3.14 = \mathbf{31.4(cm)}$
面積…$5 \times 5 \times 3.14 = \mathbf{78.5(cm^2)}$

教科書 p.285

14 データの活用

㉚ 次の①，②に答えましょう。
- ① 図1(教科書285ページ)の通学時間のデータで，最頻値はいくつですか。
- ② 図2(教科書285ページ)のソフトボール投げのデータで，度数が最も多い階級をいいましょう。

解答 ㉚ ① **8分**
② **35m以上40m未満の階級**

補充問題

1章　数の世界のひろがり

教科書 **p.286**

1 次の数を素因数分解しなさい。
(1) 51　　　(2) 78　　　(3) 84　　　(4) 144　　　(5) 924

（ガイド）

(1)
$3\,)\,51$
$\quad 17$

(2)
$2\,)\,78$
$3\,)\,39$
$\quad 13$

(3)
$2\,)\,84$
$2\,)\,42$
$3\,)\,21$
$\quad 7$

(4)
$2\,)\,144$
$2\,)\,72$
$2\,)\,36$
$2\,)\,18$
$3\,)\,9$
$\quad 3$

(5)
$2\,)\,924$
$2\,)\,462$
$3\,)\,231$
$7\,)\,77$
$\quad 11$

解答
(1) 3×17
(2) $2 \times 3 \times 13$
(3) $2^2 \times 3 \times 7$
(4) $2^4 \times 3^2$
(5) $2^2 \times 3 \times 7 \times 11$

教科書 **p.286**

2 次の2つの数の最大公約数と最小公倍数を求めなさい。
(1) 12と42　　　(2) 20と65　　　(3) 105と180

（ガイド）

(1)
$2\,)\,12\quad 42$
$3\,)\,\;\,6\quad 21$
$\quad\;\; 2\quad \;7$

(2)
$5\,)\,20\quad 65$
$\quad\;\; 4\quad 13$

(3)
$3\,)\,105\quad 180$
$5\,)\,\;\,35\quad \;60$
$\quad\;\;\; 7\quad \;12$

解答
(1) 最大公約数　$2 \times 3 = 6$
　　最小公倍数　$2 \times 3 \times 2 \times 7 = 84$
(2) 最大公約数　5
　　最小公倍数　$5 \times 4 \times 13 = 260$
(3) 最大公約数　$3 \times 5 = 15$
　　最小公倍数　$3 \times 5 \times 7 \times 12 = 1260$

教科書 **p.286**

3 次の計算をしなさい。
(1) $(+4)+(+7)$　　　　　　　(2) $(-16)+(-8)$
(3) $(+12)+(-5)$　　　　　　 (4) $(-6.4)+(+4.5)$
(5) $\left(-\dfrac{3}{4}\right)+\left(+\dfrac{3}{4}\right)$　　　(6) $0+(-1.7)$

解答
(1) $(+4)+(+7)=+(4+7)=+11$
(2) $(-16)+(-8)=-(16+8)=-24$
(3) $(+12)+(-5)=+(12-5)=+7$
(4) $(-6.4)+(+4.5)=-(6.4-4.5)=-1.9$
(5) $\left(-\dfrac{3}{4}\right)+\left(+\dfrac{3}{4}\right)=0$
(6) $0+(-1.7)=-1.7$

教科書 p.286 **4** 次の計算をしなさい。
(1) $(+8)+(-2)+(-8)$
(2) $(-13)+(+37)+(-24)$
(3) $(+114)+(-5)+(+6)+(-9)$
(4) $(-1.25)+\left(+\dfrac{5}{3}\right)+\left(+\dfrac{5}{4}\right)+\left(-\dfrac{2}{3}\right)$

解答 (1) $(+8)+(-2)+(-8)=\{(+8)+(-8)\}+(-2)=0+(-2)=\mathbf{-2}$
(2) $(-13)+(+37)+(-24)=(+37)+\{(-13)+(-24)\}$
$=(+37)+(-37)=\mathbf{0}$
(3) $(+114)+(-5)+(+6)+(-9)=\{(+114)+(+6)\}+\{(-5)+(-9)\}$
$=(+120)+(-14)=\mathbf{+106}$
(4) $(-1.25)+\left(+\dfrac{5}{3}\right)+\left(+\dfrac{5}{4}\right)+\left(-\dfrac{2}{3}\right)$

$=\left(-\dfrac{5}{4}\right)+\left(+\dfrac{5}{3}\right)+\left(+\dfrac{5}{4}\right)+\left(-\dfrac{2}{3}\right)$

$=\left\{\left(-\dfrac{5}{4}\right)+\left(+\dfrac{5}{4}\right)\right\}+\left\{\left(+\dfrac{5}{3}\right)+\left(-\dfrac{2}{3}\right)\right\}$

$=0+(+1)=\mathbf{+1}$

教科書 p.286 **5** 次の計算をしなさい。
(1) $(+7)-(+13)$
(2) $(-29)-(+11)$
(3) $(+32)-(-18)$
(4) $(-9.2)-(-3.4)$
(5) $\left(-\dfrac{5}{6}\right)-(+1.2)$
(6) $0-(-3.1)$
(7) $(+36)-(-14)-(+22)$
(8) $(-3)-(+97)-(-58)$

解答 (1) $(+7)-(+13)=(+7)+(-13)=-(13-7)=\mathbf{-6}$
(2) $(-29)-(+11)=(-29)+(-11)=-(29+11)=\mathbf{-40}$
(3) $(+32)-(-18)=(+32)+(+18)=+(32+18)=\mathbf{+50}$
(4) $(-9.2)-(-3.4)=(-9.2)+(+3.4)=-(9.2-3.4)=\mathbf{-5.8}$
(5) $\left(-\dfrac{5}{6}\right)-(+1.2)=\left(-\dfrac{5}{6}\right)+(-1.2)=\left(-\dfrac{5}{6}\right)+\left(-\dfrac{6}{5}\right)=-\left(\dfrac{5}{6}+\dfrac{6}{5}\right)$

$=-\left(\dfrac{25}{30}+\dfrac{36}{30}\right)=\mathbf{-\dfrac{61}{30}}$

(6) $0-(-3.1)=0+(+3.1)=\mathbf{+3.1}$
(7) $(+36)-(-14)-(+22)=(+36)+(+14)+(-22)$
$=\{(+36)+(+14)\}+(-22)=(+50)+(-22)=+(50-22)=\mathbf{+28}$
(8) $(-3)-(+97)-(-58)=(-3)+(-97)+(+58)$
$=\{(-3)+(-97)\}+(+58)=(-100)+(+58)=-(100-58)=\mathbf{-42}$

教科書 **p.286**

<u>6</u> 次の計算をしなさい。
(1) $(+8)+(-2)-(-8)$
(2) $(-45)-(+36)+(-64)$
(3) $(+4.8)+(-5.7)-(+2.3)-(-4.2)$
(4) $\left(-\dfrac{8}{5}\right)-\left(-\dfrac{7}{6}\right)+\left(-\dfrac{5}{3}\right)+(-3.4)$

解答 (1) $(+8)+(-2)-(-8)=(+8)+(-2)+(+8)=\{(+8)+(+8)\}+(-2)$
$\qquad =(+16)+(-2)=+(16-2)=\mathbf{+14}$

(2) $(-45)-(+36)+(-64)=(-45)+(-36)+(-64)$
$\qquad =-(45+36+64)=-\{45+(36+64)\}=-(45+100)=\mathbf{-145}$

(3) $(+4.8)+(-5.7)-(+2.3)-(-4.2)$
$\qquad =(+4.8)+(-5.7)+(-2.3)+(+4.2)$
$\qquad =\{(+4.8)+(+4.2)\}+\{(-5.7)+(-2.3)\}$
$\qquad =(+9)+(-8)=+(9-8)=\mathbf{+1}$

(4) $\left(-\dfrac{8}{5}\right)-\left(-\dfrac{7}{6}\right)+\left(-\dfrac{5}{3}\right)+(-3.4)$

$\qquad =\left(-\dfrac{8}{5}\right)+\left(+\dfrac{7}{6}\right)+\left(-\dfrac{5}{3}\right)+\left(-\dfrac{17}{5}\right)$

$\qquad =\left\{\left(-\dfrac{8}{5}\right)+\left(-\dfrac{17}{5}\right)\right\}+\left\{\left(+\dfrac{7}{6}\right)+\left(-\dfrac{10}{6}\right)\right\}$

$\qquad =-\dfrac{25}{5}-\dfrac{3}{6}=-5-\dfrac{1}{2}$

$\qquad =\mathbf{-\dfrac{11}{2}}$

教科書 **p.287**

<u>7</u> 次の計算をしなさい。
(1) $23-38$
(2) $-31-69$
(3) $9-18-12$
(4) $4.3-5.4+2.1$
(5) $-\dfrac{7}{12}+\dfrac{5}{8}-\dfrac{2}{3}$
(6) $\dfrac{5}{9}-\dfrac{1}{6}+\dfrac{4}{18}-\dfrac{1}{3}$
(7) $(-7)-9-(-8)+(-4)$
(8) $(-0.8)-5.2-(+3.6)+1.6$
(9) $-\dfrac{5}{2}+1.5+\left(-\dfrac{7}{4}\right)-\dfrac{3}{4}$

解答 (1) $23-38=\mathbf{-15}$

(2) $-31-69=\mathbf{-100}$

(3) $9-18-12=9-30=\mathbf{-21}$

(4) $4.3-5.4+2.1=4.3+2.1-5.4=6.4-5.4=\mathbf{1}$

(5) $-\dfrac{7}{12}+\dfrac{5}{8}-\dfrac{2}{3}=\dfrac{5}{8}-\dfrac{7}{12}-\dfrac{2}{3}=\dfrac{15}{24}-\dfrac{14}{24}-\dfrac{16}{24}=\dfrac{15}{24}-\dfrac{30}{24}=-\dfrac{15}{24}=\mathbf{-\dfrac{5}{8}}$

(6) $\dfrac{5}{9}-\dfrac{1}{6}+\dfrac{4}{18}-\dfrac{1}{3}=\dfrac{5}{9}+\dfrac{4}{18}-\dfrac{1}{6}-\dfrac{1}{3}=\dfrac{10}{18}+\dfrac{4}{18}-\dfrac{3}{18}-\dfrac{6}{18}=\dfrac{14}{18}-\dfrac{9}{18}$

$\qquad =\mathbf{\dfrac{5}{18}}$

巻末

補充問題

(7) $(-7)-9-(-8)+(-4)=-7-9+8-4=8-7-9-4=8-20=\mathbf{-12}$

(8) $(-0.8)-5.2-(+3.6)+1.6=-0.8-5.2-3.6+1.6$

$=1.6-0.8-5.2-3.6=1.6-9.6=\mathbf{-8}$

(9) $-\dfrac{5}{2}+1.5+\left(-\dfrac{7}{4}\right)-\dfrac{3}{4}=-\dfrac{5}{2}+\dfrac{3}{2}-\dfrac{7}{4}-\dfrac{3}{4}=\dfrac{6}{4}-\dfrac{10}{4}-\dfrac{7}{4}-\dfrac{3}{4}$

$=\dfrac{6}{4}-\dfrac{20}{4}=-\dfrac{14}{4}=\mathbf{-\dfrac{7}{2}}$

教科書 p.**287**

8 次の計算をしなさい。

(1) $(-12)\times(-4)$

(2) $(-4)\times(+3.5)$

(3) $\left(-\dfrac{16}{9}\right)\times\left(+\dfrac{27}{20}\right)$

(4) $0\times(-8.75)$

解答 (1) $(-12)\times(-4)=+(12\times4)=\mathbf{+48}$

(2) $(-4)\times(+3.5)=-(4\times3.5)=\mathbf{-14}$

(3) $\left(-\dfrac{16}{9}\right)\times\left(+\dfrac{27}{20}\right)=-\left(\dfrac{16}{9}\times\dfrac{27}{20}\right)=-\left(\dfrac{\overset{4}{16}\times\overset{3}{27}}{\underset{1}{9}\times\underset{5}{20}}\right)=\mathbf{-\dfrac{12}{5}}$

(4) $0\times(-8.75)=\mathbf{0}$

教科書 p.**287**

9 次の計算をしなさい。

(1) $(-25)\times(-98)\times(-4)$

(2) $2\times(-7)\times4\times(-50)$

(3) $3.1\times5\times(-20)\times(-0.8)$

(4) $\left(-\dfrac{5}{12}\right)\times4\times\left(-\dfrac{6}{25}\right)\times10$

解答 (1) $(-25)\times(-98)\times(-4)=-(25\times98\times4)$

$=-\{(25\times4)\times98\}$

$=-(100\times98)$

$=\mathbf{-9800}$

(2) $2\times(-7)\times4\times(-50)=2\times7\times4\times50$

$=(2\times50)\times(7\times4)$

$=100\times28$

$=\mathbf{2800}$

(3) $3.1\times5\times(-20)\times(-0.8)=3.1\times5\times20\times0.8$

$=(5\times20)\times3.1\times0.8$

$=100\times2.48$

$=\mathbf{248}$

(4) $\left(-\dfrac{5}{12}\right)\times4\times\left(-\dfrac{6}{25}\right)\times10=\dfrac{5}{12}\times4\times\dfrac{6}{25}\times10$

$=\dfrac{\overset{1}{5}\times\overset{1}{4}\times\overset{2}{6}\times\overset{2}{10}}{\underset{3}{12}\times1\times\underset{5}{25}\times1}$

$=\mathbf{4}$

教科書
p.287

10 次の計算をしなさい。

(1)　-7^2

(2)　$(-4)^2 \times (-2)$

(3)　$2 \times (-5)^2 \times (-0.1)$

(4)　$\left(-\dfrac{1}{2}\right)^2 \times (-4^2) \times 0.5^2$

解答 (1)　$-7^2 = -(7 \times 7) = \boldsymbol{-49}$

(2)　$(-4)^2 \times (-2) = (-4) \times (-4) \times (-2) = -(4 \times 4 \times 2) = \boldsymbol{-32}$

(3)　$2 \times (-5)^2 \times (-0.1) = 2 \times (-5) \times (-5) \times (-0.1)$

$= -(2 \times 5 \times 5 \times 0.1) = \boldsymbol{-5}$

(4)　$\left(-\dfrac{1}{2}\right)^2 \times (-4^2) \times 0.5^2 = \left(-\dfrac{1}{2}\right)^2 \times (-4^2) \times \left(\dfrac{1}{2}\right)^2$

$= \left(-\dfrac{1}{2}\right) \times \left(-\dfrac{1}{2}\right) \times (-1) \times 4 \times 4 \times \dfrac{1}{2} \times \dfrac{1}{2}$

$= -\left(\dfrac{1}{2} \times \dfrac{1}{2} \times 4 \times 4 \times \dfrac{1}{2} \times \dfrac{1}{2}\right) = \boldsymbol{-1}$

教科書
p.287

11 次の計算をしなさい。

(1)　$(-72) \div (-4)$

(2)　$(+4.2) \div (-0.6)$

(3)　$0 \div (-1)$

(4)　$\dfrac{3}{4} \div \left(-\dfrac{28}{15}\right)$

解答 (1)　$(-72) \div (-4) = +(72 \div 4) = \boldsymbol{18}$

(2)　$(+4.2) \div (-0.6) = -(4.2 \div 0.6) = \boldsymbol{-7}$

(3)　$0 \div (-1) = \boldsymbol{0}$

(4)　$\dfrac{3}{4} \div \left(-\dfrac{28}{15}\right) = \dfrac{3}{4} \times \left(-\dfrac{15}{28}\right) = \boldsymbol{-\dfrac{45}{112}}$

教科書
p.287

12 次の計算をしなさい。

(1)　$(-24) \times (-2) \div 16$

(2)　$(-36) \div (-24) \times (-4)$

(3)　$\dfrac{4}{9} \div \left(-\dfrac{2}{3}\right) \div \left(-\dfrac{5}{6}\right)$

(4)　$\dfrac{5}{4} \div \left(-\dfrac{1}{2}\right)^2 \div \left(-\dfrac{2^2}{3}\right)$

解答 (1)　$(-24) \times (-2) \div 16 = (-24) \times (-2) \times \dfrac{1}{16} = +\left(24 \times 2 \times \dfrac{1}{16}\right) = \boldsymbol{3}$

(2)　$(-36) \div (-24) \times (-4) = (-36) \times \left(-\dfrac{1}{24}\right) \times (-4) = -\left(36 \times \dfrac{1}{24} \times 4\right)$

$= \boldsymbol{-6}$

(3)　$\dfrac{4}{9} \div \left(-\dfrac{2}{3}\right) \div \left(-\dfrac{5}{6}\right) = \dfrac{4}{9} \times \left(-\dfrac{3}{2}\right) \times \left(-\dfrac{6}{5}\right) = +\left(\dfrac{4}{9} \times \dfrac{3}{2} \times \dfrac{6}{5}\right) = \boldsymbol{\dfrac{4}{5}}$

(4)　$\dfrac{5}{4} \div \left(-\dfrac{1}{2}\right)^2 \div \left(-\dfrac{2^2}{3}\right) = \dfrac{5}{4} \div \left\{\left(-\dfrac{1}{2}\right) \times \left(-\dfrac{1}{2}\right)\right\} \div \left(-\dfrac{2 \times 2}{3}\right)$

$= \dfrac{5}{4} \div \dfrac{1}{4} \div \left(-\dfrac{4}{3}\right) = \dfrac{5}{4} \times 4 \times \left(-\dfrac{3}{4}\right) = -\left(\dfrac{5}{4} \times 4 \times \dfrac{3}{4}\right) = \boldsymbol{-\dfrac{15}{4}}$

巻
末

補充問題

13 次の計算をしなさい。

(1) $-2+12\times(-6)$

(2) $\dfrac{1}{2}-\dfrac{8}{5}\div\dfrac{4}{3}$

(3) $-48\times\left(\dfrac{3}{8}-\dfrac{5}{6}\right)$

(4) $(-2^2)\times3.1+(-4^2)\times3.1$

解答 (1) $-2+12\times(-6)=-2+(-72)=-2-72=\boldsymbol{-74}$

(2) $\dfrac{1}{2}-\dfrac{8}{5}\div\dfrac{4}{3}=\dfrac{1}{2}-\dfrac{8}{5}\times\dfrac{3}{4}=\dfrac{1}{2}-\dfrac{6}{5}=\dfrac{5}{10}-\dfrac{12}{10}=\boldsymbol{-\dfrac{7}{10}}$

(3) $-48\times\left(\dfrac{3}{8}-\dfrac{5}{6}\right)=(-48)\times\dfrac{3}{8}-(-48)\times\dfrac{5}{6}=-18+40=\boldsymbol{22}$

(4) $(-2^2)\times3.1+(-4^2)\times3.1=(-4)\times3.1+(-16)\times3.1$

$=\{(-4)+(-16)\}\times3.1=(-20)\times3.1=\boldsymbol{-62}$

2章　文字と式

14 次の式を，記号×，÷を使わないで表しなさい。

(1) $(-4)\times x$

(2) $p\times(-1)$

(3) $b\times a\times2$

(4) $y\times\dfrac{3}{5}$

(5) $(x+1)\times(-6)$

(6) $x\times1-1$

(7) $a\times(-7)\times a-a\times9$

(8) $b\div2$

(9) $(x+y)\div3$

(10) $a\div(-5)$

(11) $12\div x$

(12) $x-y\times4$

(13) $a\div3-b\times5$

(14) $(-8)\times x\div7$

(15) $x\div y\div2$

解答 (1) $(-4)\times x=\boldsymbol{-4x}$

(2) $p\times(-1)=\boldsymbol{-p}$

(3) $b\times a\times2=\boldsymbol{2ab}$

(4) $y\times\dfrac{3}{5}=\boldsymbol{\dfrac{3}{5}y}\ \left(\boldsymbol{\dfrac{3y}{5}}\right)$

(5) $(x+1)\times(-6)=\boldsymbol{-6(x+1)}$

(6) $x\times1-1=\boldsymbol{x-1}$

(7) $a\times(-7)\times a-a\times9=\boldsymbol{-7a^2-9a}$

(8) $b\div2=\boldsymbol{\dfrac{b}{2}}$

(9) $(x+y)\div3=\boldsymbol{\dfrac{x+y}{3}}$

(10) $a\div(-5)=\dfrac{a}{-5}=\boldsymbol{-\dfrac{a}{5}}$

(11) $12\div x=\boldsymbol{\dfrac{12}{x}}$

(12) $x-y\times4=\boldsymbol{x-4y}$

(13) $a\div3-b\times5=\boldsymbol{\dfrac{a}{3}-5b}$

(14) $(-8)\times x\div7=\boldsymbol{-\dfrac{8x}{7}}$

(15) $x\div y\div2=x\times\dfrac{1}{y}\times\dfrac{1}{2}=\boldsymbol{\dfrac{x}{2y}}$

15 次の式を，記号×，÷を使って表しなさい。

(1) $8xy^2$

(2) $\dfrac{b}{9a}$

(3) $\dfrac{x-y}{5}$

(4) $\dfrac{a}{3}-2b$

解答 (1) $8xy^2 = 8 \times \boldsymbol{x} \times \boldsymbol{y} \times \boldsymbol{y}$ (2) $\dfrac{b}{9a} = \boldsymbol{b \div (9 \times a)}$

または, $\dfrac{b}{9a} = \dfrac{b}{9} \div a = \boldsymbol{b \div 9 \div a}$

(3) $\dfrac{x-y}{5} = \boldsymbol{(x-y) \div 5}$ (4) $\dfrac{a}{3} - 2b = \boldsymbol{a \div 3 - 2 \times b}$

教科書 p.288

16 次の数や数量を式で表しなさい。

(1) a 枚の作品を掲示(けいじ)するのに，1枚につき4個の画びょうを使うと画びょうが5個余るときの画びょうの総数

(2) x 円の3%の金額

(3) 時速5kmで a kmの道のりを歩いたときにかかる時間

(4) a 時間と45分間の合計の時間(単位を分にそろえる)

(5) 5でわると，商が p で余りが3になる数

解答 (1) a 枚掲示できて5個余るから，画びょうの数は，
$4 \times a + 5 = \boldsymbol{4a + 5}$**(個)**

(2) 3%を小数で表すと0.03だから，$x \times 0.03 = \boldsymbol{0.03x}$**(円)**

(3) 時間 = 道のり ÷ 速さ だから，$a \div 5 = \dfrac{\boldsymbol{a}}{\boldsymbol{5}}$**(時間)**

(4) a 時間 $= 60a$ 分 だから，
a 時間 $+ 45$ 分 $= \boldsymbol{60a + 45}$**(分)**

(5) わられる数 = わる数 × 商 + 余り だから，
$5 \times p + 3 = \boldsymbol{5p + 3}$

教科書 p.288

17 次の(1)，(2)に答えなさい。

(1) $x = -4$ のときの，次の式の値を求めなさい。

① $-x$ ② $-\dfrac{12}{x}$ ③ $3x - 8$ ④ $2x^2$

(2) $x = -2$，$y = 3$ のときの，次の式の値を求めなさい。

① $-5x + 8y$ ② $4x^2y$

解答 (1) ① $-x = (-1) \times x = (-1) \times (-4) = \boldsymbol{4}$

② $-\dfrac{12}{x} = -\dfrac{12}{-4} = -(-3) = \boldsymbol{3}$

③ $3x - 8 = 3 \times (-4) - 8 = -12 - 8 = \boldsymbol{-20}$

④ $2x^2 = 2 \times (-4)^2 = \boldsymbol{32}$

(2) ① $-5x + 8y = -5 \times (-2) + 8 \times 3 = 10 + 24 = \boldsymbol{34}$

② $4x^2y = 4 \times (-2)^2 \times 3 = \boldsymbol{48}$

教科書 p.288

18 次の(1)，(2)の式は，どんな数量を表していますか。

(1) 縦が a cm，横が b cm，高さが6cmの直方体で，$6ab$

(2) 80kmの道のりを，車が時速 x kmで進むときの，$\dfrac{80}{x}$

解答 (1) 体積＝縦×横×高さ なので，**直方体の体積**を表す。

(2) 時間＝道のり÷速さ なので，

　　車が時速 x km で 80 km の道のりを進むときにかかる時間を表す。

教科書 p.289

19 次の式を，項をまとめて計算しなさい。

(1) $5x+2x$

(2) $a-2a$

(3) $-\dfrac{7}{9}a+\dfrac{4}{9}a$

(4) $6y-4y+5y$

(5) $8x+3-7x-1$

(6) $-2+9a-5a+4$

解答 (1) $5x+2x=(5+2)x=\boldsymbol{7x}$

(2) $a-2a=(1-2)a=\boldsymbol{-a}$

(3) $-\dfrac{7}{9}a+\dfrac{4}{9}a=\left(-\dfrac{7}{9}+\dfrac{4}{9}\right)a=-\dfrac{3}{9}a=\boldsymbol{-\dfrac{1}{3}a}$

(4) $6y-4y+5y=(6-4+5)y=\boldsymbol{7y}$

(5) $8x+3-7x-1=8x-7x+3-1=\boldsymbol{x+2}$

(6) $-2+9a-5a+4=9a-5a-2+4=\boldsymbol{4a+2}$

教科書 p.289

20 次の計算をしなさい。

(1) $7x\times6$

(2) $(-2a)\times(-4)$

(3) $5(3x-2)$

(4) $(-4y+5)\times(-1)$

(5) $12\left(\dfrac{5}{6}x-1\right)$

(6) $-8\times\left(\dfrac{1}{4}a-\dfrac{3}{2}\right)$

(7) $\left(-\dfrac{3}{8}x+\dfrac{5}{6}\right)\times(-18)$

解答 (1) $7x\times6=7\times x\times6=7\times6\times x=\boldsymbol{42x}$

(2) $(-2a)\times(-4)=(-2)\times a\times(-4)=(-2)\times(-4)\times a=\boldsymbol{8a}$

(3) $5(3x-2)=5\times3x+5\times(-2)=\boldsymbol{15x-10}$

(4) $(-4y+5)\times(-1)=(-4y)\times(-1)+5\times(-1)=\boldsymbol{4y-5}$

(5) $12\left(\dfrac{5}{6}x-1\right)=12\times\dfrac{5}{6}x+12\times(-1)=\boldsymbol{10x-12}$

(6) $-8\times\left(\dfrac{1}{4}a-\dfrac{3}{2}\right)=(-8)\times\dfrac{1}{4}a+(-8)\times\left(-\dfrac{3}{2}\right)=\boldsymbol{-2a+12}$

(7) $\left(-\dfrac{3}{8}x+\dfrac{5}{6}\right)\times(-18)=\left(-\dfrac{3}{8}x\right)\times(-18)+\dfrac{5}{6}\times(-18)=\boldsymbol{\dfrac{27}{4}x-15}$

教科書 p.289

21 次の計算をしなさい。

(1) $36a\div(-4)$

(2) $12x\div\left(-\dfrac{6}{7}\right)$

(3) $(8a-4)\div4$

(4) $(15x-10)\div\left(-\dfrac{5}{2}\right)$

(5) $\dfrac{2x+1}{3}\times6$

(6) $(-16)\times\dfrac{5x-3}{4}$

解答 (1) $36a \div (-4) = \dfrac{36a}{-4} = \boldsymbol{-9a}$

(2) $12x \div \left(-\dfrac{6}{7}\right) = 12x \times \left(-\dfrac{7}{6}\right) = 12 \times \left(-\dfrac{7}{6}\right) \times x = \boldsymbol{-14x}$

(3) $(8a-4) \div 4 = \dfrac{8a}{4} - \dfrac{4}{4} = \boldsymbol{2a-1}$

(4) $(15x-10) \div \left(-\dfrac{5}{2}\right) = (15x-10) \times \left(-\dfrac{2}{5}\right)$

$\qquad\qquad = 15x \times \left(-\dfrac{2}{5}\right) + (-10) \times \left(-\dfrac{2}{5}\right)$

$\qquad\qquad = \boldsymbol{-6x+4}$

(5) $\dfrac{2x+1}{3} \times 6 = \dfrac{(2x+1) \times \overset{2}{6}}{\underset{1}{3}} = (2x+1) \times 2 = \boldsymbol{4x+2}$

(6) $(-16) \times \dfrac{5x-3}{4} = \dfrac{(\overset{4}{-16}) \times (5x-3)}{\underset{1}{4}} = (-4) \times (5x-3) = \boldsymbol{-20x+12}$

教科書
p.289

22 次の計算をしなさい。

(1) $(7x+4)+(x-3)$ 　　　　(2) $\left(\dfrac{1}{4}a - \dfrac{1}{3}\right) + \left(\dfrac{3}{2}a + \dfrac{1}{6}\right)$

(3) $(-x+1)-(4x+3)$ 　　　　(4) $\left(\dfrac{1}{6}x - 0.6\right) - \left(\dfrac{1}{2}x - \dfrac{3}{5}\right)$

解答 (1) $(7x+4)+(x-3) = 7x+4+x-3 = 7x+x+4-3 = \boldsymbol{8x+1}$

(2) $\left(\dfrac{1}{4}a - \dfrac{1}{3}\right) + \left(\dfrac{3}{2}a + \dfrac{1}{6}\right) = \dfrac{1}{4}a - \dfrac{1}{3} + \dfrac{3}{2}a + \dfrac{1}{6}$

$\qquad\qquad = \dfrac{1}{4}a + \dfrac{3}{2}a - \dfrac{1}{3} + \dfrac{1}{6}$

$\qquad\qquad = \dfrac{1}{4}a + \dfrac{6}{4}a - \dfrac{2}{6} + \dfrac{1}{6}$

$\qquad\qquad = \boldsymbol{\dfrac{7}{4}a - \dfrac{1}{6}}$

(3) $(-x+1)-(4x+3) = (-x+1)+(-4x-3)$

$\qquad\qquad = -x+1-4x-3$

$\qquad\qquad = -x-4x+1-3$

$\qquad\qquad = \boldsymbol{-5x-2}$

(4) $\left(\dfrac{1}{6}x - 0.6\right) - \left(\dfrac{1}{2}x - \dfrac{3}{5}\right) = \left(\dfrac{1}{6}x - 0.6\right) + \left(-\dfrac{1}{2}x + \dfrac{3}{5}\right)$

$\qquad\qquad = \dfrac{1}{6}x - 0.6 - \dfrac{1}{2}x + \dfrac{3}{5}$

$\qquad\qquad = \dfrac{1}{6}x - \dfrac{1}{2}x - 0.6 + \dfrac{3}{5}$

$\qquad\qquad = \dfrac{1}{6}x - \dfrac{3}{6}x - \dfrac{3}{5} + \dfrac{3}{5}$

$\qquad\qquad = -\dfrac{2}{6}x$

$\qquad\qquad = \boldsymbol{-\dfrac{1}{3}x}$

巻末

補充問題

教科書 p.289

<u>23</u> 次の計算をしなさい。

(1) $4(7x-6)+5(-2x+3)$　　　　(2) $3(2x+4)-6(x-1)$

(3) $\dfrac{2}{3}(6x+9)-\dfrac{1}{4}(8x-12)$

解答 (1) $\begin{aligned}4(7x-6)+5(-2x+3)&=28x-24-10x+15\\&=28x-10x-24+15\\&=\boldsymbol{18x-9}\end{aligned}$

(2) $\begin{aligned}3(2x+4)-6(x-1)&=6x+12-6x+6\\&=6x-6x+12+6\\&=\boldsymbol{18}\end{aligned}$

(3) $\begin{aligned}\dfrac{2}{3}(6x+9)-\dfrac{1}{4}(8x-12)&=4x+6-2x+3\\&=4x-2x+6+3\\&=\boldsymbol{2x+9}\end{aligned}$

教科書 p.289

<u>24</u> 次の数量の関係を，等式または不等式で表しなさい。

(1) 上底が a cm，下底が b cm，高さが 5 cm の台形の面積は，35 cm² である。

(2) 1 個 a 円の桃を 6 個と，1 個 b 円の梨を 4 個買うとき，5000 円を出したらおつりがあった。

解答 (1) 台形の面積 ＝ (上底＋下底) ×高さ÷2 なので，

$(a+b)\times5\div2=35$

$$\dfrac{5}{2}(a+b)=35$$

(2) (桃の代金)＋(梨の代金)＜5000 なので，

$a\times6+b\times4<5000$

$$\boldsymbol{6a+4b<5000}$$

3章　1次方程式

教科書 p.290

<u>25</u> 次の方程式を解きなさい。

(1) $x-2=6$　　　　　　　　(2) $\dfrac{1}{3}x=-2$

(3) $7x=-56$　　　　　　　　(4) $\dfrac{2}{5}x=-4$

(5) $3x+2=-10$

解答 (1) $\begin{aligned}x-2&=6\\x-2+2&=6+2\\x&=\boldsymbol{8}\end{aligned}$

(2) $\begin{aligned}\dfrac{1}{3}x&=-2\\\dfrac{1}{3}x\times3&=-2\times3\\x&=\boldsymbol{-6}\end{aligned}$

(3) $7x = -56$

$$\frac{7x}{7} = -\frac{56}{7}$$

$$x = -8$$

(4) $\dfrac{2}{5}x = -4$

$$\frac{2}{5}x \times \frac{5}{2} = -4 \times \frac{5}{2}$$

$$x = -10$$

(5) $3x + 2 = -10$

$$3x + 2 - 2 = -10 - 2$$

$$3x = -12$$

$$\frac{3x}{3} = -\frac{12}{3}$$

$$x = -4$$

教科書 p.290

26 次の方程式を解きなさい。

(1) $5x - 7 = 3$

(2) $4x = 18 + 7x$

(3) $x - 4 = 3x + 8$

(4) $-x + 21 + 7x = 0$

解答 (1) $5x - 7 = 3$

$$5x = 3 + 7$$

$$5x = 10$$

$$x = 2$$

(2) $4x = 18 + 7x$

$$4x - 7x = 18$$

$$-3x = 18$$

$$x = -6$$

(3) $x - 4 = 3x + 8$

$$x - 3x = 8 + 4$$

$$-2x = 12$$

$$x = -6$$

(4) $-x + 21 + 7x = 0$

$$-x + 7x = -21$$

$$6x = -21$$

$$x = -\frac{7}{2}$$

教科書 p.290

27 次の方程式を解きなさい。

(1) $5x - 2(x + 4) = -2$

(2) $-3(2x - 1) + 1 = 4$

(3) $4(2x - 1) - 1 = -2(2x - 5)$

(4) $0.2x + 1 = 0.3x - 0.2$

(5) $0.2(0.3x - 0.4) = 0.1$

(6) $\dfrac{1}{3}x - \dfrac{1}{2} = x$

(7) $\dfrac{9x - 1}{3} = \dfrac{11 - 2x}{2}$

解答 (1) $5x - 2(x + 4) = -2$

$$5x - 2x - 8 = -2$$

$$5x - 2x = -2 + 8$$

$$3x = 6$$

$$x = 2$$

(2) $-3(2x - 1) + 1 = 4$

$$-6x + 3 + 1 = 4$$

$$-6x = 4 - 3 - 1$$

$$-6x = 0$$

$$x = 0$$

巻末

補充問題

(3) $4(2x-1)-1=-2(2x-5)$

$8x-4-1=-4x+10$

$8x+4x=10+4+1$

$12x=15$

$x=\dfrac{5}{4}$

(4) $0.2x+1=0.3x-0.2$

$2x+10=3x-2$

$2x-3x=-2-10$

$-x=-12$

$x=12$

(5) $0.2(0.3x-0.4)=0.1$

$2(0.3x-0.4)=1$

$0.6x-0.8=1$

$6x-8=10$

$6x=10+8$

$6x=18$

$x=3$

(6) $\dfrac{1}{3}x-\dfrac{1}{2}=x$

$\left(\dfrac{1}{3}x-\dfrac{1}{2}\right)\times 6=x\times 6$

$2x-3=6x$

$2x-6x=3$

$-4x=3$

$x=-\dfrac{3}{4}$

(7) $\dfrac{9x-1}{3}=\dfrac{11-2x}{2}$

$\dfrac{9x-1}{3}\times 6=\dfrac{11-2x}{2}\times 6$

$2(9x-1)=3(11-2x)$

$18x-2=33-6x$

$18x+6x=33+2$

$24x=35$

$x=\dfrac{35}{24}$

28 次の比例式を解きなさい。

(1) $48:x=6:7$

(2) $2:5=(2x-1):(3x-7)$

解答 (1) $48:x=6:7$

$48\times 7=6x$

$6x=48\times 7$

$x=\dfrac{\overset{8}{\cancel{48}}\times 7}{\underset{1}{\cancel{6}}}$

$x=56$

(2) $2:5=(2x-1):(3x-7)$

$2(3x-7)=5(2x-1)$

$6x-14=10x-5$

$6x-10x=-5+14$

$-4x=9$

$x=-\dfrac{9}{4}$

4章 量の変化と比例，反比例

29 次の**ア〜オ**で，y は x の関数であるといえるものを選びなさい。

ア 1冊 x 円のノートを12冊買うときの代金が y 円

イ 1000円持っていて x 円使ったときの残金が y 円

ウ 1辺の長さが x cmのひし形の面積が y cm²

エ 自然数 x の約数の個数が y 個

オ 底辺が x cm，高さが y cmの三角形の面積が 8 cm²

ガイド **ア，イ，エ，オ**は，x の値を決めると，それに対応して y の値がただ 1 つに決まる。
ウは，x の値を決めても，y の値がただ 1 つに決まらない。

解答 **ア，イ，エ，オ**

教科書 p.291

30 次のグラフをかきなさい。

(1) $y = x$ 　　　　　　　　　　(2) $y = -4x$

(3) $y = \dfrac{4}{3}x$ 　　　　　　　(4) $y = -0.6x$

ガイド それぞれ原点 $(0, \ 0)$ と次の点を通る直線をひく。

(1) $(1, \ 1)$

(2) $(1, \ -4)$

(3) $(3, \ 4)$

(4) $(5, \ -3)$

解答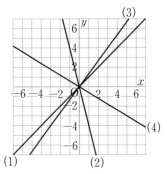

教科書 p.291

31 次の場合について，y を x の式で表しなさい。

(1) y が x に比例し，$x = 5$ のとき，$y = -3$ である。

(2) y が x に比例し，$x = -\dfrac{1}{2}$ のとき，$y = -4$ である。

(3) グラフが右（教科書291ページ）の**ア**の直線である。

(4) グラフが右（教科書291ページ）の**イ**の直線である。

ガイド (3) **ア**の直線は，原点と $(3, \ 4)$ を通る。

(4) **イ**の直線は，原点と $(5, \ -6)$ を通る。

解答 (1) 比例定数を a として，$y = ax$ に

$x = 5$，$y = -3$ を代入すると，

$$-3 = a \times 5$$
$$5a = -3$$
$$a = -\frac{3}{5}$$

よって，$\boldsymbol{y = -\dfrac{3}{5}x}$

巻末

補充問題

(2) 比例定数を a として，$y = ax$ に

$x = -\dfrac{1}{2}$，$y = -4$ を代入すると，

$$-4 = a \times \left(-\dfrac{1}{2}\right)$$

$$-\dfrac{1}{2}a = -4$$

$$a = 8$$

よって，$\boldsymbol{y = 8x}$

(3) 比例 $y = ax$ のグラフが点 $(3, 4)$ を通るので，

$$4 = a \times 3$$

$$3a = 4$$

$$a = \dfrac{4}{3}$$

よって，$\boldsymbol{y = \dfrac{4}{3}x}$

(4) 比例 $y = ax$ のグラフが点 $(5, -6)$ を通るので，

$$-6 = a \times 5$$

$$5a = -6$$

$$a = -\dfrac{6}{5}$$

よって，$\boldsymbol{y = -\dfrac{6}{5}x}$

教科書
p.291

<u>32</u> 次のグラフをかきなさい。

(1) $y = \dfrac{16}{x}$　　　　　　　　　　(2) $y = -\dfrac{24}{x}$

(ガイド) (1) $(-8, -2)$，$(-4, -4)$，$(-2, -8)$，$(2, 8)$，$(4, 4)$，$(8, 2)$
を通るなめらかな曲線。

(2) $(-12, 2)$，$(-8, 3)$，$(-6, 4)$，$(-4, 6)$，$(-3, 8)$，$(-2, 12)$，
$(2, -12)$，$(3, -8)$，$(4, -6)$，$(6, -4)$，$(8, -3)$，$(12, -2)$ を通るな
めらかな曲線。

解答 (1)

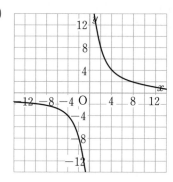

(2)

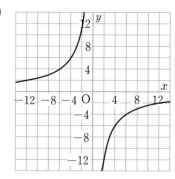

教科書
p.291

33 次の場合について，y を x の式で表しなさい。

(1) y が x に反比例し，$x=8$ のとき，$y=-2$ である。

(2) y が x に反比例し，$x=\dfrac{2}{3}$ のとき，$y=-6$ である。

(3) グラフが右(教科書291ページ)の**ア**の双曲線である。

(4) グラフが右(教科書291ページ)の**イ**の双曲線である。

(ガイド) (3) **ア**のグラフは，$(2, 5)$ を通る双曲線である。

(4) **イ**のグラフは，$(3, -3)$ を通る双曲線である。

(解答) (1) 比例定数を a として，$y=\dfrac{a}{x}$ に

$x=8$，$y=-2$ を代入すると，

$$-2=\dfrac{a}{8}$$

$$a=-16$$

よって，$\boldsymbol{y=-\dfrac{16}{x}}$

(2) 比例定数を a として，$xy=a$ に

$x=\dfrac{2}{3}$，$y=-6$ を代入すると，

$$\dfrac{2}{3}\times(-6)=a$$

$$a=-4$$

よって，$\boldsymbol{y=-\dfrac{4}{x}}$

(3) 反比例 $y=\dfrac{a}{x}$ のグラフが点 $(2, 5)$ を通るので，

$$5=\dfrac{a}{2}$$

$$a=10$$

よって，$\boldsymbol{y=\dfrac{10}{x}}$

(4) 反比例 $y=\dfrac{a}{x}$ のグラフが点 $(3, -3)$ を通るので，

$$-3=\dfrac{a}{3}$$

$$a=-9$$

よって，$\boldsymbol{y=-\dfrac{9}{x}}$

巻末

補充問題

5章　平面の図形

34 次の円の円周の長さと面積を求めなさい。
(1) 半径が3cmの円
(2) 直径が18cmの円

[ガイド] (2) 直径が18cmなので，半径は $18\div2=9$（cm）である。

[解答] (1) 円周の長さ $\cdots 2\pi\times3=\textbf{6}\boldsymbol{\pi}\textbf{(cm)}$
面積　　　$\cdots\pi\times3^2=\textbf{9}\boldsymbol{\pi}\textbf{(cm}^2\textbf{)}$
(2) 円周の長さ $\cdots 2\pi\times9=\textbf{18}\boldsymbol{\pi}\textbf{(cm)}$
面積　　　$\cdots\pi\times9^2=\textbf{81}\boldsymbol{\pi}\textbf{(cm}^2\textbf{)}$

35 次のおうぎ形について，(1)と(2)は弧の長さと面積，(3)と(4)は中心角と面積を求めなさい。
(1) 半径が5cm，中心角が36°のおうぎ形
(2) 半径が8cm，中心角が135°のおうぎ形
(3) 半径が9cm，弧の長さが 6π cmのおうぎ形
(4) 半径が12cm，弧の長さが 15π cmのおうぎ形

[解答] (1) 弧の長さ $\cdots 2\pi\times5\times\dfrac{36}{360}=\boldsymbol{\pi}\textbf{(cm)}$

面積　　$\cdots\pi\times5^2\times\dfrac{36}{360}=\dfrac{\textbf{5}}{\textbf{2}}\boldsymbol{\pi}\textbf{(cm}^2\textbf{)}$

(2) 弧の長さ $\cdots 2\pi\times8\times\dfrac{135}{360}=\textbf{6}\boldsymbol{\pi}\textbf{(cm)}$

面積　　$\cdots\pi\times8^2\times\dfrac{135}{360}=\textbf{24}\boldsymbol{\pi}\textbf{(cm}^2\textbf{)}$

(3) おうぎ形の中心角を $x°$ とすると，

$$2\pi\times9\times\dfrac{x}{360}=6\pi$$

$x=120$ より，中心角は，**120°**

面積は，$\pi\times9^2\times\dfrac{120}{360}=\textbf{27}\boldsymbol{\pi}\textbf{(cm}^2\textbf{)}$

(4) おうぎ形の中心角を $x°$ とすると，

$$2\pi\times12\times\dfrac{x}{360}=15\pi$$

$x=225$ より，中心角は，**225°**

面積は，$\pi\times12^2\times\dfrac{225}{360}=\textbf{90}\boldsymbol{\pi}\textbf{(cm}^2\textbf{)}$

36 △ABC（教科書292ページ）の辺AC上にあり，2辺AB，BCから等しい距離にある点Pを作図しなさい。

ガイド 辺AB，BCから等しい距離にある点は，∠ABCの二等分線上にある。

解答

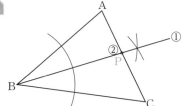

（作図の手順）

① ∠ABCの二等分線をひく。

② ①と辺ACとの交点をPとする。

6章　空間の図形

教科書 p.292

37 次の立体の表面積と体積を求めなさい。

(1) 底面の1辺が4cm，高さが5cmの正四角柱

(2) 底面の半径が3cm，高さが8cmの円柱

(3) 底面の半径が5cm，高さが12cm，母線の長さが13cmの円錐

(4) 半径が6cmの球

解答 (1) 表面積…$(5\times4)\times4+4\times4\times2=80+32=\mathbf{112(cm^2)}$

体積　…$4\times4\times5=\mathbf{80(cm^3)}$

(2) 表面積…$8\times(2\pi\times3)+\pi\times3^2\times2=48\pi+18\pi=\mathbf{66\pi(cm^2)}$

体積　…$\pi\times3^2\times8=\mathbf{72\pi(cm^3)}$

(3) 表面積…$\pi\times13^2\times\dfrac{2\times\pi\times5}{2\times\pi\times13}+\pi\times5^2=65\pi+25\pi=\mathbf{90\pi(cm^2)}$

体積　…$\dfrac{1}{3}\times\pi\times5^2\times12=\mathbf{100\pi(cm^3)}$

(4) 表面積…$4\times\pi\times6^2=\mathbf{144\pi(cm^2)}$

体積　…$\dfrac{4}{3}\times\pi\times6^3=\mathbf{288\pi(cm^3)}$

7章　データの分析

教科書 p.293

38 右の表(教科書293ページ)は，A中学校とB中学校の1年男子の握力のデータを度数分布表に表したものです。

(1) 表の中のxとyの値を求めなさい。

(2) A中学校の中央値は，どの階級にふくまれますか。

(3) A中学校とB中学校で，握力の範囲が大きいのはどちらですか。

(4) 右の図(教科書293ページ)はA中学校の各階級の相対度数を求め，グラフにしたものです。この図にB中学校の相対度数のグラフをかき加え，A中学校とB中学校の傾向を比べなさい。

(5) A中学校とB中学校で，握力が30kg未満の生徒の累積度数と累積相対度数を，それぞれ求めなさい。

ガイド (4) 相対度数を求めると下の表のようになる。

握力(kg)	A中学校 相対度数	B中学校 相対度数
以上　未満		
15〜20	0.04	0
20〜25	0.08	0.05
25〜30	0.12	0.10
30〜35	0.16	0.35
35〜40	0.28	0.30
40〜45	0.16	0.15
45〜50	0.12	0.05
50〜55	0.04	0
計	1	1

解答 (1) $x = 25 - (1+2+3+4+7+4+3) = \mathbf{1}$

$y = 60 - (0+3+6+21+9+3+0) = \mathbf{18}$

(2) A中学校は25人いるので，中央値はデータを大きさの順に並べたときの13番目の値である。

$1+2+3+4 = 10$, $1+2+3+4+7 = 17$ より，中央値は**35 kg以上40 kg未満の階級**にふくまれる。

(3) それぞれの範囲は，

A中学校…$55-15 = 40$(kg)

B中学校…$50-20 = 30$(kg)であるので，

A中学校のほうが握力の範囲が大きい。

(4)

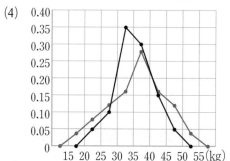

（例）・**A中学校のほうが範囲が大きく，データが散らばっている。**

・**B中学校のほうが最頻値が小さい。**

(5) A中学校

累積度数　　　　$1+2+3 = \mathbf{6}$**(人)**

累積相対度数　$0.04+0.08+0.12 = \mathbf{0.24}$

B中学校

累積度数　　　　$0+3+6 = \mathbf{9}$**(人)**

累積相対度数　$0+0.05+0.10 = \mathbf{0.15}$

39 右の表(教科書293ページ)は，画びょうを投げる実験をして，上向きになった回数を調べたものです。

(1) 上向きになった相対度数を，小数第3位を四捨五入して小数第2位まで求めなさい。

(2) 上向きになる確率と，下向きになる確率ではどちらのほうが大きいと考えられますか。

ガイド (1) それぞれ $\dfrac{(上向きになった回数)}{(投げた回数)}$ を計算する。

解答 (1)

投げた 回数(回)	上向きになった 回数(回)	相対度数
700	391	**0.56**
800	443	**0.55**
900	510	**0.57**
1000	571	**0.57**

(2) それぞれの回数で上向きになることの相対度数が0.5をこえているので，上向きになる確率のほうが大きいと考えられる。

総合問題

数と式

① 右の表(教科書294ページ)は，かけ算の九九を表にしたものです。
太枠の中の81個の数の総和を求めなさい。

解答 1の段の和は，
$$(1+9)×9÷2=45$$
2の段の和は1の段の2倍，
3の段の和は1の段の3倍，…
となるので，
$$45×1+45×2+45×3+45×4+45×5+45×6+45×7+45×8+45×9$$
$$=45×(1+2+3+4+5+6+7+8+9)$$
$$=45×\{(1+9)×9÷2\}=45×45=\textbf{2025}$$

② 次の表(教科書294ページ)は，2018年の札幌市の毎日の最低気温の月別平均を示したものです。

(1) 12月の最低気温の平均は，1月よりも何℃高いですか。

(2) 表の気温で，最大値は最小値より何℃高いですか。

(3) 表の気温の平均値を，小数第2位を四捨五入して求めなさい。

解答 (1) $(-4.0)-(-5.5)=-4.0+5.5=1.5$ より，**1.5℃高い**。

(2) 最大値は8月の18.3℃，最小値は2月の-7.6℃だから，

$18.3-(-7.6)=18.3+7.6=25.9$ より，**25.9℃高い**

(3) $\{(-5.5)+(-7.6)+(-1.5)+4.1+9.3+13.0+18.2+18.3+14.9+9.1$

$+3.2+(-4.0)\}\div12=\overset{6\ 0}{5.95}\cdots$ より，平均値は，**6.0℃**

教科書 p.294

③ aは正の数，bは負の数で，$a+b$ が正の数であるとき，次の数を小さいほうから順に並べなさい。

$a,\ b,\ -a,\ -b,\ a-b,\ b-a$

ガイド $a>0$，$b<0$ で，$a+b>0$ より

aの絶対値のほうがbの絶対値より大きい

ことがわかるので，

位置関係は右上の図のようになる。

これをもとに，与えられた数を数直線上に

表したのが右下の図である。

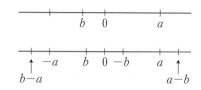

解答 $b-a,\ -a,\ b,\ -b,\ a,\ a-b$

別解 具体的に考えて，大きさを調べてもよい。

$a=3$，$b=-2$ とすると，

$-a=-3$　　$a-b=3-(-2)=5$

$-b=2$　　$b-a=-2-3=-5$

より，

小さいほうから順に並べると

$b-a,\ -a,\ b,\ -b,\ a,\ a-b$

教科書 p.294

④ 次の図(教科書294ページ)のように，正方形の紙を画びょうで貼っていきます。

(1) n枚の紙を貼るのに必要な画びょうの数を，nを使った式で表しなさい。

(2) 画びょうが40個あるとき，何枚の紙を貼ることができますか。

ガイド 紙が1枚，2枚，3枚，…のとき，画びょうの数は，4個，7個，10個，…と3個ずつ増えていく。

解答 (1) $4+3\times(n-1)=4+3n-3=\boldsymbol{3n+1}$**(個)**

(2) 紙がn枚とすると，画びょうの数は40個だから，

$3n+1=40$

$3n=40-1$

$3n=39$

$n=13$

よって，貼ることができる紙の枚数は，**13枚**

教科書
p.295

⑤ 定価の3割引きで売られていた靴が，さらに150円安くなったので，定価の $\frac{2}{3}$ で買うことができました。この靴の定価を求めなさい。

ガイド 3割引きということは，10割から3割を引くので，定価の7割の値段になる。

解答 定価を x 円とすると，3割引きの値段は，

$$x \times (1-0.3) = 0.7x(円)$$

さらに150円安くなったので，買った値段は，

$$0.7x-150(円)$$

これが定価の $\frac{2}{3}$ なので，

$$0.7x-150 = \frac{2}{3}x$$

$$\frac{7}{10}x-150 = \frac{2}{3}x$$

両辺に30をかけると，

$$21x-4500 = 20x$$
$$21x-20x = 4500$$
$$x = 4500$$

よって，定価は**4500円**

教科書
p.295

⑥ 長さ90mの普通列車と，普通列車の2倍の速さで走る長さ120mの特急列車があります。あるトンネルに入り始めてから出るまでにかかる時間は，普通列車では28秒で，特急列車では15秒です。このトンネルの長さを求めなさい。

ガイド トンネルに入り始めてから出るまでに進む距離は
（列車の長さ）＋（トンネルの長さ）になる。

解答 トンネルの長さを x m とすると

普通列車の速さは，$\frac{90+x}{28}$ (m/秒)

特急列車の速さは，$\frac{120+x}{15}$ (m/秒)

特急列車の速さは，普通列車の速さの2倍なので，

$$\frac{90+x}{28} \times 2 = \frac{120+x}{15}$$

$$\frac{90+x}{14} = \frac{120+x}{15}$$

両辺に210をかけると

$$15(90+x) = 14(120+x)$$
$$1350+15x = 1680+14x$$
$$15x-14x = 1680-1350$$
$$x = 330$$

よって，トンネルの長さは，**330 m**

関数

教科書 p.295

① 右の図(教科書295ページ)のような，底面の縦が20cm，横が60cm，高さが30cmの直方体の形をした容器を水平に置き，一定の割合で水を入れます。水を入れ始めてから x 分後の，容器の底から水面までの高さを y cmとします。
右のグラフ(教科書295ページ)は，水を入れ始めてから8分後までの x と y の関係を表したものです。この後，満水になるまで水を入れ続けます。
(1) グラフを完成させなさい。
(2) y を x の式で表しなさい。また，x の変域を求めなさい。
(3) 1分間に入る水の量を求めなさい。

ガイド グラフから，y は x に比例することがわかる。
$0 \leqq x \leqq 12$，$0 \leqq y \leqq 30$ であることに注意する。

解答 (1) **右の図**

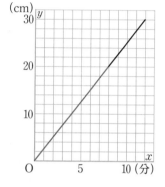

(2) $y = ax$ に $x = 4$，$y = 10$ を代入すると，
$$10 = a \times 4$$
$$a = \frac{5}{2}$$

だから，$\boldsymbol{y = \dfrac{5}{2} x \,(0 \leqq x \leqq 12)}$

(3) 1分間に $\dfrac{5}{2}$ cmずつ高さが増えるので，

1分間に入る水の量は，

$$20 \times 60 \times \frac{5}{2} = \boldsymbol{3000 \,(cm^3)}$$

※1L＝1000cm³ だから，**3L** でもよい。

教科書 p.295

② 体育館に360脚のいすを並べます。ただし，1列に並べるいすの数は，どの列も同じとします。列の数を x，1列に並ぶいすの数を y として，次の(1)，(2)に答えなさい。
(1) y を x の式で表しなさい。
(2) x の変域を $15 \leqq x \leqq 25$ とするとき，考えられる列の数と1列に並ぶいすの数の組を求めなさい。

ガイド (1列に並ぶいすの数)×(列の数) ＝ 360 になることから，y は x に反比例することがわかる。

解答 (1) $xy = 360$ より，$\boldsymbol{y = \dfrac{360}{x}}$

(2) x，y ともに自然数でなければいけない。
$15 \leqq x \leqq 25$ で，$xy = 360$ になる自然数 x，y の組は，
$(x, y) = (15, 24)$，$(18, 20)$，$(20, 18)$，$(24, 15)$ となる。
よって，(列の数，1列に並ぶいすの数)は，
(15, 24)，(18, 20)，(20, 18)，(24, 15)

図形

教科書 p.296 ① 長さが15cmの線分ABがあります。直線ABの一方の側にあって，△PABの面積が60cm²である点Pは，どのような線上にありますか。

[ガイド] 三角形の面積＝底辺×高さ÷2 より，

△PABの底辺を15cmとすると，高さは 60×2÷15＝8(cm) になる。

[解答] 底辺をABとしたときの高さが8cmになるので，

点Pは，**線分ABに平行で，距離が8cmの直線上**にある。

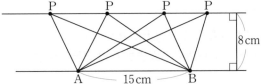

教科書 p.296 ② 1辺が6cmの正三角形の紙ABC(教科書296ページ)があります。BD＝2cm となる辺BC上の点をDとするとき，点AがDに重なるように折ってできる折り目を作図しなさい。

[ガイド] 折り目の線は，線分ADの垂直二等分線である。

[解答]

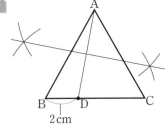

教科書 p.296 ③ 次の図(教科書296ページ)のように，円Oと，これに交わる2直線 ℓ，mがあります。この円周上の点で，ℓとmまでの距離が等しい点を，作図によって求めなさい。

[ガイド] 2直線までの距離が等しい点は，角の二等分線を利用して作図する。

[解答] **下の図の2点P，Q**

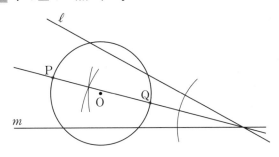

教科書
p.296

④ 次の図（教科書296ページ）のように，半径の等しい2つの円O，O′があります。円O
を円O′に移動して重ねるとき，下の(1)〜(3)に答えなさい。
(1) 平行移動して重ねるには，どのように移動させればよいですか。
(2) 回転移動して重ねるには，どのように移動させればよいですか。
(3) 対称移動して重ねるには，対称軸をどこにとればよいですか。

解答 (1) 円Oを，矢印の方向に線分OO′の長さだけ平行移動させる。

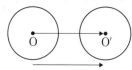

(2) 円Oを，線分OO′の垂直二等分線上にPをとり，
Pを回転の中心として，∠OPO′の大きさだけ回転移動させる。

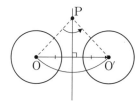

(3) 円Oを，線分OO′の垂直二等分線を対称軸として，対称移動させる。

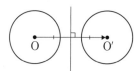

教科書
p.297

⑤ 次の図（教科書297ページ）は，立方体から正三角錐BAFCを取り除いたものを示して
います。
(1) この立体の投影図を完成させなさい。
(2) この立体から，正三角錐BAFCと同じ形で同じ大きさの立体をできるだけ多く
取り除くには，どのようにすればよいですか。
(3) (2)で，できるだけ多くの立体を取り除いたあとに残る立体は，どんな立体ですか。
また，その体積を求めなさい。

解答 (1) 立面図

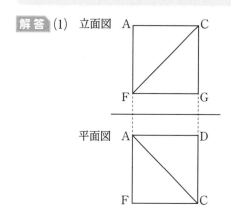

(2)　正三角錐DACH，EAFH，GCFHを取り除く。

(3)　取り除いたあとに残る立体は，**正四面体**になる。

取り除いた1つの正三角錐の体積は，

$$\frac{1}{3}\times\frac{1}{2}\times 2\times 2\times 2=\frac{4}{3}\,(\text{cm}^3)$$

残った立体の体積は，

$$2\times 2\times 2-\frac{4}{3}\times 4=\frac{8}{3}\,(\textbf{cm}^3)$$

データの活用

① Aさんのクラスでは，1週間で400分運動することを目標にしています。Aさんは，クラス32人の1週間に運動した時間を調べて，その結果を右(教科書297ページ)のようにまとめました。
(1)　最頻値をいいなさい。
(2)　1週間に運動した時間が600分以上800分未満の人の相対度数を求めなさい。
(3)　目標を達成していない人は，クラス全体の何％ですか。
(4)　Aさんは，1週間に500分運動しました。クラスの中で，自分より運動した時間が短い人は，長い人よりも多いと考えました。Aさんがこのように考えた理由を，説明しなさい。

解答 (1)　度数が一番大きいのは，

0分以上200分未満の階級なので，最頻値はその階級の階級値になるから，

$$\frac{0+200}{2}=\textbf{100(分)}$$

(2)　600分以上800分未満の度数は8人なので，

相対度数は，$\dfrac{8}{32}=\textbf{0.25}$

(3)　目標を達成していないのは，400分未満の人なので，

$$9+3=12(人)$$

これはクラス全体の

$$12\div 32=0.375 \text{ より，} \textbf{37.5\%}$$

(4)　**中央値は480分で，Aさんが運動した500分は，中央値よりも長い。**
よって，Aさんより運動した時間が短い人は，長い人よりも多い。

6 5 4
D C B A